M.W. Hentze   A.E. Kulozik   C.R. Bartram

Einführung in die Medizinische Molekularbiologie

Grundlagen Klinik Perspektiven

Mit 118 Abbildungen und 30 Tabellen

Springer-Verlag
Berlin Heidelberg New York London
Paris Tokyo Hong Kong Barcelona

Dr. med. habil. Matthias W. Hentze
Europäisches Laboratorium für Molekularbiologie
Meyerhofstraße 1, D-6900 Heidelberg

Dr. med. Andreas E. Kulozik, Ph.D.
Sektion Molekularbiologie,
Abteilung Kinderheilkunde II,
Universität Ulm
Prittwitzstraße 43, D-7900 Ulm

Professor Dr. med. Claus R. Bartram
Sektion Molekularbiologie,
Abteilung Kinderheilkunde II,
Universität Ulm,
Prittwitzstraße 43, D-7900 Ulm

ISBN 3-540-52285-9 Springer-Verlag Berlin Heidelberg New York
ISBN 0-387-52285-9 Springer-Verlag New York Berlin Heidelberg

CIP-Titelaufnahme der Deutschen Bibliothek
Einführung in die Medizinische Molekularbiologie: Grundlagen, Klinik, Perspektiven/M. W. Hentze; A. E. Kulozik; C. R. Bartram. – Berlin; Heidelberg; New York; London; Paris; Tokyo; Hong Kong; Barcelona: Springer, 1990
ISBN 3-540-52285-9 (Berlin ...)
ISBN 0-387-52285-9 (New York ...)
NE: Hentze, Matthias W. [Mitverf.]; Kulozik, Andreas E. [Mitverf.]; Bartram, Claus R. [Mitverf.]
WG: 33;32   DBN 90.090498.4   90.06.11 8863

Dieses Werk ist urheberrechtlich geschützt. Die dadurch begründeten Rechte, insbesondere die der Übersetzung, des Nachdrucks, des Vortrags, der Entnahme von Abbildungen und Tabellen, der Funksendung, der Mikroverfilmung oder der Vervielfältigung auf anderen Wegen und der Speicherung in Datenverarbeitungsanlagen, bleiben, auch bei nur auszugsweiser Verwertung, vorbehalten. Eine Vervielfältigung dieses Werkes oder von Teilen dieses Werkes ist auch im Einzelfall nur in den Grenzen der gesetzlichen Bestimmungen des Urheberrechtsgesetzes der Bundesrepublik Deutschland vom 9. September 1965 in der jeweils geltenden Fassung zulässig.

© Springer-Verlag Berlin Heidelberg 1990
Printed in Germany

Die Wiedergabe von Gebrauchsnamen, Handelsnamen, Warenbezeichnungen usw. in diesem Werk berechtigt auch ohne besondere Kennzeichnung nicht zu der Annahme, daß solche Namen im Sinne der Warenzeichen- und Markenschutz-Gesetzgebung als frei zu betrachten wären und daher von jedermann benutzt werden dürften.

Produkthaftung: Für Angaben über Dosierungsanweisungen und Applikationsformen kann vom Verlag keine Gewähr übernommen werden. Derartige Angaben müssen vom jeweiligen Anwender im Einzelfall anhand anderer Literaturstellen auf ihre Richtigkeit überprüft werden.

Fotosatz: Brühlsche Universitätsdruckerei, Gießen
Druck: Kutschbach, Berlin · Bindearbeiten: Lüderitz & Bauer, Berlin
2124/3020-543210 – Gedruckt auf säurefreiem Papier

Inhaltsverzeichnis

Geleitwort (Professor Dr. med. E. Kleihauer) XI

Vorwort XIII

1 Was ist Medizinische Molekularbiologie? 1

1.1 Entwicklung der Medizinischen Molekularbiologie 3

2 Struktur und Funktion von Genen 6
(M. W. Hentze, A. E. Kulozik und C. R. Bartram)

2.1 Anatomie des Zellkerns 6

2.1.1 Chromosomen 9

2.1.1.1 Pathologischer Karyotyp 9

2.1.2 Nukleinsäuren 13

2.1.2.1 Chemischer Aufbau von DNA und RNA 13

2.1.2.2 Sekundärstruktur der DNA 16

2.1.3 Nukleäre Proteine 17

2.1.3.1 Strukturproteine 18

2.1.3.2 Enzyme 20

2.1.3.3 Regulatorische Proteine 21

2.1.3.4 Ribonukleoprotein-Partikel 21

2.2 Aufbau der Gene 22

2.2.1 Strukturgene 23

2.2.2 Gene für die ribosomale RNA (rRNA) 24

2.2.3 Gene für die Transfer-RNA (tRNA) 25

2.2.4 Pseudogene 26

2.3 Vom Gen zum Protein – Prinzipien der Genexpression
und ihrer Störungen 27

2.3.1	Transkription	28
2.3.1.1	Promotor	29
2.3.1.2	Enhancer	30
2.3.1.3	DNA-bindende Proteine	32
	Steroidrezeptoren	
2.3.1.4	DNA-Methylierung	38
2.3.1.5	Transkriptionselongation und -terminierung	40
2.3.2	Post-transkriptionale mRNA-Modifikationen	40
2.3.2.1	Capping und RNA-Methylierung	41
2.3.2.2	Spleißen	41
	Merkmale von Exons und Introns – Aufbau des Spleißosoms – Alternatives Spleißen – Ribozyme	
2.3.2.3	Polyadenylierung	45
2.3.3	Nukleo-zytoplasmatischer Transport	47
2.3.4	Abbau und Stabilität von mRNA	48
2.3.5	Edition von mRNA	50
2.3.6	Translation	51
2.3.6.1	Der genetische Code	51
2.3.6.2	tRNA als Adaptermolekül	52
2.3.6.3	Rolle der Ribosomen bei der Translation	52
	Translationsinitiation – Translationselongation und -termination	
2.3.6.4	Antibiotika nutzen Unterschiede zwischen eukaryonter und prokaryonter Translation	59
2.3.7	Genrekombination als Grundlage einer spezifischen Immunantwort	61
2.4	Vererbung	66
2.4.1	Vererbung im engeren Sinne	67
2.4.1.1	Chromosomale Vererbungsmuster	69
2.4.1.2	Genomic Imprinting	72
2.4.1.3	Mitochondriale Vererbung	72
2.4.2	Vererbung im weiteren Sinne	73
	DNA-Reparatur	

2.4.2.1	Zellzyklus	75
2.4.2.2	DNA-Replikation	77

3 Untersuchung von Genen: Werkzeuge der Molekularbiologie . . 80
(A. E. Kulozik)

3.1	Isolierung von Genen	80
3.1.1	Transformation von Bakterien	82
3.1.2	Restriktionsendonukleasen	85
3.1.3	DNA-Hybridisierung	87
3.1.4	Strategien zur DNA-Klonierung	89
3.1.4.1	cDNA-Klonierung	89
3.1.4.2	Klonierung genomischer DNA	91
3.1.4.3	Chromosome Walking und Jumping	93
3.2	Untersuchung von DNA	97
3.2.1	Prinzip des Southern Blotting	97
3.2.2	Diagnostische Anwendungen des Southern Blotting	100
3.2.2.1	Direkte Erkennung von Punktmutationen	100
3.2.2.2	Erkennung von DNA-Polymorphismen	101
	Einfache RFLPs – Hypervariable Regionen (HVR) – DNA-„Fingerabdruck"	
3.2.3	Puls-Feld-Gel-Elektrophorese (PFGE)	109
3.2.4	Polymerase-Kettenreaktion (PCR)	110
3.2.4.1	Allel-Spezifische Oligonukleotid-Hybridisierung (ASO)	112
3.2.4.2	Restriktionsanalyse PCR-amplifizierter DNA	114
3.2.5	DNA-Sequenzierung	116
3.3	Untersuchung von RNA	118
3.3.1	Northern Blotting	118
3.4	DNA-Transfektion	119
3.5	Transgene Tiere	122

4	**Klinische Molekularbiologie**	123
	(C. R. Bartram, A. E. Kulozik und M. W. Hentze)	
4.1	Monogene Erkrankungen am Beispiel der Thalassämiesyndrome	123
4.1.1	Struktur und Ontogenese des Hämoglobins	123
4.1.2	Pathogenese der Thalassämiesyndrome	125
4.1.3	Molekulare Basis der Thalassämie	127
4.1.3.1	α-Thalassämie	127

Molekulare Anatomie des α-Globingenkomplexes – Molekulare Pathologie der α-Thalassämie – Diagnose der α-Thalassämie

4.1.3.2	β-Thalassämie	131

Molekulare Anatomie des β-Globingenkomplexes – Molekulare Pathologie der β-Thalassämie – Hereditäre Persitenz fetalen Hämoglobins – Diagnose der β-Thalassämie – Pränatale Diagnostik der Hämoglobinopathien – Identifikation von Mutationen im β-Globingen

4.2	Reverse Genetik am Beispiel der Mukoviszidose und der Muskeldystrophie vom Typ Duchenne	146
4.2.1	Mukoviszidose	147
4.2.2	Muskeldystrophie vom Typ Duchenne und Becker	154
4.3	Onkologie	161
4.3.1	Onkogene	161
4.3.1.1	Identifikation von Onkogenen	163

Zelluläre Äquivalente von viralen Onkogenen – Identifikation von transformierenden Genen durch DNA-Transfektion – Klonieren von Bruchpunkten chromosomaler Translokation – Durch Insertionsmutagenese aktivierte Gene – Gene mit Sequenzhomologien zu bekannten Onkogenen

4.3.1.2	Physiologische Bedeutung von Proto-Onkogenen	166
4.3.1.3	Aktivierung von Onkogenen	169

Punktmutationen der ras-Gene – Rearrangement der ABL- und BCR-Gene – Amplifikation des N-myc-Onkogens

4.3.2	Tumor-Suppressor-Gene	184
4.3.3	Immunglobulin und T-Zell-Rezeptor Genrearrangements	189
4.3.4	Klonalitätsanalysen mittels polymorpher X-chromosomaler Genloci	197
4.4	Molekulare Virologie	200
4.4.1	Retroviren	202

4.4.1.1	Infektionszyklus von Retroviren	202
4.4.1.2	Organisation des retroviralen Genoms	202
4.4.1.3	Humanes Immundefizienz Virus (HIV)	205
4.4.2	Mikrobiologische Diagnostik mit molekularmedizinischen Methoden	211
4.5	Rekombinante Therapeutika	213
4.5.1	Pharmaka	213
4.5.2	Impfstoffe	217
5	**Zukunftsperspektiven** (M. W. Hentze, A. E. Kulozik und C. R. Bartram)	219
5.1	Das *Human Genome Project*	219
5.2	Fortschritte in der molekularmedizinischen Diagnostik und Präventivmedizin	220
5.3	Fortschritte in der molekularmedizinischen Therapie	222
5.3.1	Gentherapie	222
6	**Glossar molekularmedizinischer Begriffe**	226
7	**Weiterführende Literatur**	251
8	**Sachverzeichnis**	253

Geleitwort

Als ich von den Autoren gebeten wurde, ein Geleitwort zu schreiben, habe ich mir zunächst Gedanken über den Sinn des Wortes „Geleit" gemacht. Es scheint mir nicht zu bedeuten, nur zu begleiten und alles Gute zu wünschen. Es beinhaltet vielmehr, die eingeschlagene Richtung eines Wegs sichern zu helfen und dabei hier und da Stützen zu geben. Das tue ich sehr gerne, zumal ich weiß, daß die Autoren als hervorragende junge Wissenschaftler ihren Weg gefunden und schon sehr früh die Idee einer klinikbezogenen Nutzung der Molekularbiologie entscheidend mitgetragen haben.

Mir sind in dem Zusammenhang zwischen Molekularbiologie und klinischer Medizin zwei Erfahrungen gegenwärtig. Die eine ist eine historische mit aktuellem Bezug. Vor ca. 40 Jahren wurden uns als Studenten weder in der Vorklinik noch in der Klinik die Grundlagen der Humangenetik als Lerninhalt angeboten. Das hat sich zwar geändert, aber heute besteht das Defizit darin, daß an manchen unserer Universitäten das Lehrangebot für Studenten der Medizin im Bereich der molekularen Biologie und Genetik unzureichend ist. Wie sich die Bilder mit entsprechender Zeitverschiebung gleichen!

Die andere Erfahrung war meine Begegnung mit Claus R. Bartram. Er kam 1984 von der Abteilung für Zellbiologie und Genetik (Direktor Prof. Dr. D. Bootsma) der Erasmus-Universität, Rotterdam, an meine Abteilung der Universitäts-Kinderklinik Ulm. Seine klinische Ausbildung als Pädiater hatte er bereits absolviert. Wir beide haben in Ulm dann sehr konsequent die Idee verfolgt, die wissenschaftlichen Grundlagen und Methoden, aber auch die Denkweisen der Molekularbiologie in die klinische Forschung einzubringen und sie für die klinische Medizin nutzbar zu machen. Das praktiziert Claus R. Bartram heute zusammen mit seinen Mitarbeitern auf dem Gebiet der Hämato-Onkologie mit großem Erfolg.

Inhalt unserer Zielsetzung was es zudem, in der Klinik eine anspruchsvolle und auf klinische Fragestellungen ausgerichtete Grundlagenforschung zu institutionalisieren. Gegen manche Widerstände gelang es, das Vorhaben 1987 mit der Gründung einer „Sektion für Pädiatrische Molekularbiologie" an der Abteilung Kinderheilkunde II der Universität Ulm zu verwirklichen.

1987 kam Andreas E. Kulozik an die Kinderklinik nach Ulm, um unsere Tradition der Erforschung von Thalassämien und anomalen Hämoglobinen mit Methoden der Molekularbiologie fortzusetzen. Eine entsprechende langjährige Ausbildung hatte er bei D. J. Weatherall an der Universität Oxford erhalten und mit der Promotion im Fachgebiet der klinischen Molekularbiologie abgeschlossen. Prof. Weatherall hat als Internist beispielhaft an den Thalassämiesyndromen auf die große Bedeutung der Molekularpathologie für die Klinik genetischer Erkrankungen aufmerksam gemacht. Die Jahre in Oxford haben Andreas E. Kulozik entscheidend für das weite Gebiet der klinischen Molekularbiologie geprägt.

Matthias W. Hentze hat sich nach dem Studium der Medizin der Erforschung physiologischer Grundlagen der Genregulation beim Menschen zugewendet. Entscheidende Impulse und praktische Erfahrungen dazu erhielt er während eines langjährigen Aufenthaltes bei Richard D. Klausner, National Institut of Child Health and Human Development, Bethesda. Er hat sich vor allem mit verschiedenen Mechanismen der posttranskriptionalen Genregulation beim Menschen beschäftigt. Dabei hat er nicht nur grundsätzliche Prinzipien für diese Mechanismen aufgedeckt, sondern auch für die Klinik wesentliche Erkenntnisse auf dem Gebiet des zellulären Eisenmetabolismus erarbeitet. Heute ist Matthias W. Hentze Leiter einer Arbeitsgruppe am Europäischen Laboratorium für Molekularbiologie in Heidelberg.

Dieses Buch ist für den Kliniker und den Studenten der Medizin geschrieben. Es will Wissen vermitteln, Lücken auffüllen und mit jeder Zeile klarmachen, daß Molekularbiologie mehr ist als nur Gentechnologie mit dem engen Horizont des „blot-Denkens". Darüber hinaus will das Buch dazu beitragen, der Molekularbiologie einen ihr adäquaten Platz in der Medizin zu verschaffen. Das gelingt überzeugend allerdings erst dann, wenn Lehrstuhlinhaber und Fakultäten der Klinischen Medizin dies wollen und entsprechende Einrichtungen schaffen.

Ulm, im Juli 1990   Enno Kleihauer

Vorwort

Diese „Einführung in die Medizinische Molekularbiologie" hat sich ein ehrgeiziges Ziel gesetzt: sie möchte die Grundlagen einer ehemals rein basiswissenschaftlichen Disziplin in verständlicher Form erläutern und gleichzeitig darstellen, warum sich die Medizinische Molekularbiologie ungewöhnlich schnell zu einer klinischen Fachrichtung entwickelt hat. Wir haben dieses Buch primär für unsere Kollegen in allen Sparten der klinischen Medizin und für Medizinstudenten konzipiert. Dabei haben wir versucht, die theoretischen Grundlagen unter der Prämisse darzustellen, daß biomedizinische Forschung letztlich dem Patienten dienen und nicht reiner Selbstzweck sein sollte.

Die Gliederung dieses Buches verrät die Vielschichtigkeit und Komplexität der Materie. Zunächst geben wir eine Einführung in die theoretischen Grundlagen der Medizinischen Molekularbiologie; dabei wird schnell deutlich werden, daß diese neue Disziplin auf einfache, klassische Grundsätze der Biologie und Genetik aufbaut. Dieser „Entmystifizierung" folgt die Darstellung der gebräuchlichsten Methoden und erster Anwendungsbeispiele bei klinischen Fragestellungen. Schließlich rückt die medizinische Relevanz in den Mittelpunkt der Betrachtung: welche Einsichten und Erkenntnisse trägt die Medizinische Molekularbiologie zum Verständnis pathologischer Vorgänge, deren Diagnose und Therapie bei? Unser Ziel ist es nicht, ein möglichst vollständiges Nachschlagewerk der klinischen Molekularbiologie zu erstellen. Vielmehr beschreiben wir modellhaft die molekularbiologischen Hintergründe und Erkenntnisse einiger Erkrankungen.

Zuweilen haben wir seltene Krankheitsbilder aufgeführt, wenn sie wegen ihrer allgemeinen Bedeutung für die Erläuterung von Basisphänomenen besonders geeignet erschienen. Oftmals wurde auf eine Darstellung wissenschaftlicher Details verzichtet, umgekehrt aber ebensohäufig Einzelheiten miteinbezogen, wenn dies aus Gründen des besseren Verständnisses geboten erschien. Darin gründet sich ein gewisses Maß an Subjektivität. Wir würden uns freuen, Leser dieser Einführung dazu ermutigt zu haben, Interessensschwerpunkten in der umfangreicheren, zumeist anglo-amerikanischen Literatur nachzugehen.

Die Struktur dieses Buches wurde so gewählt, daß der rapide Zufluß neuer Erkenntnisse diese Einführung nicht wertlos, sondern ergänzungsbedüftig machen sollte. Wir hoffen, daß der Leser unsere Faszination für die Präzision des „genetischen Apparates" teilen wird. Leider ist dieser Apparat, wie Kapitel 4 zeigt, nicht perfekt. Ebenso sind auch die Autoren in ihrem Bemühen um Präzision sicherlich nicht immer perfekt gewesen. Wir wären unseren Lesern für Anregungen und Kritik überaus dankbar.

Schließlich sei uns die Hoffnung gestattet, daß dieses Buch Studenten den frühen Zugang zu einer Disziplin ermöglicht, die schon in Kürze als ein wesentlicher Bestandteil klinischer Medizin angesehen werden wird. Praktizierenden Ärzten wollen wir die Gelegenheit bieten, einem wichtigen Aspekt medizinischen Fortschritts zu folgen. Gewöhnlich ist der Weg für eine medizinische Basiswissenschaft sehr lang, ehe ihre Erkenntnisse Eingang in klinische Überlegungen und Entscheidungen am Krankenbett finden. Wir hoffen, diesen Weg verständlich ausgeschildert und ihn damit verkürzt zu haben.

Heidelberg/Ulm, im Juni 1990
M. W. Hentze
A. E. Kulozik
C. R. Bartram

1 Was ist Medizinische Molekularbiologie?

Die klinische Medizin befaßt sich mit der Erhaltung und Wiederherstellung gesunder Körperfunktionen. Diese Funktionen werden von verschiedenen Organen und anatomischen Strukturen übernommen, die ihrerseits ein Netzwerk differenzierter Zellen darstellen. Man darf deshalb den menschlichen Körper auch als einen organisierten Verbund einzelner spezialisierter Zelltypen mit unterschiedlichen Teilfunktionen auffassen, die ständig miteinander kommunizieren müssen, um sich den jeweiligen Anforderungen des Organismus anzupassen. Die Medizinische Molekularbiologie hat eine grundlagenwissenschaftliche und eine klinisch anwendungsbezogene Ausrichtung. Als *Grundlagenwissenschaft* untersucht sie die molekularen und genetischen Mechanismen, die zellulärer Funktion und Kommunikation zugrunde liegen, und versucht, pathologische Zustände als Störungen in diesem fein abgestimmten System zu erkennen. Als *klinische Disziplin* ist sie bemüht, das Spektrum diagnostischer und therapeutischer Möglichkeiten für viele erworbene und ererbte Erkrankungen zu erweitern. Schon heute spielt die Molekularbiologie in der Humangenetik, Mikrobiologie, Inneren Medizin und Pädiatrie eine wichtige praktische Rolle.

Die Medizinische Molekularbiologie läßt sich in drei Bereiche untergliedern:

- Die molekulare Anatomie, Biochemie und Physiologie
- die molekularmedizinische Diagnostik und
- die molekularmedizinische Therapie.

Die Grenzen zwischen diesen molekularmedizinischen Bereichen selbst und in bezug auf ihre „klassischen" Pendants sind fließend. Die klassische Anatomie befaßt sich mit dem Aufbau und der Struktur eines Organismus. Die molekulare Anatomie ergänzt mit sehr hohem Auflösungsvermögen eine Beschreibung des Aufbaus und der Struktur des genetischen Apparates. Die Physiologie beschäftigt sich mit der funktionellen Bedeutung von anatomischen Strukturen. Sie beschreibt Prinzipien interzellulärer Kommunikation, Schaltkreise und Signalübertragungen. Die molekulare Physiologie untersucht Abruf und Steuerung der diesen Prinzipien vorgeschalteten genetischen Information und beschreibt, wie der genetische Apparat auf den interzellulären Informationsfluß reagiert. Die Biochemie erklärt intrazelluläre Reaktionsabläufe und metabolische Zyklen. Sie untersucht deren Ablauf, Ineinandergreifen und gegenseitige Steuerung. Die molekulare Biochemie erforscht den genetischen Informationsfluß im Rahmen dieser Schaltkreise. Gleichzeitig stellt sie der Zellbiologie und der Biochemie Werkzeuge zur Verfügung, die exakt definierte experimentelle Manipulationen im Aufbau und in der Expression von Struktur- und Funktionsproteinen ermöglichen.

Als eine Wissenschaft der medizinischen Grundlagenforschung befaßt sich die Medizinische Molekularbiologie also hauptsächlich mit Aspekten normaler Zellfunktion und deren Regulation. Sie schafft somit Grundlagen zur Erkennung der molekularen Ursachen von Erkrankungen und für die Entwicklung kausaler Therapieformen.

Die molekularmedizinische Diagnostik ist der Zweig der Molekularbiologie, der bislang die größte Bedeutung in der klinischen Medizin gefunden hat. Die möglichen Anwendungen erstrecken sich sowohl auf ererbte als auch auf erworbene Krankheiten.

Molekularbiologische Methoden und Erkenntnisse haben nicht nur die humangenetische Beratung und pränatale Diagnostik revolutioniert, sondern finden in rasch zunehmendem Maße auch Anwendungen im Bereich der infektiösen Erkrankungen, der Hämatologie und Onkologie, der Endokrinologie, der Stoffwechselerkrankungen sowie der forensischen Medizin und der Präventivmedizin. Der Vorteil molekularmedizinischer Diagnostik beruht auf einer hohen Nachweisempfindlichkeit und relativen Schnelligkeit. Darüber hinaus erschließen molekularbiologische Methoden bislang unzugängliche Problemkreise der medizinischen Diagnostik.

Die Rolle der Molekularbiologie im Rahmen klinischer Therapie beruht zur Zeit vor allem darauf, daß sie eine frühere und/oder exaktere Diagnosefindung ermöglicht und daher die Prognose konventioneller Therapieformen verbessert. Darüber hinaus gibt es im Bereich der pharmakologischen Therapie und der Impfstoffentwicklung bereits erste direkte therapeutische Anwendungen der Molekularmedizin in der Klinik. Traditionell waren beispielsweise Hämophiliepatienten auf Faktor VIII-Konzentrate angewiesen, die aus menschlichem Blut isoliert und gereinigt wurden. Daraus ergaben sich zwei Nachteile: zum einen ist die Verfügbarkeit menschlichen Blutes begrenzt, zum anderen kann Humanblut kontaminiert sein (z. B. Hepatitis B, HIV) und trägt daher einen Risikofaktor. Wie in Kapitel 4 ausführlicher beschrieben, erlauben molekularbiologische Methoden die sogenannte „gentechnologische" Herstellung naturgleicher Produkte. Der Vorteil dieser „rekombinanten Pharmaka" liegt in der nahezu unbegrenzten Verfügbarkeit und der vergleichsweise kostengünstigeren Herstellung. Da die gentechnologische Gewinnung nicht aus menschlichem Blut oder Gewebe erfolgt, ist ein Kontaminationsrisiko mit humanpathogenen Erregern praktisch ausgeschlossen. Ein langfristiges Ziel der molekularmedizinischen Therapie besteht darin, genetische Defekte „reparieren" zu können. Während die Transplantationschirurgie insuffiziente Organe durch gesunde ersetzen kann, könnte die Gentherapie ein fehlendes oder defektes Gen durch ein gesundes ersetzen. Damit würde ein großer Bereich derzeitig prognostisch ungünstiger Erkrankungen einer Therapie zugänglich. Konkrete Beispiele für Anwendungen einer Gentherapie in der klinischen Medizin gibt es noch nicht. Der gegenwärtige Stand der Entwicklung sowie medizinethische Implikationen und Probleme werden in Kapitel 5 diskutiert.

1.1 Entwicklung der Medizinischen Molekularbiologie

Die Medizinische Molekularbiologie ist eine sehr junge Disziplin. Dieser anwendungsbezogene Zweig der Molekularbiologie ist kaum älter als 10 Jahre. Die Anfänge und Grundpfeiler der Medizinischen Molekularbiologie finden sich in der klassischen Genetik und Biochemie, aus denen sie sich logisch und natürlich entwickelt haben.

Die angefügte Zeittafel gibt einen Überblick über einige Meilensteine auf dem Weg zur Medizinischen Molekularbiologie. Darüber hinaus vermittelt vor allem die historische Perspektive ein Gefühl für das immense Tempo, mit dem sich die Medizinische Molekularbiologie entwickelt hat und in der Klinik zu etablieren beginnt. Außerdem läßt sich am Beispiel der Restriktionsenzyme (s. Kapitel 3.1.2) gut illustrieren, wie scheinbar esoterische Grundlagenforschung „von rein akademischem Interesse" in kurzer Zeit und vollkommen unerwartet zu entscheidenden Fortschritten in der klinischen Medizin führen kann.

Gregor Mendel wies vor wenig mehr als 100 Jahren mit seinen bekannten, bahnbrechenden Experimenten nach, daß die Weitergabe von Merkmalen und Eigenschaften von einer Generation zur nächsten biologischen Regeln folgt und nicht zufällig abläuft. Die DNA war zu diesem Zeitpunkt noch unbekannt. Sie wurde erstmalig 1871 aus dem Sperma von Rheinforellen isoliert.

Der Weg zur Medizinischen Molekularbiologie

1865	Gregor Mendel beschreibt Gesetzmäßigkeiten der Vererbung
1871	Isolierung von DNA aus Rheinforellen
1909	Archibald Garrod: „Inborn Errors of Metabolism". Verknüpfung von Genetik, Biochemie und Medizin
1944	DNA wird als Träger der Erbinformation erkannt
1953	Erkennung der doppelhelikalen Struktur von DNA durch Watson und Crick
1961	mRNA wird als „Bindeglied" zwischen DNA und Proteinen entdeckt
1961–1966	Entschlüsselung des genetischen Codes
1965	Plasmide werden als Träger von Resistenzgenen gegen Antibiotika erkannt
1967	Entdeckung der DNA Ligase
1970	Isolierung des ersten Restriktionsenzyms
1973	Erstmalige Einbringung „fremder" DNA in ein Plasmid
1975	Beschreibung des Southern Blotting
1977	Beschreibung von Methoden zur DNA Sequenzierung
1978	Klonierung des menschlichen β-Globingens
seither	Weiter- und Neuentwicklung vieler Methoden. Großer Zuwachs an neuen Erkenntnissen und deren breite Anwendung in der Medizin

Der Zusammenhang zwischen den Mendelschen Erbregeln und der DNA als Träger der Erbinformation blieb trotzdem noch 70 Jahre im Dunkeln. Erst im Jahre 1944 wurde er von Avery und seinen Mitarbeitern durch Untersuchungen über Determinanten der Pathogenität verschiedener Stämme von *Streptococcus pneumoniae* nachgewiesen.

Ein entscheidender Entwicklungsschritt vollzog sich mit A. Garrods Arbeiten über ein seltenes, rezessiv vererbtes Leiden, die Alkaptonurie (1909). Dieses Erkrankungsbild führt zu einer Schwarzfärbung des Urins (daher der Name) und zur Ausbildung schwerer arthritischer Veränderungen. Garrod erkannte, daß diesem Syndrom ein biochemischer Defekt zugrunde liegt, der den Mendelschen Regeln folgend weitervererbt wird. Er prägte deshalb den Ausdruck *Inborn Errors of Metabolism*. Damit wurde erstmalig eine Verbindung zwischen Biochemie, Genetik und Medizin geschaffen.

Als Geburtsstunde der eigentlichen Molekularbiologie wird meistens die Entschlüsselung der Struktur der DNA durch J. Watson und F. Crick im Jahre 1953 angeführt. Die Entdeckung, daß DNA als ein gegenläufiger, helikal gewundener Doppelstrang vorliegt, ist in vielerlei Hinsicht als bahnbrechend aufzufassen (Kapitel 2 und 3). Sie erklärt in eleganter Weise eine zwei Jahre zuvor von E. Chargaff gemachte Beobachtung: DNA besteht aus gleichen Mengen des Pyrimidins Cytosin (C) und des Purins Guanin (G), sowie aus gleichen Mengen des zweiten Pyrimidins Thymin (T) und des zweiten Purins Adenin (A). In der gegenläufigen Doppelhelix ist ein A des einen Stranges immer mit einem T des anderen Stranges gepaart, während C immer mit einem G assoziiert ist.

Im Jahre 1961 zeigten Brenner, Jacob und Meselson, daß eine relativ instabile Substanz, die Messenger (Boten)-RNA, die in der DNA gespeicherte Erbinformation aus dem Zellkern ins Zytoplasma weiterleitet. Im Zytoplasma dient die Messenger-RNA (mRNA) als Vorlage zur Proteinsynthese. Die mRNA besteht wie auch die DNA aus Nukleotiden. Es stellte sich somit die Frage, wie bei der Translation der aus Nukleotiden bestehende genetische Code der mRNA entziffert und in eine Aminosäuresequenz übersetzt wird. Schon seit mehr als 30 Jahren war bekannt, daß Proteine aus 20 verschiedenen Aminosäuren bestehen. In der Zeit von 1961–1966 entschlüsselten zwei von M. Nirenberg und H. G. Khorana geleitete Arbeitsgruppen den genetischen Code. Die Antwort war verblüffend einfach: jeweils 3 Nukleotide kodieren eine bestimmte Aminosäure, und die Aufeinanderfolge dieser Tripletts in einer mRNA diktiert die Aminosäuresequenz des kodierten Proteins. Alle Lebewesen vom Bakterium bis zum Menschen folgen demselben genetischen Code.

Parallel zu diesen Entwicklungen wurden relativ kleine, ringförmige DNA-Moleküle (Plasmide) in Bakterien gefunden, die außerhalb der bakteriellen Chromosomen vorkommen. Diese Plasmide können z.B. Träger von Resistenzgenen gegen verschiedene Antibiotika sein. Die Weitergabe dieser Plasmide von einem Bakterium an ein anderes kann die Resistenz gegen ein bestimmtes Antibiotikum übertragen. Im Jahre 1970 wurde das erste Restriktionsenzym isoliert. Diese ebenfalls in Bakterien vorkommenden Enzyme sind in der Lage, DNA-Moleküle an genau definierten Stellen zu schneiden. Plas-

1.1 Entwicklung der Medizinischen Molekularbiologie

mide und Restriktionsenzyme wurden schnell als Werkzeuge zu experimenteller DNA-Manipulation erkannt (Kapitel 3). So kann man etwa (menschliche) DNA einerseits und ein Plasmid andererseits mit einem Restriktionsenzym schneiden, beide Komponenten miteinander mischen und mit einem zweiten Enzym, der DNA-Ligase, „verkleben". Das Resultat ist ein natürlich nicht vorkommendes, „rekombinantes" Plasmid, das ein Stück menschlicher DNA enthält. Ein solches Experiment, das eine Grundlage moderner molekularbiologischer Methodik darstellt, wurde erstmals im Jahre 1973 erfolgreich ausgeführt. Im Jahre 1975 wurde mit dem sogenannten Southern Blotting eine Methode zur Untersuchung von DNA beschrieben, die inzwischen große Bedeutung in der klinischen Diagnostik erlangt hat. Zwei Jahre später wurden Techniken zur DNA-Sequenzierung vorgestellt. In den folgenden Jahren wurden Verfahren entwickelt, die die Isolierung bestimmter Gene und deren Expression in Fremdzellen erlaubten. Die Tür stand nun offen, um die Regulation von Genen zu untersuchen, pathologische Veränderungen in Genstruktur oder -regulation aufzudecken oder menschliche Proteine künstlich in Bakterien- oder Hefezellen zu produzieren. Dazu gesellte sich ein immenser technischer Fortschritt, so daß die Dynamik methodologischen und molekularmedizinischen Erkenntnisgewinns in den letzten Jahren erheblich zugenommen hat.

2 Struktur und Funktion von Genen

2.1 Anatomie des Zellkerns

Dieses Kapitel beschreibt die Bestandteile und den Aufbau des genetischen Apparates. In diesem Sinne stellt es gewissermaßen eine „genetische Anatomie" dar. In der gesamten Medizin hat das Verständnis von Funktionen und dynamischen Abläufen ebenso wie die Analyse pathologischer Veränderungen eine Voraussetzung: die Kenntnis der statischen anatomischen Grundstruktur. Wie schon vorab erwähnt, steht das in jeder Zelle vorhandene Erbmaterial, die *DNA* (Desoxyribonukleinsäure), und ihre Abkömmlinge, die *RNA*s (Ribonukleinsäuren), im Mittelpunkt der molekularmedizinischen Betrachtung. Wir wollen deshalb die genetische Anatomie mit einer Kurzbeschreibung des Aufbaus einer typischen menschlichen Zelle beginnen und feststellen, daß jede eukaryonte Zelle (d. h. tierische, pflanzliche oder Hefezelle) im Gegensatz zur prokaryonten (Bakterien-)Zelle für ihren genetischen Apparat ein eigenes Kompartment, den Zellkern, reserviert hat.

Der Zellkern läßt sich wegen seiner Größe und seiner stärker lichtbrechenden Eigenschaften schon im Lichtmikroskop vom Zytoplasma unterscheiden. Eine höhere Auflösung als das Lichtmikroskop bietet das Elektronenmikroskop, das die in Abb. 2.1 gezeigten Strukturen zu differenzieren erlaubt. Deutlich sichtbar wird die Doppelmembran, die den Zellkern und seinen Inhalt vom Zytoplasma abgrenzt. Eine solche Kernmembran gibt es bei Bakterien nicht. Dieser Unterschied hat eine entscheidende Konsequenz: wenn in Bakterien mRNA von der DNA transkribiert wird, steht diese mRNA sofort als Vorlage zur Proteinsynthese (*Translation*) zur Verfügung. Da die Translation von den Ribosomen durchgeführt wird und diese sich nicht im Zellkern befinden, muß die mRNA in eukaryonten Zellen erst aus dem Zellkern exportiert werden (*nukleo-zytoplasmatischer Transport*), bevor sie translatiert werden kann. Weshalb wählen die weiterentwickelten, höheren Lebensformen diesen scheinbar umständlicheren Weg? Welche Vorteile bieten die zeitliche und örtliche Trennung von Transkription und Translation?

Die räumliche Trennung von *Transkription* und Translation ist eine Notwendigkeit, um in eukaryonten Zellen die Translation von aberranten Proteinen von einer unreifen mRNA zu verhindern. Eukaryonte und prokaryonte mRNA unterscheiden sich in signifikanter Weise. Prokaryonte mRNA wird von der DNA-Vorlage „abkopiert" und bedarf vor Beginn der Translation keiner weiteren Veränderungen; die Translation beginnt sogar schon am „Kopf" der prokaryonten mRNA wenn der „Schwanz" noch nicht einmal transkribiert ist. Im Gegensatz dazu muß sich eukaryonte mRNA drastischen

2.1 Anatomie des Zellkerns

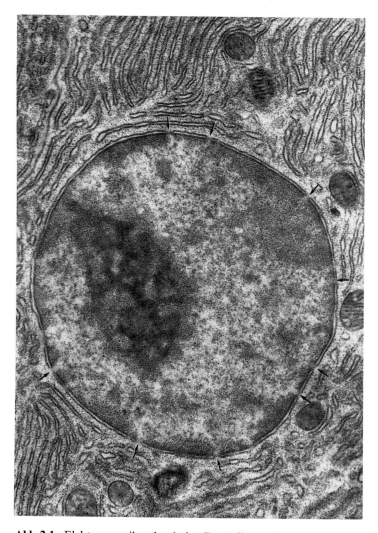

Abb. 2.1. Elektronenmikroskopische Darstellung einer eukaryonten Zelle. Gewählt wurde ein Ausschnitt aus einer Pankreaszelle. Zu sehen sind das Zytoplasma mit einem stark ausgebildeten endoplasmatischen Retikulum und einigen Mitochondrien. Der Zellkern wird durch eine Doppelmembran vom Zytoplasma abgegrenzt. Zu sehen sind ferner Poren in der Kernmembran (Pfeile) und der sich schwärzlich darstellende Nukleolus (in Bildmitte links). (Abbildung freundlicherweise überlassen von Prof. D. Fawcett, Harvard, USA)

Modifikationsschritten unterziehen (Kapitel 2.3.2), bevor die Translation beginnen darf. Erst wenn die mRNA alle Reifungsschritte durchlaufen hat, wird sie aus dem Zellkern ins Zytoplasma transportiert.

Der Vorteil, der sich eukaryonten Zellen durch dieses Vorgehen anbietet, liegt in der Zwischenschaltung von Reifungsschritten. Erstens können diese Reifungsschritte Angriffspunkte für regulatorische Interventionen sein. Zwei-

Tabelle 2.1.

Herkunft der Zelle	Größe des haploiden Genoms
Mensch	3×10^9 bp
Amphibien	$0.5\text{--}90 \times 10^9$ bp
Kröte	3×10^9 bp
Pflanzen	$0.1\text{--}100 \times 10^9$ bp
Lilie	90×10^9 bp
Hefen	$0.02\text{--}0.04 \times 10^9$ bp
Saccharomyces cerevisiae	0.02×10^9 bp
Bakterien	$0.001\text{--}0.01 \times 10^9$ bp
E. coli	0.004×10^9 bp

tens erlauben nachgeschaltete Reifungsschritte einen Genaufbau im „Baukastenprinzip", der der Evolution zusätzliche Möglichkeiten bietet, erfolgreiche Proteinbausteine mehrfach in verschiedenen Proteinen zu verwenden.

Alle Zellen einer gegebenen Spezies verfügen im allgemeinen über denselben DNA-Bestand. Dagegen gibt es große Unterschiede zwischen verschiedenen Spezies. Tabelle 2.1 zeigt einen Vergleich des DNA-Bestandes eines Bakteriums (*Escherichia coli*), einer Hefezelle (*Saccharomyces cerevisiae*), einer pflanzlichen (Lilie) und einer menschlichen Zelle. Es fällt dabei auf, daß die Lilie über 30mal mehr DNA verfügt wie eine menschliche Zelle, während Krötenzellen und menschliche Zellen vergleichbare Mengen von DNA aufweisen. Es wird ersichtlich, daß die Komplexität eines Organismus keinen Rückschluß auf die Menge von DNA pro Zelle zuläßt. Einer der Hauptgründe dafür ist, daß 95% der menschlichen DNA nicht für Proteine kodiert, sondern andere (oder zum Teil keine?) Funktionen ausüben. Der Prozentsatz dieser nicht-Protein-kodierenden DNA schwankt sehr stark zwischen verschiedenen Spezies.

Ein nicht unerheblicher Teil der vermeintlich funktionslosen DNA entfällt auf solche Abschnitte, die sich in einigen 1 000 Kopien über das gesamte Genom verstreut wiederholen. Diese *repetitiven DNA-Sequenzen* existieren beim Menschen, bei Affen, Mäusen, Hühnern und vielen anderen Spezies. Sie sind in ihrer Nukleotidsequenz zwischen verschiedenen Spezies eindeutig verwandt, jedoch unterschiedlich genug, um mit ihrer Hilfe beispielsweise menschliche DNA von Mäuse-DNA unterscheiden zu können. Die Mehrzahl repetitiver DNA-Sequenzen kann aufgrund von Sequenzhomologien in verschiedene Familien eingeteilt werden. Die Familie der sogenannten Alu-Sequenzen kommt im menschlichen Genom in etwa 500 000 Kopien vor, was ca. 5–10% der Gesamtgröße des Genoms entspricht. Ihr Name erklärt sich aus dem Befund, daß sie sich mit dem Restriktionsenzym Alu I in etwa gleichlange Fragmente schneiden lassen. Über die physiologische Bedeutung von Alu-Sequenzen existieren verschiedene Theorien, wir erwähnen sie hier jedoch hauptsächlich wegen ihrer Rolle als genetische Marker menschlicher DNA (siehe S. 93 und 164).

2.1.1 Chromosomen

Unter einem *Chromosom* versteht man eine im Zellkern befindliche, mikroskopisch abgrenzbare Einheit, die sich aus einem langen Faden von DNA und damit assoziierten Proteinen zusammensetzt.

Eine lichtmikroskopische Untersuchung von Zellkernen läßt in den meisten Phasen des Zellzyklus nur wenige Rückschlüsse auf die Organisation der DNA im menschlichen Zellkern zu. In der Metaphase von Meiose und Mitose (Kapitel 2.4) kondensiert die DNA dagegen zu lichtmikroskopisch definierbaren, X-förmigen Strukturen, den Chromosomen. Aus diesem Grunde werden lichtmikroskopische Untersuchungen zur Chromosomenzahl und -struktur fast ausschließlich an Metaphase-Präparaten durchgeführt. Jedes Chromosom besteht abhängig von seiner Größe aus einem vermutlich ununterbrochenen Faden von etwa 100–300 Millionen Nukleotiden.

Im Jahre 1956 demonstrierten Tjio und Levan, daß menschliche Zellen in ihrem Zellkern 46 solcher Chromosomen enthalten. Ein vollständiger *diploider Karyotyp* weist 46 Chromosomen auf: 44 (2×22) sogenannte Autosomen und 2 Geschlechtschromosomen. Die autosomalen Chromosomen sind mit abnehmender Größe von 1 bis 22 numeriert. Das größere der Geschlechtschromosomen wird mit X und das kleinere mit Y benannt. Eine weibliche Zelle enthält zwei X Chromosomen, während eine männliche Zelle ein X und ein Y Chromosom aufweist.

Abbildung 2.2 zeigt die Photographie einer Chromosomendarstellung in Metaphase von einem männlichen Probanden. Es fällt auf, daß nicht alle Chromosomen gleich aussehen. Vielmehr unterscheiden sie sich in Größe und Form. Die schematische Wiedergabe eines Chromosoms in Abb. 2.3 ermöglicht die Identifikation seiner charakteristischen Bestandteile: die Chromosomenenden (*Telomere*) und den Berührungspunkt (*Zentromer*) des kurzen (p) und des langen (q) Arms.

Eine Beurteilung des menschlichen Karyotyps muß 3 Parameter in Betracht ziehen: die Zahl, die Größe und die Form der Chromosomen. Zytogenetische Färbemethoden (z. B. C-, G- oder R-banding) erlauben, ein für jedes Chromosom diagnostisches Streifenmuster zu etablieren. Diese Techniken sind daher zur zytogenetischen Identifikation einzelner Chromosomen und zur Beurteilung chromosomaler Veränderungen sehr hilfreich. Nach einer zytogenetischen Färbung entspricht eine Bande ungefähr 10 Millionen Nukleotiden. Die zytogenetische Analyse des menschlichen Karyotyps kann daher nur relativ grobe Veränderungen in Form und Größe von Chromosomen feststellen.

2.1.1.1 Pathologischer Karyotyp

Normabweichungen in Zahl, Größe oder Form von Chromosomen können als pathologisch angesehen werden. Im gleichen Atemzug muß jedoch herausgestellt werden, daß ein pathologischer Karyotyp klinisch gegebenenfalls vollkommen unauffällig bleiben kann. Auf der anderen Seite rufen zytogenetisch

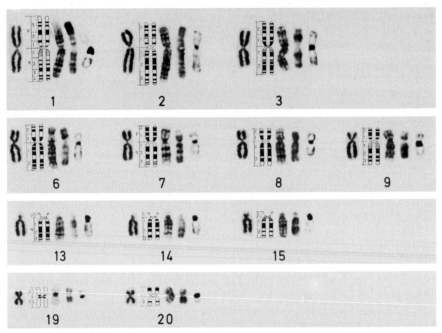

Abb. 2.2. Darstellung der menschlichen Chromosomen. Die Abbildung zeigt eine Darstellung des Bandenmusters menschlicher Chromosomen, von links nach rechts: nach konventioneller Färbung, schematische Darstellung, G-Banden, R-Banden, C-Banden. (Aus: Human Genetics, 2. Auflage, herausgegeben von F. Vogel und H. G. Motulsky, Springer Verlag)

feststellbare Chromosomenanomalien in vielen Fällen multisymptomatische Syndrome hervor. Bedenkt man die Menge genetischer Information, die einer Veränderung unterworfen sein muß, bevor sie zytogenetisch diagnostizierbar wird, ist es nicht verwunderlich, daß häufig mehrere physiologische Körperfunktionen oder Körpersysteme betroffen sind.

Karyotypische Anomalien lassen sich in 2 Gruppen unterteilen:
a) *numerische* Chromosomenanomalien
b) *strukturelle* Chromosomenanomalien.

Alle Veränderungen, bei denen die Chromosomenzahl des diploiden Chromosomensatzes größer oder kleiner als 46 ist, zählen zu den numerischen Chromosomenanomalien. Ist ein Chromosom (oder mehrere) in seiner Zusammensetzung verändert, spricht man von einer strukturellen Chromosomenanomalie. Da jedes Chromosom und jede chromosomale Region unterschiedliche Erbinformationen beherbergt, hängt die klinische Symptomatik maßgeblich von der Lokalisation der Veränderung ab.

Durch Vervielfältigung (*Polysomien*) oder Fehlen (*Monosomien*) eines oder mehrerer Chromosomen können numerische Chromosomenaberrationen (Aneuploidie) hervorgerufen werden. Das klinische Erscheinungsbild läßt sich vermutlich auf Gendosiseffekte (einfache oder dreifache anstatt der zweifachen Gendosis) zurückführen.

2.1 Anatomie des Zellkerns

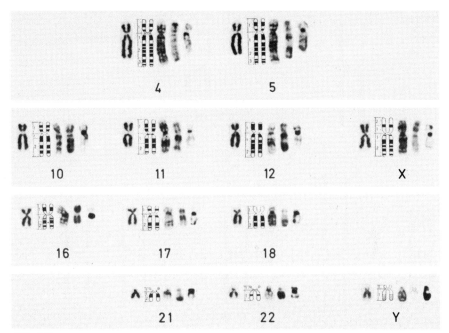

Abb. 2.2.

Das Paradigma einer numerischen Chromosomenaberration stellt die Trisomie des Chromosoms 21 (Down-Syndrom) dar. Der Karyotyp wird in diesem Fall als 47, XX oder XY, +21 beschrieben. Das Down-Syndrom ist die häufigste aller Aneuploidien (1–2/1 000 Geburten) und kommt bei allen ethnischen Gruppen vor. Während das klinische Erscheinungsbild typisch ist, bleibt derzeit noch vollkommen ungeklärt, weshalb ein drittes Chromosom 21 (bzw. welche Gene auf diesem Chromosom) für eine so weitreichende klinische Symptomatik verantwortlich ist. Man weiß inzwischen aufgrund zytogenetischer Analysen einer kleinen Zahl von Patienten, bei denen nur ein Teil des Chromosoms 21 dreifach vorliegt, daß die verantwortlichen Gene im Telomerbereich des langen Arms von Chromosom 21 lokalisiert sind.

Der Karyotyp 45, X0, d.h. das Fehlen eines Geschlechtschromosoms, stellt die derzeit einzige bekannte lebensfähige Aneuploidie mit weniger als 46 Chromosomen dar. Der Phänotyp bei einem Genotyp von 45, X0 (Turner-Syndrom) ist weiblich.

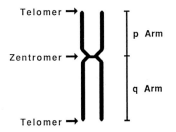

Abb. 2.3. Schematische Darstellung eines Chromosoms. Die charakteristischen „Orientierungspunkte" sind gekennzeichnet

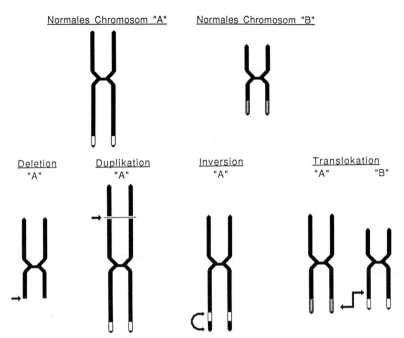

Abb. 2.4. Schematische Darstellung einiger chromosomaler Strukturanomalien. Die gekennzeichneten Bereiche des q Arms dieser beiden Chromosomen dienen der Orientierung. Die Pfeile in der unteren Bildhälfte weisen auf den von einer Strukturanomalie betroffenen Bereich des Chromosoms hin

Im Gegensatz zu den numerischen Veränderungen betreffen strukturelle Aberrationen Teilabschnitte einzelner Chromosomen. Unter den Strukturanomalien sind Deletionen, Duplikationen, Translokationen und Inversionen die häufigsten. Bei der *Deletion* und der *Duplikation* ist die Gesamtmenge chromosomaler DNA verändert, bei der (balancierten) *Translokation* und *Inversion* gewöhnlich nicht.

Aus molekularmedizinischer Sicht soll hervorgehoben werden, daß alle Strukturanomalien Bruchstellen aufweisen, an denen „neue Nachbarschaftsverhältnisse" geschaffen werden (Abb. 2.4). Dadurch können Kontrollelemente einzelner Gene ihren Einfluß auf ihr Zielgen verlieren und/oder andere Gene unter ihre Kontrolle bringen. Im Endeffekt ist der normale Ablauf einer gesteuerten Expression der Erbinformation gestört, was z. T. weitreichende Konsequenzen (z. B. eine Tumorentwicklung) nach sich ziehen kann.

Darüber hinaus wird in zunehmendem Maße die Bedeutung einzelner, in vielen Fällen kleiner Deletionen im Rahmen der klinischen Humangenetik offensichtlich. Als klassisches Beispiel gilt das mit Minderwuchs, Adipositas und geistiger Retardierung einhergehende Prader-Willi-Syndrom, das durch eine Deletion eines zytogenetisch kleinen, manchmal mit dem Mikroskop nicht erkennbaren Abschnittes des langen Arms von Chromosom 15 (15q11) hervorgerufen wird. Vergleichbare Minimalläsionen wurden auch beim Wiedemann-Beckwith-Syndrom (11p15) oder beim Langer-Giedion-Syndrom (8q22) beobachtet.

2.1 Anatomie des Zellkerns

2.1.2 Nukleinsäuren

Im vorhergehenden Abschnitt haben wir die lichtmikroskopisch erkennbare Organisationsstruktur der Desoxyribonukleinsäure (DNA), das Chromosom, beschrieben. Die folgenden zwei Kapitel werden sich näher den beiden Komponenten der chromosomalen Struktur, der DNA und den maßgeblichen Strukturproteinen zuwenden. Der Zellkern wird sozusagen zur chemischen Analyse und zur Analyse mit hochauflösenden Untersuchungstechniken, wie Elektronenmikroskopie und Röntgenkristallographie, weitergereicht.

Oftmals lassen sich in der Biologie komplexe Funktionsträger auf relativ wenige, einfache Grundbausteine zurückführen. Der genetische Bauplan aller Lebewesen besteht aus nur 4 verschiedenen Bausteinen, den *Nukleotiden*. Die DNA ist eine Kette linear miteinander verknüpfter Nukleotide, deren exakte Reihenfolge den Unterschied von einem Protein zum anderen, letztendlich sogar von *E. coli* zum Homo sapiens ausmacht.

2.1.2.1 Chemischer Aufbau von DNA und RNA

Jedes Nukleotid hat 3 Bestandteile, die in Abb. 2.5 dargestellt sind: ein Zuckermolekül, eine organische Base und eine Phosphatgruppe. Das Zuckermolekül unterscheidet sich bei DNA- und RNA-Nukleotiden nur in einer Position. In beiden Fällen handelt es sich um einen C_5-Zucker, eine Pentose. Wie Abb. 2.5 zeigt, hat die Ribose als Zuckerbestandteil der Ribonukleinsäure eine OH-Gruppe in der 2'-Position, während die Desoxyribose in der 2'-Position ein Wasserstoffatom (deshalb Desoxyribonukleinsäure) aufweist.

Die *organische Base* ist für den Unterschied der 4 Bausteine von DNA und RNA verantwortlich. Die drei Basen Adenin (A), Guanin (G) und Cytosin (C) kommen sowohl in DNA- als auch in RNA-Nukleotiden vor. Uracil (U) bzw. dessen methylierter Abkömmling Thymin (T) kommen nur in RNA bzw. DNA vor. Die drei Basen Cytosin, Thymin und Uracil bestehen aus einem Pyrimidinring (Pyrimidinbasen), Adenin und Guanin aus 2 miteinander verbundenen Ringen, Purinen (Purinbasen). Abbildung 2.6 zeigt diese 5 Basen. Da der Zuckerbestandteil und die Phosphatgruppe bei allen Nukleotiden konstant sind, werden die Nukleotide mit den gleichen Buchstaben (A, G, C, T, U) wie die in ihnen enthaltenen Basen abgekürzt. Deshalb ist aus einem Buch-

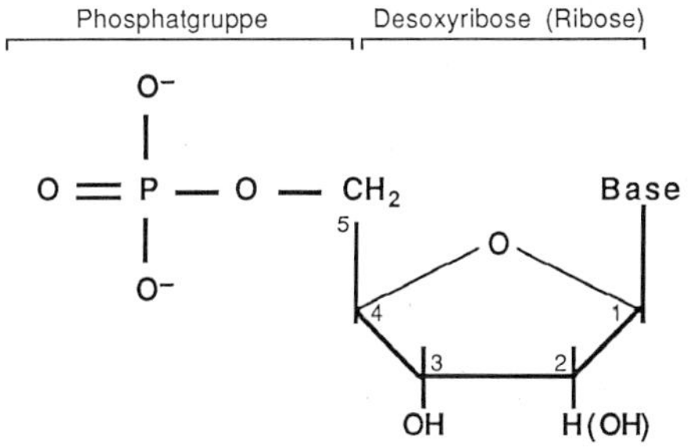

Abb. 2.5. Schematische Darstellung eines Nukleotids. Der Aufbau eines Desoxyribonukleotids ist abgebildet. Die Position der OH-Gruppe des entsprechenden Ribonukleotids ist in Klammern gekennzeichnet, die Kohlenstoffatome sind von 1–5 numeriert

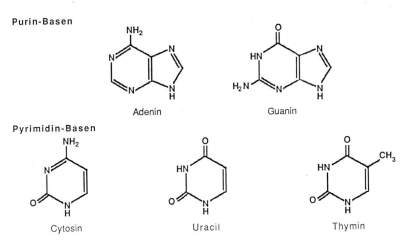

Abb. 2.6. Schematische Darstellung der verschiedenen Basenkomponenten von (Desoxy)Ribonukleotiden. Die abgebildeten Basen kommen in identischer Form sowohl in DNA- als auch in RNA-Ketten vor. Ausnahmen stellen die Basen Thymin (nur in DNA) und Uracil (nur in RNA) dar

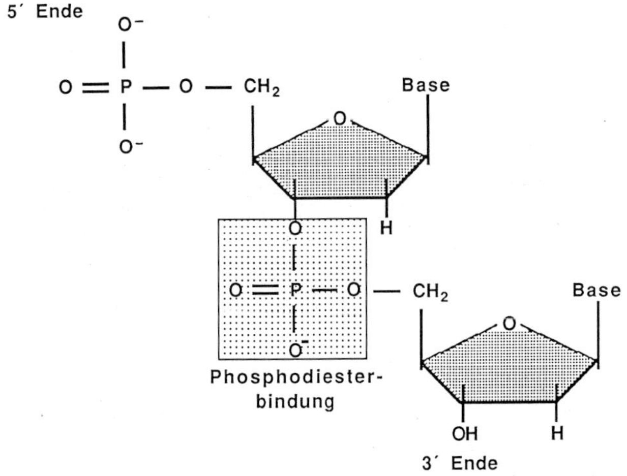

Abb. 2.7. Schematische Darstellung der Verbindung zweier Nukleotide durch eine Phosphodiesterbindung. Die Einzelbausteine der DNA und RNA Polymere werden durch diese Bindung miteinander verknüpft. Das Kopfnukleotid am 5' Ende der Kette trägt eine Phosphatgruppe, das Schwanznukleotid am 3' Ende weist eine freie OH-Gruppe auf

stabenkürzel nicht ersichtlich, ob von der Base oder von dem zugeordneten Nukleotid die Rede ist.

Die Phosphatgruppe ist aus zwei Gründen wichtig: zum einen stellt sie das Bindeglied zwischen zwei benachbarten Nukleotiden dar, zum anderen ist sie für den sauren Charakter der Nukleinsäuren verantwortlich. Die Phosphat-

2.1 Anatomie des Zellkerns

gruppe verbindet das C_3-Kohlenstoffatom des vorangehenden Zuckers mit dem C_5-Kohlenstoffatom des nachfolgenden (Abb. 2.7). Man spricht deshalb von einer 5'-3'-Phosphodiesterbindung. Zwangsläufig haben bei einer fadenförmigen Kette das Kopf- und das Schwanznukleotid nur einen Nachbarn. Das Kopfnukleotid trägt in diesem Fall die Phosphatgruppe am C_5-Atom ihrer Pentose (man spricht deshalb vom 5'-Ende des DNA- oder RNA-Moleküls), das Schwanznukleotid hat eine freie OH-Gruppe am C_3-Atom ihres Zuckers (deshalb 3'-Ende). Wenn Zellen DNA oder RNA synthetisieren, dienen die jeweiligen Triphosphate der Nukleotide, d.h. dATP, dCTP, dGTP, dTTP bzw. ATP, CTP, GTP und UTP, als Ausgangsbausteine. Eine neue Phosphodiesterbindung zwischen zwei Nukleotiden wird unter Abspaltung von zwei Phosphatresten des Triphosphats erstellt. So wachsen sowohl DNA- als auch RNA-Stränge vom 5'- zum 3'-Ende (Kapitel 2.3.1 und 2.4.2.2).

Nukleotide erfüllen zwei wichtige Kriterien, die gegeben sein müssen, wenn Information von einer Zellgeneration genutzt und an Tochtergenerationen weitergegeben werden soll. Zum einen muß die Information schnell und zuverlässig abgelesen (dekodiert) werden können. Zum anderen muß der Informationsträger leicht und fehlerfrei kopiert an die Tochterzellen weitergegeben werden können. Der Schlüssel liegt in der Fähigkeit der Basen, spezifisch miteinander in Wechselwirkung treten zu können. Zwischen Guanin und Cytosin können sich 3 Wasserstoffbrücken ausbilden, zwischen Adenin und Thymin (in DNA) bzw. Uracil (in RNA) jeweils 2 (Abb. 2.8). So läßt sich jeder Ba-

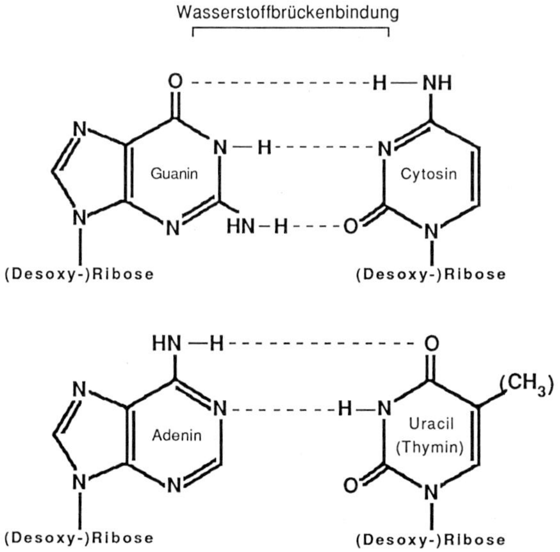

Abb. 2.8. Schematische Darstellung von Wasserstoffbrückenbindungen zwischen den Basen komplementärer RNA oder DNA Nukleotide. Zwischen Guanin und Cytosin können sich drei, zwischen Adenin und Uracil (bzw. Thymin in DNA) nur zwei Wasserstoffbrücken ausbilden. Die Anheftungsstelle der Base an die (Desoxy-)Ribose ist ebenfalls abgebildet

se genau ein Partner zuordnen. Zum einen eignet sich dieses Komplementaritätsprinzip optimal zur Verdopplung der DNA (Kapitel 2.4.2.2), zum anderen ist es nützlich bei der Dekodierung genetischer Information im Rahmen der Transkription und der Translation (Kapitel 2.3.1 und 2.3.6).

2.1.2.2 Sekundärstruktur der DNA

DNA existiert im Zellkern nicht als Einzelfaden, sondern als *Doppelstrang*. Die besprochenen Wasserstoffbrückenbindungen zwischen den Basen der einzelnen Nukleotide fügen die zwei Einzelstränge zusammen. Ein Strang verläuft in 5'-zu-3'-Richtung, der andere antiparallel in 3'-zu-5'-Richtung. Aufgrund der Spezifität der Basenpaarung legt die Nukleotidsequenz des einen Stranges die Nukleotidsequenz des Partnerstranges genau fest. Bei der DNA-Verdopplung (*Replikation*) öffnet sich der Doppelstrang reißverschlußartig, und es wird zu jedem Einzelstrang der Komplementärstrang synthetisiert. Endprodukte sind zwei identische Doppelstränge.

Wesentlich ist das Prinzip der Basenpaarung auch aus technischer Sicht. So kann sich an ein einzelsträngiges Stück von DNA oder RNA ein zweites Stück DNA oder RNA spezifisch anlagern, wenn es ebenfalls einzelsträngig und seine Sequenz der Zielsequenz exakt komplementär ist. Wie Kapitel 3 genau darstellen wird, liegt diese Erkenntnis grundlegenden molekularbiologischen Techniken, wie beispielsweise dem Southern und Northern Blotting, zugrunde.

Während die Nukleotidsequenz als Primärstruktur für viele Eigenschaften und Funktionen der DNA wichtig ist, kommt auch ihrer dreidimensionalen Form, der Sekundärstruktur, eine große Bedeutung zu. Röntgenkristallographische Analysen führten J. Watson und F. Crick im Jahre 1953 zur Aufklärung der Sekundärstruktur der DNA. Die doppelsträngige Natur der DNA

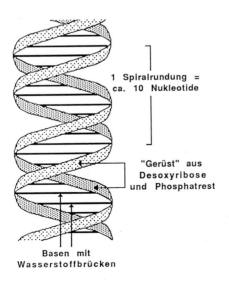

Abb. 2.9. Doppelhelikale Struktur der DNA. Zwei einander komplementäre DNA-Stränge sind dargestellt. Die Wasserstoffbrückenbindungen zwischen den nach innen weisenden Basen beider Stränge werden durch horizontale Linien repräsentiert. Das äußere Gerüst der Doppelhelix besteht aus den durch Phosphodiesterbindungen verknüpften Desoxyribosemolekülen. Nach jeweils etwa 10 Nukleotiden ist eine vollständige Spiralrundung geschlossen

2.1 Anatomie des Zellkerns

und ihre Eigenschaft, Wasserstoffbrückenbindungen zwischen beiden Strängen auszubilden, ist die chemische Grundlage der Entdeckungen von Watson und Crick. Sie fanden heraus, daß sich die doppelsträngige DNA helikal, wendeltreppenförmig, um sich selbst windet (Abb. 2.9). Dabei zeigen die Basen nach innen, der Phosphatrest und die Desoxyribose nach außen. Etwa nach jedem 10. Nukleotid ist eine vollständige Spiralrundung geschlossen. Die außenliegenden Zucker- und Phosphatgruppen sind nicht symmetrisch. Folglich unterscheidet man zwischen einer sich rechts- und einer sich linksherum drehenden Doppelspirale. Je besser sich die beiden komplementären DNA-Stränge aneinander anlegen können und je weniger „störende Kanten" die Gesamtstruktur behindern, um so stabiler ist die jeweilige Sekundärstruktur. Aufgrund der asymmetrischen Anordnung hat die sich rechtsherum drehende Doppelspirale mehr Stabilität als eine Spirale gleicher Sequenz, die sich linksherum dreht. Tatsächlich findet sich die DNA im Zellkern hauptsächlich in der stabileren rechtsdrehenden *B-DNA*-Form. Auch linksdrehende *Z-DNA* wird gefunden, besonders in DNA-Abschnitten, in denen sich Purine und Pyrimidine abwechseln. Der Übergang zwischen der B-Form und der Z-Form der DNA könnte für die Bindung genregulatorischer Faktoren oder bei der Rekombination eine wichtige Rolle spielen.

2.1.3 Nukleäre Proteine

Die im Zellkern vorkommenden Proteine stellen den „vergessenen" Bestandteil des Nukleus dar. Da man die besondere Stellung des Zellkerns oft mit dem Vorkommen von DNA in Verbindung bringt, wird leicht außer Acht gelassen, daß das nackte Nukleinsäuregerüst ohne die strukturell und funktionell wichtigen Proteine ebenso sinnlos wäre wie eine Computerdiskette ohne Computer. Erst die nukleären Proteine bringen die DNA in eine funktionsgerechte Tertiärstruktur, die eine bedarfsgerechte Nutzung der DNA-kodierten Information erlaubt.

Da der Zellkern nicht über die Möglichkeit verfügt, mRNA in Proteine zu translatieren, müssen alle nukleären Proteine aus dem Zytoplasma importiert werden. Für kleine Proteine (Molekulargewicht < 40–$60\,000$) stellt die Kernmembran wegen der Größe der Poren keine Importbarriere dar. Größere Proteine bedürfen wahrscheinlich besonderer Transportmechanismen. Insgesamt ist jedoch noch wenig darüber bekannt, wie bestimmte Proteine den Zellkern erreichen, andere zytoplasmatische Proteine aber ausgeschlossen bleiben.

Die im Zellkern vorkommenden Proteine lassen sich in die folgenden Kategorien einordnen:

- Strukturproteine
- Enzyme
- Regulatorische Proteine
- Komponenten funktioneller RNA/Protein-Partikel (Ribonukleoprotein-Partikel)

Physiologisch spielen nukleäre Proteine eine zentrale Rolle, dagegen ist ihre Bedeutung für die klinische Molekularmedizin noch weitgehend ungeklärt. Störungen oder Fehlen wichtiger Strukturproteine oder Enzyme würden in den meisten Fällen wahrscheinlich Abortivfaktoren darstellen. Auf der anderen Seite mehren sich inzwischen Hinweise auf Zusammenhänge zwischen Veränderungen in der Expression regulatorischer Proteine und verschiedener maligner Erkrankungen (Kapitel 4.3.1).

2.1.3.1 Strukturproteine

Die Architektur des Zellkerns ist unter dem Gesichtspunkt eines Verpakkungsproblems besonders interessant: der DNA-Faden eines Chromosoms ist 300 000mal länger als der Durchmesser des Zellkerns. Folglich muß die DNA in platzsparender Form untergebracht werden. Da der Zellkern aber nicht als Archiv zur passiven Datenspeicherung, sondern als aktive Schaltzentrale des Zellmetabolismus dient, muß die Aufwicklung chromosomaler DNA außerdem hochorganisiert und leicht zugänglich erfolgen. Die Natur hat dieses Verpackungsproblem so überzeugend gelöst, daß die dafür verantwortlichen Proteine von nahezu allen eukaryonten Lebewesen fast identisch übernommen worden sind.

Den Komplex aus DNA und Protein bezeichnet man als *Chromatin*. Mengenmäßig besteht das Chromatin aus etwa doppelt soviel Protein wie DNA. Die bestcharakterisierten und gleichzeitig häufigsten nukleären Proteine sind die *Histone*. Der Hauptproteinbestandteil des Chromatins setzt sich aus 5 verschiedenen Histonen zusammen, die H1, H2A, H2B, H3 und H4 genannt werden. Sie sind basische, positiv geladene Proteine, die reich an den Aminosäuren Lysin und Arginin sind. Da Histone positiv geladen sind, können sie mit der sauren, negativ geladenen DNA in enge Wechselwirkungen treten. Unter dem Elektronenmikroskop lassen sich zwei sehr regelmäßige Erscheinungsbilder des Chromatins unterscheiden. Das erste sieht aus wie eine Perlenkette mit Perlen von etwa 10 nm Durchmesser. Jede dieser Perlen besteht aus einem Proteinkern, um den herum der doppelhelikale DNA-Faden gewickelt ist. Der Proteinkern setzt sich aus 8 Proteinmolekülen zusammen, jeweils 2 der Histone H2A, H2B, H3 und H4. Das Histon H1 lagert sich von außen an den DNA-Faden an und ist vergleichsweise locker gebunden. Wie Abb. 2.10 zeigt, umwickelt die DNA jede Perle zweimal, was ca. 140 Nukleotiden an Länge entspricht. Diese regelmäßige Struktur aus 9 Proteinmolekülen und 140 Nukleotiden aufgespulter DNA nennt man ein *Nukleosom*. Auch der Abstand zwischen zwei Nukleosomen (Perlen) ist gleichbleibend und beträgt 60 Nukleotide.

Die zweite elektronenmikroskopisch erkennbare Organisation des Chromatins bleibt nur dann erhalten, wenn man es unter Bedingungen reinigt, die den natürlichen Zustand relativ wenig beeinträchtigen. Unter diesen schonenden Bedingungen zeigt sich, daß die Nukleosomen selbst in einem sehr regelmäßigen Muster aufgewickelt sind. Diese nächsthöhere DNA-Struktur stellt sich unter dem Elektronenmikroskop als ein „dicker" Faden von 30 nm

2.1 Anatomie des Zellkerns

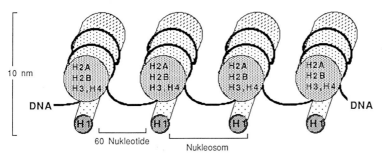

Abb. 2.10. Schematische Darstellung der Nukleosomstruktur des Chromatins. Der DNA-Faden wickelt sich jeweils zweimal um einen aus acht Proteinen (je zwei Moleküle der Histone H2A, H2B, H3 und H4) bestehenden Kern. Diese zwei Windungen nehmen etwa 140 Nukleotide in Anspruch. Von außen lagert sich ein einzelnes Molekül des Histons H1 an. Der Abstand zwischen zwei solchen perlenschnurartigen Aufwicklungen der DNA beträgt 60 Nukleotide, der Durchmesser eines Nukleosoms etwa 10 Nanometer

Durchmesser dar. Man nimmt an, daß der größte Teil der im Zellkern vorkommenden DNA diesem platzsparenden strukturellen Ordnungsprinzip unterworfen ist. Es ist durchaus denkbar, daß darüber hinaus sogar Strukturen noch höherer Ordnung existieren, deren Identifikation mit den zur Zeit zur Verfügung stehenden Präparationsmethoden unmöglich ist.

Aus der vorangegangenen Beschreibung wird ersichtlich, daß die DNA sehr eng mit Histonen assoziiert ist. Es stellt sich die Frage, wie sich transkriptionell aktive von inaktiven Genen unterscheiden und wie die für die Transkription verantwortlichen Proteine Zugang zu den entsprechenden DNA-Abschnitten finden. Um diesen Zugang zu regulieren, wären theoretisch sowohl Veränderungen der DNA selbst als auch Veränderungen der sie umgebenden Proteine denkbar. Natürlich schließen sich diese beiden Möglichkeiten keineswegs gegenseitig aus. Aus der Biochemie sind inzwischen mehrere Möglichkeiten zur Veränderung des Proteingerüstes bekannt, sogenannte post-translationale Modifikationen, die die Eigenschaften von Proteinen in oftmals reversibler Form verändern können. Zu dieser Art post-translationaler Proteinmodifikationen zählen z. B. die Phosphorylierung, die Methylierung oder die Acetylierung. Im Hinblick auf die Interaktion von Histonen mit der DNA ist interessant, daß manche Histone in der Nähe besonders aktiv transkribierter Gene überdurchschnittlich stark acetyliert sind. Diese Beobachtung legt die Vermutung nahe, daß eine regulierte Acetylierung/Deacetylierung bestimmter Histone die Aktivität verschiedener Gene beeinflussen könnte.

Zusätzlich zu den Histonen, die ubiquitär im Zellkern vorkommen, enthält der Nukleus weitere Proteine, die vorwiegend in der Nachbarschaft aktiver Gene zu finden sind. Diese Proteine zeigen bei der Elektrophorese eine hohe Wanderungsgeschwindigkeit und werden deshalb als *HMGs* (für „High Mobility Group") bezeichnet. Möglicherweise beeinflußt die Interaktion zwischen DNA einerseits und Proteinen, wie HMGs und Histon H1, andererseits die lokale Feinstruktur eines Gens so, daß die Transkription erleichtert oder erschwert wird. Wir wollen in diesem Zusammenhang aber schon darauf hinweisen, daß eine gesonderte Klasse von regulatorischen Proteinen spezifisch für die Transkription einzelner Gene verantwortlich ist (Kapitel 2.3.1.3).

2.1.3.2 Enzyme

Die DNA im Zellkern dient als Vorlage für 2 Vorgänge, die enzymatisch katalysiert werden. Erstens wird die DNA vor jeder Zellteilung durch die DNA-Polymerase exakt verdoppelt, repliziert. Dies ist wichtig, da die Tochterzellen nach jeder Teilung denselben DNA-Bestand haben sollen wie ihre Mutterzelle (Kapitel 2.4.2.2). Zweitens wird die DNA bei der Genexpression von der RNA-Polymerase abgelesen, transkribiert (Kapitel 2.3.1). Neben diesen Polymerasen befinden sich im Zellkern weitere Enzyme, die z. B. bei der Replikation mitbeteiligt oder für die Reparatur der genomischen DNA verantwortlich sind (Kapitel 2.4.2). Eine Reihe enzymatischer Funktionen im Zellkern werden nicht von Proteinen allein, sondern von RNA-Protein-Komplexen getragen. Auf die Bedeutung dieser Komplexe soll später (Kapitel 2.1.3.4) eingegangen werden. Im folgenden wollen wir uns auf eine Übersicht der wesentlichen Eigenschaften von DNA- und RNA-Polymerasen beschränken.

Die bemerkenswerteste Eigenschaft prokaryonter und eukaryonter *DNA-Polymerasen* (Kapitel 2.4.2.2) ist ihre eindrucksvolle Präzision, die in Anbetracht ihrer ontogenetischen Anforderungen notwendig ist. Bevor eine befruchtete Eizelle sich zu einem Menschen entwickelt hat, muß ihr Genom etwa 10^{14}fach vermehrt werden. Menschlichen DNA-Polymerasen unterläuft durchschnittlich nur 1 Fehler pro 10 Milliarden Nukleotide, d.h. ein einziger Fehler auf 3 Replikationen eines etwa 3 Milliarden Nukleotide umfassenden Genoms.

Zur Transkription von mRNA wird die RNA-Polymerase II benötigt. Sie kopiert nach dem Prinzip der komplementären Basenpaarung (Kapitel 2.1.2) von einer DNA-Vorlage ein RNA-Transkript. Neben der mRNA, die als Vorlage zur Translation von Proteinen dient, gibt es weitere Klassen von RNA-Molekülen mit spezifischen Aufgaben. Sowohl die Transfer-RNA (tRNA) als auch die ribosomale RNA (rRNA) sind für die Translation von mRNA von entscheidender Bedeutung (Kapitel 2.3.6). Die 3 Klassen von RNA werden von 3 verschiedenen Polymerasen transkribiert. Die RNA-Polymerase I transkribiert rRNA, die RNA-Polymerase II mRNA und die RNA-Polymerase III tRNA (und eine Untergruppe von rRNA). Diese Funktionen sind in Tabelle 2.2 zusammengefaßt.

Tabelle 2.2. RNA Polymerasen eukaryonter Zellen

Enzym	Funktionelles Produkt
RNA Polymerase I	Ribosomale RNA (28 S, 18 S, 5.8 S)
RNA Polymerase II	Messenger RNA
RNA Polymerase III	Kleine RNAs (transfer RNA, 5 S rRNA, snRNAs)

2.1 Anatomie des Zellkerns

Tabelle 2.3. Beispiele für DNA-bindende Proteine eukaryonter Zielgene

Beispiel	Zielgen (Beispiel)
Östrogenrezeptor	Prolactin
Progesteronrezeptor	Uteroglobin, Transferrin
Testosteronrezeptor	α-2 Mikroglobulin
Glukocorticoidrezeptor	Wachstumshormon
fos	Kollagenase, Metallothionin
jun	Kollagenase, Metallothionin
myc	Ungeklärt

2.1.3.3 Regulatorische Proteine

Obwohl sich im Zellkern RNA-Polymerasen und DNA befinden, ist dennoch zu einem gegebenen Zeitpunkt nur ein Bruchteil aller Gene einer jeden Zelle transkriptional aktiv. Diese Tatsache wirft die Frage auf, in welcher Form die zu transkribierenden Gene für die RNA-Polymerasen zugänglich gemacht oder „markiert" werden. In Kapitel 2.1.3.1 wurde bereits darauf hingewiesen, daß sich aktive und inaktive Gene im Muster ihrer benachbarten Strukturproteine unterscheiden. Dieses Merkmal ist jedoch relativ unspezifisch.

Um ganz bestimmte Gene oder Familien von Genen zu einem definierten Zeitpunkt an- oder abschalten zu können, befinden sich im Zellkern zusätzlich zu den Strukturproteinen und Enzymen spezifische *regulatorische Proteine*.

Das klassische Prinzip der Genregulation läßt sich sehr einfach beschreiben: ein regulatorisches Protein erkennt eine definierte Sequenz in der Nähe des Zielgens und heftet sich dort an. Dadurch übt es seinen Effekt auf die Expression des Zielgens aus. Im molekularbiologischen Sprachgebrauch nennt man die DNA-Sequenz, an die sich das Protein bindet, auch cis-agierendes Element (*cis-acting element*), das dazugehörige regulatorische Protein den trans-agierenden Faktor (*trans-acting factor*).

Tabelle 2.3 zeigt eine Auflistung verschiedener medizinisch relevanter Beispiele für regulatorische, DNA-bindende Proteine. Da für jedes Protein nur eine relativ begrenzte Zahl von Zielsequenzen existiert, sind diese Proteine mengenmäßig den Strukturproteinen deutlich unterlegen. Ihre Funktion als Signalüberträger im zellulären Metabolismus ordnet ihnen jedoch eine bedeutende medizinische Rolle zu, auf die wir am Beispiel der Steroidrezeptoren (Seite 35) detaillierter eingehen werden.

2.1.3.4 Ribonukleoprotein-Partikel

Ribonukleoprotein-Partikel (RNP) ist ein Sammelbegriff für eine Anzahl molekularer Komplexe, die im Zytoplasma und im Zellkern vorkommen. Ihr gemeinsames Merkmal ist die enge strukturelle Assoziation von RNA-Molekülen mit einem oder mehreren Proteinen (daher der Name). Isoliert sind die RNA- und Proteineinzelkomponenten funktionslos; es handelt sich bei

Tabelle 2.4. Funktionen verschiedener nukleärer Ribonukleoproteinpartikel (nRNPs)

RNP	Funktion
U 1, U 2, U 4–6	Spleißen
U 3	rRNA Reifung?
U 7	Reifung der Histon mRNA
U 11	Polyadenylierung?
RNase P	tRNA Reifung

Ribonukleoprotein-Partikeln um eine „Symbiose" von RNA und Proteinen. Ein weiteres Merkmal dieser Partikel ist die geringe Länge des RNA-Moleküls von zumeist weniger als 200 Nukleotiden.

Die Ribonukleoprotein-Partikel des Zellkerns werden in 2 Gruppen unterteilt, die *hnRNPs* und die *snRNPs* (*Snurps*). Die hnRNPs (*heterologous nuclear ribonucleoprotein particles*) enthalten Vorstufen der mRNA und als Proteinanteil ein noch wenig definiertes Gemisch aus mehr als 20 Proteinen. Diese hnRNPs scheinen Vorstufen für die Bildung des in Kapitel 2.3.2.2 beschriebenen Spleißosoms zu sein.

Die Snurps (*small nuclear ribonucleoprotein particle*) sind dagegen besser charakterisiert. Der Name der snRNPs leitet sich von der Kürze der RNA-Bestandteile ab (60–215 Nukleotide), die außerdem sehr reich an Uridin sind. Aus diesem Grunde werden die verschiedenen snRNPs nach ihren RNA-Bestandteilen U1, U2 usw. benannt. Die Proteinkomponente besteht aus mehreren nukleären Proteinen. Zur Zeit sind 13 verschiedene snRNPs bekannt, aber nur ein Teil von ihnen ist funktionell charakterisiert. Es ist inzwischen gesichert, daß U1-, U2-, U4-, U5- und U6-snRNPs an der später noch genauer zu besprechenden Reifung von mRNA beteiligt sind. Tabelle 2.4 faßt die nukleären Ribonukleoprotein-Komplexe zusammen und ordnet ihnen ihre jeweiligen Funktionen zu.

2.2 Aufbau der Gene

Als praktische Arbeitsdefinition könnte man *Gene* als die kleinsten Einheiten der DNA bezeichnen, die Information für eine nachweisbare Funktion oder Struktur einer Zelle tragen. Dazu zählen neben den Proteinen auch eine Reihe von verschiedenen RNA-Molekülen. Strukturell bzw. funktionell kann man bei einem Gen zwischen der *Steuereinheit* und der *transkribierten Region* unterscheiden. Die Steuereinheit reguliert die Expression eines Gens in angemessener Höhe, in den richtigen Geweben und zum korrekten Zeitpunkt. Die exprimierte Region trägt die eigentliche Information für die RNA als endgültiges Genprodukt. Auf der Basis unterschiedlicher Expressionsmechanismen unterscheidet man zwischen 3 Hauptgruppen von Genen. Es handelt sich dabei um die Protein-kodierenden Strukturgene, um die Gene für die ribosomale

2.1 Anatomie des Zellkerns

RNA sowie um Gene für kleine Ribonukleinsäuren wie beispielsweise die tRNA. Von direkter klinischer Bedeutung sind dabei hauptsächlich die Strukturgene. Für ein besseres Verständnis der molekularen Physiologie einer Zelle sind allerdings grundlegende Kenntnisse über die anderen beiden Gengruppen bzw. über deren Produkte erforderlich.

Das haploide menschliche Genom, d. h. die DNA des einfachen Chromosomensatzes, enthält mit seinen etwa 3×10^9 Nukleotiden die genetische Information für etwa $5\text{--}10 \times 10^4$ verschiedene Proteine. Diese Information ist auf nur ca. 5% der menschlichen DNA untergebracht. Die restlichen 95% sind nicht mRNA-kodierend, enthalten aber regulative Elemente für die organspezifische und ontogenetische Genexpression, Anheftungsstellen der DNA an das Chromatingerüst, Replikationsursprünge, wahrscheinlich virale Elemente, die im Verlauf der Evolution ins menschliche Genom eingebaut wurden, und Abschnitte ohne bekannte Funktion. Ein Teil der nicht transkribierten DNA zwischen den Genen setzt sich aus sogenannten repetitiven Sequenzen zusammen. Dabei handelt es sich um Elemente ähnlicher Sequenz, aber unterschiedlicher Länge, die an verschiedenen Stellen des Genoms in insgesamt vieltausendfacher Ausfertigung vorkommen (Seite 8). Manche dieser repetitiven Sequenzen sind speziesspezifisch und lassen sich daher als Gensonden zur Identifikation z. B. menschlicher DNA einsetzen (Kapitel 4.2 und 4.3).

2.2.1 Strukturgene

Die meisten Proteine werden von Genen kodiert, die nur jeweils einmal als „single copy" im Genom vorkommen. Strukturgene bestehen aus einem in RNA transkribierten Anteil und einer Steuereinheit, die in der Regel selbst nicht exprimiert wird (Abb. 2.11). Der transkribierte Teil enthält die Proteinkodierenden Abschnitte, die in den meisten Genen von nichtkodierenden Anteilen unterbrochen sind. Die kodierende Information eines Gens ist also auf der DNA und auf dem Primärtranskript diskontinuierlich angeordnet. Für eine geordnete Proteinsynthese am Ribosom ergibt sich daher die Notwendigkeit, die kodierende von der nicht-kodierenden Information zu trennen. Bei

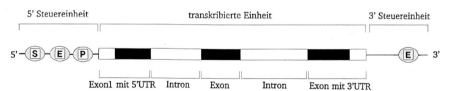

Abb. 2.11. Schematischer Aufbau eines Strukturgens. Die Steuereinheit setzt sich aus dem Promotor (P), Enhancern (E) und ggf. Silencern (S) zusammen. Enhancer und Silencer können sowohl 5′ als auch 3′ vom transkribierten Anteil eines Gens liegen. Die transkribierte Einheit enthält Sequenzen, die als reife mRNA den Zellkern verlassen (Exons) sowie Sequenzen die aus dem Primärtranskript herausgespleißt werden (Introns). Die UTRs enthalten Nukleotide, die für die Translation und für die mRNA Stabilität von Bedeutung sein können, aber nicht in Peptidsequenz translatiert werden (5′ UTR bzw. 3′ UTR für „untranslated region")

diesem als Spleißen bezeichneten Vorgang (Kapitel 2.3.2.2) werden die nichtkodierenden Sequenzen (*Introns*) noch im Zellkern abgebaut, wogegen die kodierenden Segmente des Primärtranskriptes miteinander verbunden und als reife mRNA zur Proteinsynthese aus dem Zellkern in das Zytoplasma exportiert werden. Die entsprechenden Sequenzen des Gens bezeichnet man daher als *Exons*. Die Steuerelemente des Gens liegen teils in dessen unmittelbarer Nachbarschaft, im sogenannten *Promotor*, oder auch einige 1 000 Basenpaare davon entfernt. Sie können die Transkription eines Gens entweder stimulieren oder hemmen und werden daher als *Enhancer* oder als *Silencer* bezeichnet. Abbildung 2.11 zeigt den schematischen Aufbau eines typischen Strukturgens. Die funktionellen Zusammenhänge bei der Expression eines Gens werden in Kapitel 2.11 näher erläutert.

Anzumerken ist, daß es bei der Unterscheidung zwischen der transkribierten und der Steuereinheit eines Gens Überschneidungen geben kann. So können Introns und auch Exons durchaus Elemente der Steuereinheit enthalten.

2.2.2 Gene für die ribosomale RNA (rRNA)

Die rRNA wird als Bestandteil der Ribosomen in großen Mengen für die Proteinsynthese benötigt. Entsprechend macht sie etwa 75% der gesamten zellulären RNA aus. Im Gegensatz zu den meist in single copy vorliegenden Struk-

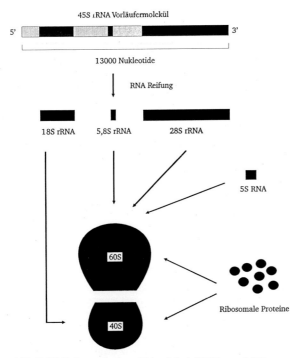

Abb. 2.12. Schematischer Ablauf der rRNA- und Ribosomensynthese

turgenen gibt es etwa 200 fast identische Kopien der *rRNA-Gene* im haploiden menschlichen Genom. Sie sind in 5 Gruppen auf den 5 akrozentrischen Chromosomen 13, 14, 15, 21 und 22 verteilt und liegen dort, getrennt von Abstandshaltern, der sogenannten spacer-DNA, hintereinander. Die für die rRNA-Synthese zuständige RNA-Polymerase I setzt an einem, im Vergleich zu den Strukturgenen etwas anders aufgebauten Promotor an und transkribiert von allen 200 Genen das gleiche etwa 13 kb (kb = Kilobasen) lange Vorläufermolekül mit einem Sedimentationskoeffizienten von 45 S (S = Svedberg-Einheit). Dieses wird post-transkriptional, möglicherweise unter Mitwirkung des U3 snRNP in die reifen 5,8 S-, 18 S- und 28 S-rRNA-Moleküle (160 nt, 2000 nt und 5000 nt, nt = Nukleotide) gespalten. Die verbleibenden 6000 nt des gemeinsamen Vorläufers werden im Zellkern abgebaut (Abb. 2.12). Die ribosomalen Untereinheiten entstehen dann im Nukleolus durch Verbindung der rRNA mit den ribosomalen Proteinen. Dabei werden die 5,8 S- und die 28 S-rRNA sowie die von einer eigenen Gengruppe transkribierte 5 S-rRNA in die große Untereinheit und die 18 S-rRNA in die kleine Untereinheit des Ribosoms eingebaut. Die Transkription eines gemeinsamen Vorläufermoleküls und dessen Spaltung in die verschiedenen rRNA-Moleküle garantiert deren Synthese in den benötigten äquimolaren Mengen. Für den Morphologen ist die Rolle der Nukleoli bei der Synthese der Ribosomen von einiger diagnostischer Bedeutung, da die Größe dieser Strukturen recht gut mit der Stoffwechselaktivität einer Zelle korreliert. Zellen mit einer besonders ausgeprägten Proteinsyntheseleistung, etwa auch maligne Zellen, fallen durch ihre großen Nukleoli auf.

2.2.3 Gene für die Transfer-RNA (tRNA)

Die kleinen, von der RNA-Polymerase III synthetisierten RNA-Moleküle machen etwa 15% der gesamten zellulären RNA aus und erfüllen wichtige Aufgaben bei der Proteinsynthese oder beim Spleißen des Primärtranskriptes, der *prä-mRNA*. So spielt die *tRNA* als eigentlicher Adapter eine zentrale Rolle bei der Translation von mRNA in die Aminosäuresequenz eines Proteins. Die Sekundärstruktur der mehr als 20 unterschiedlichen tRNA-Moleküle ist grundsätzlich ähnlich (Abb. 2.13). Durch intramolekulare Basenpaarung entsteht ein Molekül mit 3 exponierten Schleifen und einem freien 3'-Ende. Eine der Schleifen enthält das *Anticodon*, das sich über homologe Basenpaarung spezifisch an ein Basentriplett der mRNA, das *Codon* bindet. Das freie 3'-Ende dient als Bindungsstelle für die jeweils spezifische Aminosäure, die dort durch eine eigene Aminoacyl-tRNA-Transferase angefügt wird. Die Spezifität dieser Enzymreaktion ist somit von ebenso großer Wichtigkeit für die korrekte Translation wie die Wechselwirkung zwischen Codon und Anticodon. Es ist noch nicht abschließend geklärt, welche spezifischen Elemente der tRNA von der jeweiligen Aminoacyl-tRNA-Transferase erkannt werden. Bei einigen der bisher untersuchten tRNA-Spezies spielt das Anticodon auch bei dieser Reaktion eine entscheidende Rolle, bei anderen scheinen andere Stellen der tRNA diese Funktion zu übernehmen.

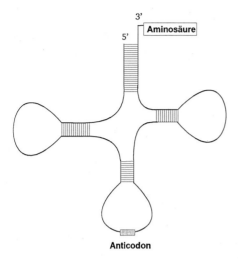

Abb. 2.13. Sekundärstruktur der tRNA. Durch Basenpaarung (schraffierter Bereich) entsteht die charakteristische kleeblattförmige Struktur der tRNA mit drei exponierten Schleifen. Eine der Schleifen enthält das Anticodon. Die Aminosäure wird kovalent an das 3' Ende des Moleküls gebunden

Bestimmte tRNA-Nukleotide werden post-transkriptional modifiziert, was möglicherweise die Translationseffizienz und die Codonspezifität beeinflußt.

Außer der tRNA werden auch andere kleine RNA-Moleküle, wie die snRNA und die 5 S-rRNA, von der RNA-Polymerase III synthetisiert. Es muß noch geklärt werden, warum eine Zelle mit drei verschiedenen RNA-Polymerasen ausgestattet ist. Es ist denkbar, daß die unterschiedlichen Erfordernisse bei der Regulation der verschiedenen Genklassen die Entwicklung der drei Enzymsysteme begünstigt haben.

2.2.4 Pseudogene

Bei den *Pseudogenen* handelt es sich um nichttranskribierte DNA-Abschnitte mit hoher Sequenzhomologie zu funktionellen Genen. Bekannt sind zwei Entstehungsmechanismen. Der erste Typ, das sogenannte *prozessierte Pseudogen*, leitet sich vermutlich von revers transkribierter mRNA ab, denn man findet praktisch eine DNA-Kopie der mRNA ohne Introns, die ins Genom integriert wurden. Ihnen fehlen die Promotor- und Enhancerelemente der Originale und werden daher nicht transkribiert. Der zweite Typ leitet sich aus der Evolution von Familien ähnlicher menschlicher Strukturgene ab. So haben sich vermutlich die Globingene aus einem gemeinsamen „Gen-Ahnen" durch eine Kombination von Duplikations- und Konversionsereignissen entwickelt. Einige der Produkte dieses Evolutionsprozesses sind entweder primär fehlerhaft entstanden oder haben sukzessive Mutationen akkumuliert, die ihre Expression verhindern. Praktische Bedeutung kommt den Pseudogenen bei der Rekonstruktion der Genevolution und als Gensonden bei der Diagnose genetischer Veränderungen zu.

2.3 Vom Gen zum Protein – Prinzipien der Genexpression und ihrer Störungen

Die Stoffwechselaktivität einer Zelle ist abhängig von dem koordinierten Zusammenspiel zellulärer Enzyme. Das Zusammenspiel verschiedener metabolischer Prozesse wird sowohl durch das äußere Milieu als auch durch interne Stimuli beeinflußt. Die genetische Information für alle zellulären Enzyme ist in den zugehörigen Genen gespeichert. Folglich stellt die Untersuchung des langen Weges vom Gen zum zugehörigen Protein einen entscheidenden Schritt zum Verständnis zellulärer Funktionen und Dysfunktionen dar. Die Abb. 2.14 zeigt, daß in der Regel der zelluläre Informationsfluß von der DNA über die RNA zum Protein erfolgt. (Eine wichtige Ausnahme ist in Kapitel 4.4.1 beschrieben.)

Dieses Kapitel wird sich auf die Analyse der Gene beschränken, die für mRNA-Moleküle kodieren. Wir werden uns hier auf die Vorgänge zwischen Transkription und Translation konzentrieren, wenngleich auch das fertige Polypeptid durch sogenannte post-translationale Modifikationen in seiner Funktion oder Aktivität beeinflußt werden kann.

Wir haben den Weg vom Gen zum Protein in 3 Etappen unterteilt: zuerst wollen wir die Entstehung einer reifen mRNA bzw. eines Proteins in Einzelschritte aufgliedern und jeden der einzelnen Schritte beschreiben. Es handelt sich bei diesen Schritten um die im Flußdiagramm (Abb. 2.14) dargestellten Vorgänge der Transkription, der prä-mRNA-Reifung, des nukleo-zytoplasmatischen Transports, der Translation und des mRNA-Abbaus.

Als zweites wird dargestellt, wie jeder dieser Schritte als Ansatzpunkt für regulatorische Mechanismen dienen kann. A priori bestünde keine Notwendigkeit, die Expression jedes Gens zu jeder Zeit zu regulieren. Eine Reihe von

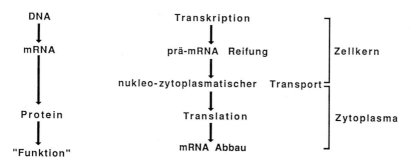

Abb. 2.14. Schema des zellulären Informationsflusses und der Expression von Strukturgenen. Links: In allen Zellen dient DNA als permanenter Speicher genetischer Information. Die Transkription einer mRNA führt als transiente Zwischenstufe zur Synthese von Proteinen, die ihrerseits Funktionen enzymatischer Natur oder im Rahmen der strukturellen Organisation einer Zelle ausüben. Rechts: Genetische Information wird durch den Vorgang der Transkription von der DNA abgerufen. Das Diagramm zeigt die Abfolge verschiedener Schritte im Rahmen der Genexpression

Proteinen werden in allen Zellen und zu jeder Zeit in relativ konstanten Mengen benötigt, und es kann daher eine weitgehend unregulierte, „konstitutive" Genexpression stattfinden. Andererseits muß für jedes Gen in jeder Zelle entschieden werden, ob es exprimiert werden soll oder nicht; auch diese „An/Aus"-Entscheidung sollte als Ausdruck von Genregulation aufgefaßt werden.

Drittens werden wir Beispiele auswählen, die ein komplexes klinisches Krankheitsbild auf eine „einfache" molekularmedizinische Störung zurückführen und bei denen oftmals die Kenntnis des Basisdefekts bereits klinische Konsequenzen hat.

2.3.1 Transkription

Die *Transkription* stellt den 1. Schritt bei der Nutzung genetischer DNA-Information zur mRNA-Synthese dar. Die Transkription von mRNA findet im Zellkern statt und wird von der RNA-Polymerase II katalysiert. Man unterscheidet dabei 3 Phasen: die Initiation, die Elongation und die Termination. Die in Kapitel 2.1.2 dargestellte Fähigkeit von Nukleotiden zur komplementären Basenpaarung liegt der Transkription prinzipiell zu Grunde. Die RNA-Polymerase produziert in 5'-zu-3'-Richtung einen linearen RNA-Strang, der in seiner Sequenz der DNA-Vorlage exakt komplementär ist (Abb. 2.15). Anders ausgedrückt: die Sequenz des neuen *prä-mRNA*-Moleküls ist mit dem nichttranskribierten Strang der DNA-Doppelhelix identisch (abgesehen von der Tatsache, daß die RNA ein „U" aufweist, wenn in der DNA-Sequenz ein „T" vorkommt). Es ist eine Konvention, den DNA-Strang darzustellen, dessen Nukleotidsequenz der transkribierten RNA entspricht, also den nichtkodierenden Strang! Alle folgenden Ausführungen folgen dieser Konvention. Unmittelbar 5' vom Transkriptionsbeginn eines Gens liegt eine

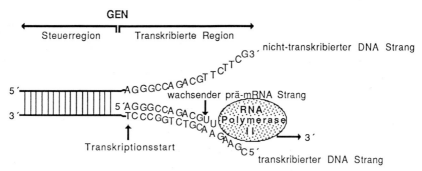

Abb. 2.15. Transkription einer prä-mRNA. Das Schema stellt den doppelsträngigen Übergangsbereich zwischen regulatorischer Steuerregion (links) und transkribierter Region (rechts) eines typischen Gens dar. Die RNA Polymerase II schmilzt die Doppelhelix im Bereich des Transkriptionsstarts auf und unterscheidet zwischen einem zu transkribierenden (unten) und einem nicht-transkribierten DNA Strang. Sie synthetisiert ein dem transkribierten Strang komplementäres RNA-Molekül, das in 5' zu 3' Richtung wächst

2.3 Vom Gen zum Protein

Region, die in den meisten Fällen für die qualitative und quantitative Steuerung der Transkription verantwortlich ist und auch als Promotorregion bezeichnet wird.

2.3.1.1 Promotor

Die „Antriebsfeder" für die Transkription findet sich in den meisten Fällen in den ca. 100–200 Nukleotiden, die unmittelbar 5' vor dem Transkriptionsstart liegen. Diese Region beherbergt den sogenannten *Promotor* der Transkription. Ein Vergleich von Nukleotidsequenzen der Promotorregionen vieler bekannter Gene zeigte, daß bestimmte Sequenzmotive in dieser Region häufig vorkommen.

Abbildung 2.16 zeigt die Sequenz der Promotorregion des Ferritingens. 20–24 Nukleotide 5' vom Transkriptionsstart findet man die Sequenz „TATAA". Dieses Motiv, die sogenannte *TATA-Box*, findet sich in den meisten Genen. Nicht nur die Sequenz selbst, sondern auch die Position dieses Motivs ist bei vielen Genen gleich: die TATA-Box liegt gewöhnlich zwischen 19 und 27 Nukleotiden vor dem Transkriptionsstart. Sie scheint eine Doppelfunktion auszuüben. Einerseits ist sie für die quantitative Effizienz der Genexpression wichtig, denn ihre künstliche Eliminierung führt zu einem auffälligen Aktivitätsverlust vieler Promotoren. Andererseits spielt die TATA-Box eine Rolle bei der Festlegung des Transkriptionsstartpunktes. Letzteres schließt man aus der festgelegten Anordnung von TATA-Box und Transkriptionsstart sowie aus der Analyse der Promotoren, die über keine TATA-Box verfügen: dort beginnt die Transkription häufig an mehreren Stellen in einem umschriebenen Gebiet.

Ein ungewöhnliches, jedoch interessantes Beispiel für die Rolle von Promotoren bietet das Gen für die Porphobilinogen-Desaminase. In diesem Fall kontrollieren zwei verschiedene Promotorsysteme dasselbe Gen. Einer der Promotoren ist nur in erythroiden Zellen aktiv, der andere in allen anderen Zellen. Die mRNA, die unter der Kontrolle der beiden unterschiedlichen Systeme synthetisiert wird, unterscheidet sich in ihrem 5'-Ende aufgrund des unterschiedlichen Transkriptionsstartpunkts. Der Unterschied zwischen den beiden mRNA-Molekülen ist wiederum Grundlage für die Synthese etwas unterschiedlicher Proteine. Folglich bestimmt die alternative gewebespezifische Aktivierung eines Promotors die Expression gewebespezifischer Isoenzyme.

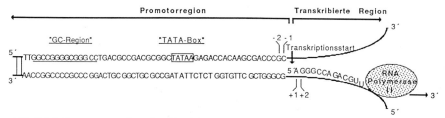

Abb. 2.16. Promotorregion des Ferritingens mit TATA-Box und GC-reicher Region. Das 5' Ende der transkribierten Region (siehe Abb. 2.15) ist ebenfalls schematisch wiedergegeben

Die Sequenz TATAA wird von einem nukleären Protein erkannt, das sich an die TATA-Box bindet. Die genaue Rolle des TATA-box binding protein im Rahmen der Transkription wird zur Zeit untersucht. Neben der TATA-Box finden sich in der Promotorregion oft weitere Sequenzmotive, wie Cytosin/Adenosin-reiche Strukturen (*CAAT-Box*) oder Guanosin/Cytosin-reiche Stellen ohne besonderes Epinym. Die Interaktion von Promotor-DNA und nukleären Proteinen sorgt für den korrekten Transkriptionsstart und vermittelt auch einen Teil der komplexen Regulationsvorgänge, die insgesamt für die Expression eines bestimmten Gens in der richtigen Zelle und zur richtigen Zeit verantwortlich sind.

2.3.1.2 Enhancer

Während die TATA-Box oder andere Promotor-Sequenzmotive in den meisten Fällen notwendige Bestandteile der Promotorregion sind, reicht die Aktivität dieser Promotorsequenzen allein oft nicht aus, um eine quantitativ ausreichende Transkription des Gens zu gewährleisten. Eingehende molekularbiologische Analysen haben zusätzliche Sequenzmotive aufgedeckt, die die Aktivität eines Promoters verstärken können. Diese Motive werden deshalb auch als *Enhancer* bezeichnet. Sie dienen ebenfalls als Bindungsstellen transkriptionsfördernder nukleärer Proteine. Im Vergleich zum Promotor hat ein klassischer Enhancer folgende Merkmale (Abb. 2.17):

1. Seine Effektivität ist nicht oder nur wenig positionsabhängig. Man findet Enhancer zwar häufig in der Promotorregion, aber auch Tausende von Nukleotiden 5' oder sogar 3' vom Transkriptionsstart entfernt.
2. Seine Effektivität ist weitgehend unabhängig von seiner 5'-zu-3'-Orientierung. Diese Eigenschaft erklärt sich zumindest teilweise dadurch, daß Enhancersequenzen häufig *palindromisch* sind, d.h., daß die beiden Komplementärstränge jeweils von 5' nach 3' gelesen exakt die gleiche Sequenz haben. Betrachtet man deshalb die Sequenz des DNA-Doppelstranges, so stellt man fest, daß eine palindromische Enhancersequenz umkehrbar ist.
3. Seine Effektivität kann durch Hintereinanderschaltung von mehreren Wiederholungen gesteigert werden.
4. Seine Funktion kann experimentell, aber auch in vivo (siehe S. 169) auf andere Gene übertragen werden. Isoliert man den Enhancer eines Gens und „implantiert" ihn in der Nähe eines anderen Gens, so überträgt sich die aktivierende Wirkung des Enhancers auf das Empfängergen.

Die Funktionsprinzipien von Enhancern werden im Rahmen genregulatorischer Vorgänge und Kaskaden auf vielfache Weise genutzt. Gene, die über dieselbe Enhancersequenz verfügen, können dasselbe Enhancerprotein als trans-agierenden Faktor binden. Daraus ergibt sich die Möglichkeit, bestimmte Gene zu Familien zusammenzufassen und ihre Transkription koordiniert über die Aktivität des trans-agierenden Faktors zu regulieren.

Auch die gewebe- oder zellzyklusabhängige Expression von Genen läßt sich – zumindest teilweise – auf dieses Prinzip zurückführen. Manche Enhan-

2.3 Vom Gen zum Protein 31

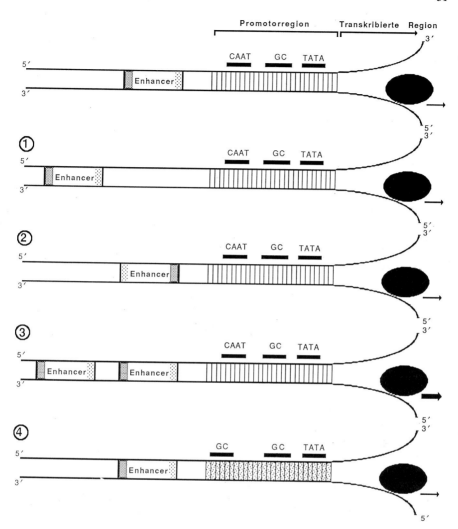

Abb. 2.17. Darstellung der charakteristischen Eigenschaften eines typischen Enhancers. Der regulatorische und transkribierte Abschnitt eines Gens sind als Doppelstrang abgebildet. 5' von der Promotorregion (mit CAAT-, GC- und TATA-Box) befindet sich ein Enhancer, dessen 5' und 3' Hälften durch unterschiedliche Musterung gekennzeichnet sind. Der Pfeil am rechten Bildrand markiert Richtung und quantitatives Ausmaß der Transkription. ① zeigt, daß eine Positionsveränderung des Enhancers seine Funktion nicht beeinträchtigt, in ② wurde die 5' zu 3' Orientierung des Enhancers verdreht (vgl. Musterung), ③ zeigt, daß die Hintereinanderschaltung zweier Enhancer zu einer weiteren Steigerung der Transkription (vgl. Dicke des Pfeils) führt, in ④ wurde der Enhancer auf ein anderes, heterologes Gen (dargestellt durch eine unterschiedliche Promotorregion) übertragen. Die verschiedenartige Randmarkierung des Enhancers dient der 5'–3' Orientierung

Tabelle 2.5. Vergleich typischer Merkmale von Promotoren und Enhancern

Merkmal	Promotor	Enhancer
Funktion	Basisstimulation der Transkription	Steigerung der Transkriptionsrate
Lokalisation	5' vom Transkriptionsstart	5' oder 3' vom Transkriptionsstart
Lokalisationsabhängigkeit	Ja	Nein
Orientierungsabhängigkeit	Ja	Nein
Genspezifität	Nein	Nein
Bindestelle für Transkriptionsfaktoren	Ja	Ja

cersequenzen sind beispielsweise typisch für Gene, die nur in der Leber oder im Pankreas aktiv sind, oder die nur in proliferierenden Zellen exprimiert werden. Ist in diesen Fällen der erforderliche trans-agierende Proteinfaktor nur in dem entsprechenden Gewebe oder zur erforderlichen Phase des Zellzyklus vorhanden, reagiert eine Gruppe von Genen koordiniert auf das Signal eines einzelnen trans-agierenden Faktors. Das Problem der gewebespezifischen Genexpression ist dadurch allerdings nicht vollständig gelöst. Es bleibt die Frage, weshalb ein bestimmter trans-agierender Faktor beispielsweise in der Leber vorkommt, jedoch nicht in anderen Geweben.

Manche Polypeptide werden für Stoffwechselprozesse oder als Strukturproteine in nahezu allen Geweben gebraucht, und die dazugehörigen Gene sollten deshalb in allen Zellen aktiv transkribiert werden. Solche Gene nennt man oft auch *house keeping genes*. Sie sind mit Promotoren bzw. Enhancern ausgestattet, für die in allen Zellen aktivierende trans-agierende Faktoren vorhanden sind. Darüber hinaus erlaubt eine Kombination verschiedener Enhancersequenzen, in der Steuerregion eines Gens eine quasi nach dem „Baukastenprinzip" konzipierte, komplexe genregulatorische Region aufzubauen, die auf verschiedene Signale ansprechen kann.

Schließlich gibt es auch Sequenzen, die die transkriptionale Aktivität eines Gens verstummen lassen können. Man spricht hier von *Silencern*. Ein Silencer hat im Prinzip die gleichen 4 Charakteristika wie ein Enhancer (vgl. Abb. 2.17); im Endeffekt wird jedoch bei Silencern eine Verringerung der Transkriptionsrate erzielt, weil transkriptionsinhibitorische Proteine gebunden werden.

Die zunehmende Vielfalt biologischer Beispiele macht es derzeit unmöglich, eine sinnvolle und zugleich umfassende Definition und vor allem Abgrenzung der Begriffe Promotor und Enhancer vorzunehmen. Gemeinsame und spezifische Charakteristika von Promotoren und Enhancern sind in Tabelle 2.5 zusammengefaßt.

2.3.1.3 DNA-bindende Proteine

Im vorangegangenen Abschnitt wurde auf DNA-Sequenzen eingegangen, die für die Expression und die transkriptionale Regulation eines Gens von Bedeu-

2.3 Vom Gen zum Protein

Abb. 2.18. Vereinfachter schematischer Aufbau eines Transkriptionsfaktors. Ein transagierender Faktor ist pilzförmig in seiner Bindung an ein DNA Molekül dargestellt. Die DNA-Bindedomäne kann sich in konkreten Fällen (ebenso wie die Aktivierungsdomäne) aus mehreren Abschnitten des Proteins zusammensetzen. Die Aktivierungsdomäne interagiert direkt oder indirekt mit dem Transkriptionsapparat (RNA Polymerase) und aktiviert dadurch die Transkription

tung sind. Diese *cis-agierenden Elemente* erlangen ihre Bedeutung jedoch in der lebenden Zelle nur im Zusammenspiel mit nukleären Proteinen, die diese regulatorischen Sequenzen spezifisch erkennen und sich an sie binden können (*trans-agierende Faktoren*).

Ein Vergleich bekannter trans-agierender Faktoren erlaubt, Gemeinsamkeiten in ihrem Aufbau und ihrer Funktionsweise abzuleiten. Viele transagierende Faktoren folgen dem Prinzip der Arbeitsteilung. Ein Teil des Proteins ist für die Erkennung des spezifischen DNA-Abschnittes und die Anbindung daran verantwortlich. Diesen Teil bezeichnet man als *Bindungsdomäne*. Der andere Teil des Proteins, die *Aktivierungsdomäne*, läßt sich von der Bindungsdomäne abgrenzen. Die Aktivierungsdomäne sorgt für die Stimulation der Transkriptionsrate (Abb. 2.18).

Trans-agierende Proteine binden sich an ihre DNA-Erkennungssequenzen häufig in Form von gepaarten Molekülen, d. h. als Dimere. Obgleich verschiedene trans-agierende Proteine unterschiedliche Enhancersequenzen erkennen, weisen die Bindungsdomänen dieser Proteine trotzdem strukturelle Ähnlichkeiten auf. Für die *DNA-bindenden Proteine* gilt es, sich der asymmetrischen Struktur der DNA-Doppelhelix anzupassen und gleichzeitig die spezifischen Nukleotide der Erkennungssequenz zu identifizieren. Es ist daher nicht verwunderlich, daß verschiedene Proteinstrukturen, die diese Aufgabe besonders erfolgreich lösen, in einer Reihe verschiedener DNA-bindender Proteine anzutreffen sind. Solche Strukturmotive sind die *Zink-Finger*, *Leucine-Zippers* und das *Helix-Turn-Helix-Motiv*. Zink-Finger werden so genannt, weil jeweils zwei Cysteine und zwei Histidine in charakteristischem Abstand voneinander stehen, ein Zn^{++} koordiniert halten und sich fingerförmig der DNA-Doppelhelix entgegenstrecken (Abb. 2.19). Das Leucine-Zipper-Motiv weist eine charakteristische Folge von sich wiederholenden Leucinen im Abstand von 7 Aminosäuren auf. Dieser regelmäßige Abstand bringt es mit sich, daß sich die Leucinreste in einer longitudinalen Achse anordnen. So können sich 2 Proteine mit ihren Leucine-Zipper-Motiven axial aneinander anlagern und durch reißverschlußartige Interaktion der Leucinreste miteinander nonkovalente Interaktionen ausbilden (Abb. 2.20). Dieses Prinzip stellt zumindest

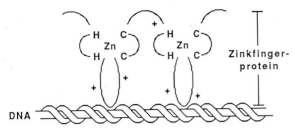

Abb. 2.19. Das Zinkfinger Motiv als DNA-bindende Domaine von Transkriptionsfaktoren. Typische Merkmale dieses Motivs sind Paare von Cystein (C) oder Histidin (H = Molekülen, die durch eine basische (+) Region von etwa 12 Aminosäuren voneinander getrennt sind und ein Zn^{++} Ion koordiniert halten. Steroidrezeptoren binden DNA über Zinkfinger, bei denen das Histidin-Paar allerdings durch ein zweites Cystein-Paar ersetzt ist

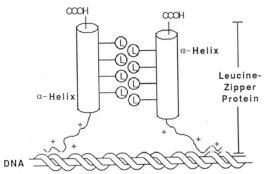

Abb. 2.20. Das „Leucine-Zipper" Motiv als DNA-bindende Domaine von Transkriptionsfaktoren. Das Motiv setzt sich aus zwei Abschnitten zusammen: einem etwa 30–35 Aminosäuren langen Abschnitt in Form einer amphipathischen α-Helix, in dem vier (oder fünf) Leucine im Abstand von genau sieben Aminosäuren auftreten und deshalb auf die selbe Seite der Helix zu liegen kommen, und einem zweiten, basischen (+) Bereich, der für den direkten Kontakt mit der sauren (−) DNA verantwortlich ist. Die regelmäßig angeordneten Leucinreste ermöglichen die Dimer-Bildung mit einem zweiten „Leucine-Zipper" Protein durch einen reißverschlußartigen Mechanismus (daher der Name). Zu dieser Gruppe von Transkriptionsfaktoren gehören u.a. einige Onkogen-Produkte wie Fos und Jun

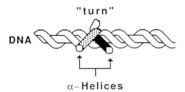

Abb. 2.21. Das „helix-turn-helix" Motiv als DNA-bindende Domaine von Transkriptionsfaktoren. Dieses Motiv besteht aus zwei α-Helices, die durch eine kurze Windung („turn") miteinander verbunden sind. Die eine Helix (gepunktet) überkreuzt die breitere Vertiefung („major groove") der DNA-Doppelhelix, die andere (schwarz) liegt teilweise innerhalb der „major groove" und kann direkten Kontakt zu einzelnen Basen herstellen. Dieses Motiv wurde bislang hauptsächlich für prokaryonte DNA-bindende Proteine beschrieben

2.3 Vom Gen zum Protein

in einigen Fällen wahrscheinlich das molekulare Korrelat der Dimerbildung von Transkriptionsfaktoren dar.

Auch das Helix-Turn-Helix-Motiv hat einen deskriptiven Namen. In diesem Fall sind 2 α-helikale Proteinstrukturen durch ein kurzes überbrückendes Element miteinander verbunden, so daß sich zwischen den beiden Helices ein Winkel ausbildet, der bei der engen Kontaktaufnahme des Proteins mit der DNA-Doppelhelix von Vorteil ist (Abb. 2.21).

Auch die Aktivierungsdomänen verschiedener DNA-bindender Proteine weisen gemeinsame Merkmale auf, die wegen ihrer scheinbaren Simplizität erwähnenswert sind. Eine Analyse verschiedener Aktivierungsdomänen ergab ein Überwiegen saurer, negativer Ladungsträger. Im angloamerikanischen Schrifttum findet sich für dieses Motiv die plakative Bezeichnung „acid blob". Tauscht man die dafür verantwortlichen Aminosäuren gegen nicht negativ geladene aus, verliert das Protein an Aktivationskraft. Selbst quasi zufällig zusammengesetzte „acid blobs" können dagegen transkriptionsaktivierende Wirkung haben. Der Wirkmechanismus dieses Motivs ist noch unklar.

Eine Promotorregion kann Erkennungssequenzen für mehrere spezifische Proteine enthalten. In solchen Fällen können sich die Wirkungen der transagierenden Faktoren addieren, potenzieren oder aufheben. Ein Verständnis des Aufbaus von trans-agierenden Proteinen macht ersichtlich, weshalb beispielsweise multiple Wiederholungen von Enhancersequenzen transkriptionssteigernd wirken (z. B. durch Erhöhung der negativen Ladungsdichte) oder wie ein Silencer das Anbinden positiver Transkriptionsfaktoren verhindern könnte (z. B. durch Verdrängung eines aktivierenden Transkriptionsfaktors von einer gemeinsamen Bindungsstelle).

Steroidrezeptoren

Aus der Endokrinologie und der Pharmakologie ist schon seit langem die Bedeutung und die Vielzahl metabolischer Vorgänge bekannt, die durch Steroidhormone vermittelt werden. Dagegen war bis vor relativ kurzer Zeit unklar, wie Steroidhormone wirken. Der Nachweis intrazellulärer Steroidrezeptoren und deren Lokalisation sowohl im Zytoplasma als auch im Zellkern erlaubte die fortschreitende Entschlüsselung des biologischen Wirkmechanismus dieser physiologisch und therapeutisch wichtigen Hormongruppe.

Für jede Gruppe von Steroidhormonen (Glukokortikoide, Mineralokortikoide, Oestrogene, Gestagene usw.) gibt es spezifische Rezeptoren (Glukokortikoid-Rezeptor, Mineralokortikoid-Rezeptor usw.). Jedes Hormon bindet sich am besten (mit der höchsten Affinität) an seinen zugehörigen Rezeptor. Wegen der Ähnlichkeit der Steroidmoleküle untereinander können sie sich jedoch auch mit geringerer Affinität an andere Steroidrezeptoren binden; diese Kreuzreaktion findet besonders bei hohen Konzentrationen (Dosierungen) statt. Dadurch erklären sich einige Nebenwirkungen von Glukokortikoiden. Alle Steroidrezeptoren arbeiten prinzipiell nach dem gleichen Prinzip. Abbildung 2.22 zeigt das Wirkungsschema des Glukokortikoid-Rezeptors, der hier exemplarisch ausgewählt wurde.

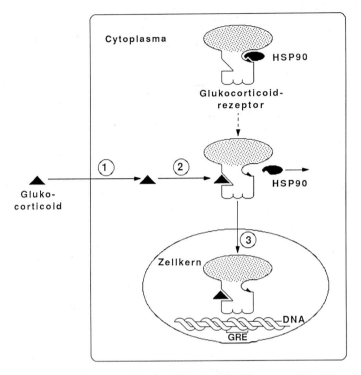

Abb. 2.22. Wirkungsmodus des Glukokortikoidrezeptors. Das Hormon dringt passiv in die Zelle ein (Schritt 1) und bindet an den Rezeptor (Schritt 2), der seinerseits an das zytoplasmatische Protein HSP90 gebunden ist. Anschließend löst sich der Rezeptor von HSP90 und transloziert in den Zellkern (Schritt 3), wo er an sogenannte „glukokortikoid-responsive elements = GRE" der DNA bindet

Im Zytoplasma der Zelle ist der Glukokortikoidrezeptor an ein Protein gebunden (HSP 90), das ihn daran hindert, in den Zellkern zu gelangen. Das Steroidhormon dringt passiv in die Zelle ein und bindet sich an den Rezeptor. Daraufhin löst sich der Rezeptor vom HSP 90 und der Hormon/Rezeptor-Komplex verlagert sich in den Zellkern. In diesem Punkt unterscheidet sich der Glukokortikoidrezeptor von den übrigen Steroidrezeptoren, für die bislang keine zytoplasmatischen „Ankerproteine" nachgewiesen wurden. Im Zellkern lagert sich der Rezeptor mit seiner Bindungsdomäne an spezifische DNA-Sequenzen in der Promotorregion steroidregulierter Gene an. Im Falle des Glukokortikoid-Rezeptors ist die bindende DNA-Sequenz 15 Nukleotide lang (*glucocorticoid-responsive element* = GRE) (Tabelle 2.6). GREs finden sich in der Promotorregion von den Genen, die durch Glukokortikoide induziert werden. Dabei hat das GRE die typischen Merkmale eines Enhancers. Durch die Bindung des steroidaktivierten Glukokortikoid-Rezeptors an das GRE kommt es daher zu einer Glukokortikoid-induzierten Aktivierung aller Gene, die GREs oder GRE-ähnliche Elemente in ihrer Promotorregion enthalten. Diese transkriptionale Co-Aktivierung GRE-gesteuerter Gene stellt ei-

2.3 Vom Gen zum Protein

Tabelle 2.6. Konsensussequenzen („responsive elements = RE") für die DNA-Bindestellen verschiedener Steroidrezeptoren. X kennzeichnet ein beliebiges Nukleotid. Die mit * gekennzeichneten Sequenzen sind bislang nur experimentell definiert

Steroidrezeptor	Abkürzung für DNA Bindestelle	Konsensussequenz
Glukocorticoidrezeptor	GRE	GGTACAXXXTGTTCT
Progesteronrezeptor	PRE	GGTACAXXXTGTTCT*
Mineralocorticoidrezeptor	MRE	GGTACAXXXTGTTCT*
Androgenrezeptor	ARE	GGTACAXXXTGTTCT*
Östrogenrezeptor	ÖRE	AGGTCAXXXTGACCT

nen weiteren Grund für die Vielzahl Glukokortikoid-induzierter (Neben-)Wirkungen dar.

Steroidrezeptoren erfüllen die Kriterien eines typischen Transkriptionsfaktors. Sie sind DNA-bindende Proteine, die nach dem beschriebenen Baukastenprinzip zusammengesetzt sind. Zusätzlich zur DNA-Bindungsdomäne (die z. B. das GRE erkennt) und zur Aktivierungsdomäne enthalten Steroidrezeptoren einen weiteren Baustein: die Steroid-bindende Domäne. Dieser modulare Aufbau gab Anlaß zu einem sehr aufschlußreichen Experiment: die DNA-bindende Domäne des Progesteron-Rezeptors wurde gentechnologisch gegen die DNA-bindende Domäne des Glukokortikoid-Rezeptors ausge-

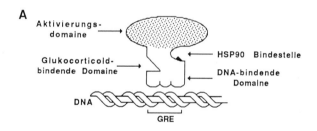

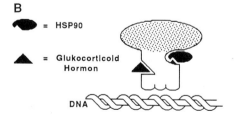

Abb. 2.23. Aufbau eines Steroidrezeptors. Als Beispiel wurde der bereits in Abb. 2.22 dargestellte Glukokortikoidrezeptor gewählt. Steroidrezeptoren verfügen wie andere Transkriptionsfaktoren über eine DNA-bindende und eine Aktivierungsdomäne (siehe auch Abb. 2.18). Darüber hinaus weisen sie eine Hormon-bindende Domaine auf. Im Gegensatz zu anderen Steroidrezeptoren verfügt der Glukokortikoidrezeptor über eine Bindestelle für das zytoplasmatische Protein HSP90. Abschnitt A zeigt die entsprechenden Bindungsstellen, in Abschnitt B sind die beiden Liganden als gebunden dargestellt

tauscht. Dadurch entstand ein hybrider Steroidrezeptor, der einerseits durch Progesteron aktiviert wird, sich dann aber an die GREs sonst Glukokortikoid-regulierter Gene bindet. Interessanterweise reagieren Zellen, die diesen veränderten Steroidrezeptor exprimieren, auf eine Behandlung mit Progesteron mit einer Induktion ihrer sonst Glukokortikoid-regulierten Gene. Dieses Experiment beweist somit die schon beschriebene Baukastenstruktur dieses Transkriptionsfaktors. Gleichzeitig ergeben sich Hinweise auf die mögliche Evolution der Steroidrezeptorfamilie. Steroidrezeptoren wurden hier nur als ein Beispiel für regulierbare Transkriptionsfaktoren und medizinisch relevante Genregulation beschrieben. Das Prinzip, nach dem ein Signal (z. B. Hormon) ein DNA-bindendes Protein aktiviert und dieses wiederum eine Gruppe signalabhängiger Gene transkriptional reguliert, ist in der Biologie weit verbreitet.

2.3.1.4 DNA-Methylierung

Die gleichzeitige trans-Aktivierung mehrerer Gene durch ein regulatorisches Protein hat einen potentiellen Nachteil: es könnten Situationen entstehen, bei denen die gesamte Familie gleichregulierter Gene aktiviert wird, obwohl diese umfassende Aktivierung gegenüber einer gezielteren Aktivierung biologische Nachteile hätte. Eine Lösung des Problems liegt darin, bei den gewünscht stummen Genen die Enhancersequenz für das zugehörige Aktivatorprotein „unkenntlich" zu machen.

Man diskutiert, daß die Methylierung von DNA-Basen (Abb. 2.24) diesen Zweck erfüllt. So kann etwa Desoxycytosin in einer enzymatischen Reaktion am C_5 methyliert werden. Besonders häufig trifft man 5-Methylcytosin in *CpG*-Dinukleotiden an. Die Wahl von CpG-Dinukleotiden zur Methylierung des DNA-Doppelstranges bietet einen einleuchtenden Vorteil: auf dem komplementären Strang der DNA findet sich naturgemäß auch ein CpG, das ebenfalls methyliert wird. Folglich tragen beide Stränge in engster Nachbarschaft eine methylierte Base. Für einige DNA-bindende Proteine wurde bereits nachgewiesen, daß sie sich nicht mehr an die methylierte Form ihrer Erkennungssequenz binden können.

Man vermutet, daß Methylierungsprozesse beispielsweise eine wichtige Rolle bei der Entwicklung pluripotenter Stammzellen zu differenzierten Gewebezellen spielen. So könnte ein Gen an kritischen Stellen, z. B. in der Promotorregion, methyliert und so im Rahmen des Differenzierungsprogramms einer Zelle inaktiviert werden. In den folgenden Mitosen erhielten die Tochterzellen jeweils einen (elterlichen) methylierten Strang und einen neusynthetisierten Komplementärstrang. Durch ein Enzym, das diese hemimethylierten Stellen erkennt und den anderen Strang nachmethyliert, würde diese epigenetische Information von Zellgeneration zu Zellgeneration weitergereicht werden und so zur permanenten Inaktivierung des Gens führen. Umgekehrt könnte die Unkenntlichmachung einer Erkennungssequenz durch DNA-Methylierung genaktivierend wirken, wenn dadurch die Bindung eines reprimierenden Proteins verhindert wird.

2.3 Vom Gen zum Protein

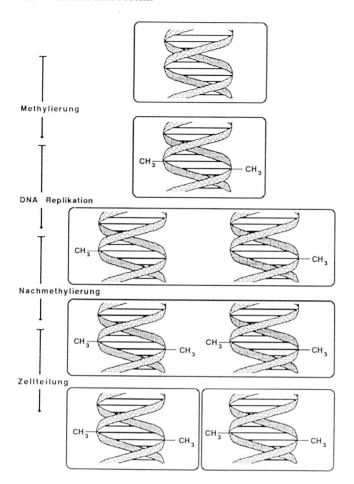

Abb. 2.24. Weitergabe epigenetischer Information an Tochterzellen durch Methylierung. Die DNA-Doppelhelix einer Zelle ist schematisch wiedergegeben. Methylierung zweier gegenüberliegender Desoxycytosine führt zu veränderter Expression des betroffenen Gens. In der S-Phase des Zellzyklus wird die DNA repliziert, was zu zwei hemimethylierten DNA-Strängen führt. Anschließende Nachmethylierung führt zur Weitergabe der neuen Information an beide Tochterzellen nach einer Zellteilung

Zwei interessante Befunde unterstützen solche Theorien. Zum einen lassen sich das aktive und das inaktivierte X-Chromosom einer weiblichen Zelle in ihrem Methylierungsmuster unterscheiden (Kapitel 4.3.4). Zum anderen wirkt eine der bekanntesten karzinogenen Substanzen, das *Azacytidin*, indem sie im Rahmen der Zellteilung die Methylierung ursprünglich hemimethylierter Stellen verhindert. In Azacytidin-behandelten Zellen kann es zur Re-Aktivierung embryonaler Gene und zum Verlust des differenzierten Zellwachstums kommen.

2.3.1.5 Transkriptionselongation und -terminierung

Die bisherigen Ausführungen konzentrierten sich auf die Frage, welche Faktoren die Einleitung der Transkription bestimmen. Außer der Regulation der Transkriptionsinitiation kann die mRNA-Synthese auch noch während der Elongation und Terminierung Steuerungseinflüssen unterliegen. Die Geschwindigkeit der RNA-Polymerase von *Escherichia coli* bei der *Elongation* beträgt unter physiologischen Bedingungen etwa 40 Nukleotide pro Sekunde. Diese Durchschnittsgeschwindigkeit kann in Säugetierzellen erheblich variieren und böte deshalb auch bei der Transkriptionselongation Ansatzpunkte zur Genregulation.

Wie es Signale gibt, die den Transkriptionsbeginn markieren, so gibt es auch Signale, die die RNA-Polymerase daran hindern, den DNA-Strang ad infinitum weiterzukopieren. Diese *Terminationssignale* sind in eukaryonten Zellen weit weniger vollständig charakterisiert als die Rolle von Promotoren und Enhancern bei der Transkriptionsinitiation. Ein auffälliges Merkmal des 3'-Endes von Genen ist das Vorkommen der Sequenz AATAAA. Man vermutet, daß dieses Signal bei der Steuerung der Genexpression eine Doppelrolle spielt. Einerseits scheint das AATAAA-Motiv die RNA-Polymerase auf ein zweites, ca. 30–100 Nukleotide weiter 3' gelegenes, aber derzeitig noch nicht genau definiertes Signal zum Abbruch des Transkriptionsvorgangs vorbereiten; andererseits spielt diese Sequenz bei der Reifung der mRNA (s. unten) eine wichtige Rolle.

2.3.2 Post-transkriptionale mRNA-Modifikationen

Anfang der 60er Jahre wurde gezeigt, daß mRNA als Botensubstanz zwischen Gen und Protein fungiert. Man nahm an, daß die mRNA eine exakte Kopie ihres Gens sei und nach der Transkription unverändert aus dem Zellkern in das Zytoplasma transportiert würde. Diese ursprüngliche Annahme war falsch: Das primäre Transkriptionsprodukt, die prä-mRNA, unterscheidet sich in mehreren Aspekten von der translationsreifen, zytoplasmatischen mRNA. Während die prä-mRNA eine exakte Kopie des Gens darstellt, muß sie am Kopf-(5')- und Schwanz-(3')ende sowie in der Mitte verändert werden, bevor sie aus dem Zellkern ins Zytoplasma transportiert wird. Diese 3 Reifungsschritte heißen *Capping*, *Polyadenylierung* und *Spleißen* (splicing). Beim Capping wird dem 5'-Ende der prä-mRNA (dem Kopf) ein chemisch modifiziertes Nukleotid (eine Kappe) aufgesetzt. Die Polyadenylierung teilt sich in 2 Phasen auf: zuerst wird das 3'-Ende durch einen Schnitt verkürzt; anschließend wird dieser Schnittstelle ein Poly-A-Schwanz angehängt. Beim Spleißen werden die sogenannten *Introns* aus dem Inneren der prä-mRNA exakt reseziert und die verbleibenden *Exons* mit ihren Enden wieder zusammengefügt.

Alle 3 Vorgänge sind für die Reifung eukaryonter mRNA typisch und kommen in dieser Form weder bei der tRNA- noch bei der rRNA-Reifung vor.

2.3 Vom Gen zum Protein

2.3.2.1 Capping and RNA-Methylierung

Auffälligerweise beginnt die Transkription eines Gens in mehr als 95% aller Fälle mit einem Purin-Nukleotid (meistens A), das von Pyrimidinen umgeben ist. Die häufigste Sequenz ist C-A-T, wobei A das erste in der mRNA vorkommende Nukleotid ist. Dieses erste RNA-Nukleotid bezeichnet man auch mit +1, die Sequenzen 5′ davon in der Promotorregion mit negativen Zahlen. In dem obigen Beispiel wäre C folglich −1 und T (bzw. U) wäre +2. Das +1-Nukleotid heißt auch Transkriptionsstart und dient als Referenzpunkt für die Numerierung der Nukleotide eines Gens.

In einer zweistufigen Reaktion wird dem 5′-Ende der prä-mRNA zuerst ein GTP angefügt. Danach methyliert eine 7-Methyltransferase den neuen 5′-Terminus und vervollständigt damit die (m^7G)-Cap-Struktur (Abb. 2.25). Zusätzlich können auch das 2. und 3. Nukleotid der prä-mRNA methyliert werden. Durchschnittlich eines von 1 000 Nukleotiden einer mRNA trägt eine 6-Methylgruppe an einem Adenin. Im Gegensatz zur Methylierung von DNA (Kapitel 2.3.1.4) ist über die Bedeutung der *RNA-Methylierung* noch sehr wenig bekannt.

Die Cap-Struktur erhöht die Stabilität einer mRNA und verbessert außerdem die Effizienz des Spleißens einer prä-mRNA und die Effizienz der mRNA-Translation. Die medizinische Bedeutung des Capping wird im Rahmen der Polioinfektion besonders deutlich. Das Poliovirus, dessen mRNA für eine effiziente Translation keine Cap-Struktur benötigt, inaktiviert eines der cap-bindenden zellulären Proteine. Dadurch wird die Wirtszelle so umprogrammiert, daß sie hauptsächlich die virale auf Kosten der eigenen mRNA translatiert. Diese Strategie ermöglicht es dem Virus, auch ohne eigene Ribosomen eine effiziente Translation viraler Proteine zu erzielen (Kapitel 2.3.6.3).

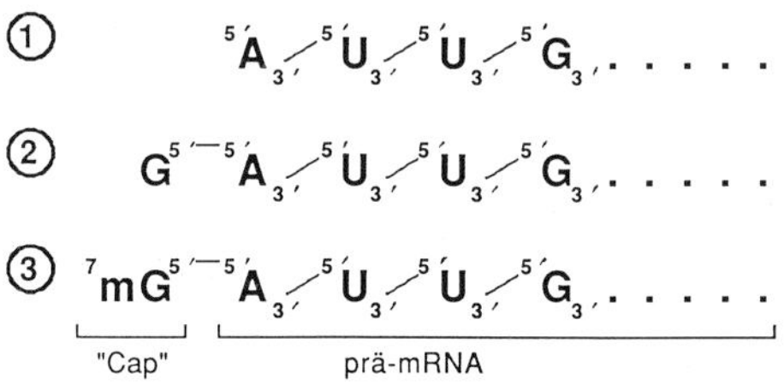

① $^5A_{3'}$ $^5U_{3'}$ $^5U_{3'}$ $^5G_{3'}$ . . . . .

② $G^{5'}$— $^5A_{3'}$ $^5U_{3'}$ $^5U_{3'}$ $^5G_{3'}$ . . . . .

③ $^7mG^{5'}$— $^5A_{3'}$ $^5U_{3'}$ $^5U_{3'}$ $^5G_{3'}$ . . . . .
  "Cap"   prä-mRNA

Abb. 2.25. Capping von prä-mRNA. 1) zeigt das 5′ Ende eines primären Transkriptionsprodukts. Ein erster enzymatischer Schritt fügt dem 5′ Ende der prä-mRNA ein „GTP" in einer 5′ zu 5′ Bindung an. Ein zweiter, durch eine 7-Methyltransferase katalysierter Schritt (3) methyliert dieses neue 5′ Ende und vervollständigt die ^7mG Cap-Struktur

2.3.2.2 Spleißen

Ein Vergleich von mRNA und zugehörigen Genen zeigt, daß die kodierende DNA eines Gens häufig durch Sequenzen unterbrochen wird, die sich nicht in der reifen mRNA wiederfinden. Die Abschnitte eines Gens, die in der reifen mRNA gefunden werden, heißen *Exons*, die dazwischengeschobenen Sequenzen bezeichnet man als *Introns*.

In einer Vielzahl von Experimenten wurde gezeigt, daß zuerst eine vollständige Kopie des Gens als Vorstufe synthetisiert wird, die sogenannte prä-mRNA; anschließend entsteht durch Ausschneiden der Introns die reife mRNA. Da die mRNA triplettweise in Proteine translatiert wird (Kapitel 2.3.6), müssen die Introns exakt reseziert und benachbarte Exon miteinander verbunden werden. „Irrtümer" bei denen ein Exon auch nur ein Nukleotid zu kurz oder zu lang geriete, würden durch eine Verschiebung des Leserasters zu aberranten Proteinen führen.

Merkmale von Exons und Introns

Die kodierende Information der meisten Gene ist auf der DNA und auf dem Primärtranskript diskontinuierlich angeordnet und meist durch mehrere Introns unterbrochen, deren Zahl über 75 betragen kann. Es gibt allerdings auch Intron-lose Gene (z. B. α- und β-Interferon). Die Länge einzelner Introns variiert von einem Minimum von etwa 50 Nukleotiden bis zu über 150 000 Nukleotide langen Introns (z. B. Apo-Lipoprotein B100, Faktor VIII, Dystrophin). Im Vergleich dazu mißt das kürzeste bislang definierte Exon 7 Nukleotide, die längsten über 7 000. Die längsten reifen mRNA-Moleküle sind etwa 10 000–15 000 Nukleotide lang. Aus diesen Zahlen wird deutlich, daß der Spleiß-Apparat, das *Spleißosom*, manchmal große Distanzen zwischen zwei benachbarten Exons überwinden muß.

Introns müssen mit höchster Präzision ausgeschnitten werden. Die unterschiedlichen Längen von Introns und Exons schließen aber einen simplen Meßmechanismus aus. Wichtig für den Mechanismus des Spleißens sind Signalsequenzen am 5'-Exon/Intron-Übergang, am 3'-Ende des Introns und innerhalb des Introns. Am 5'-Exon/Intron-Übergang, dem sogenannten *Spleiß-Donor*, kommt eine 9 Nukleotide lange Sequenz überproportional häufig vor. Von besonderer Bedeutung ist hier das Dinukleotid GpU, das immer das 5'-Ende eines Introns bildet. Am 3'-Ende des Introns, dem *Spleiß-Akzeptor*, findet sich immer ein ApG-Dinukleotid. Man spricht deshalb auch von der GU/AG Regel. Ein 3. Konsensus-Motiv findet sich ca. 20–60 Nukleotide vom 3'-Ende des Introns entfernt: der sogenannte Verzweigungspunkt. Diese typischen notwendigen Merkmale von Introns dürfen aber nicht als hinreichende Kriterien für das Spleißen aufgefaßt werden; so sind nur wenige GpU- oder ApG-Dinukleotide Spleiß-Donoren bzw. Spleiß-Akzeptoren. Abbildung 2.26 veranschaulicht die gemeinsamen Merkmale verschiedener Introns.

Inzwischen sind mehrere Fälle bekannt, bei denen Mutationen die Sequenz von Introns verändern und zu fehlerhaftem Spleißen führen. Bei vielen Patienten mit Phenylketonurie fand sich so z. B. das 5'-Ende des 12. Introns der Phenylalanin-Hydroxylase-mRNA von GU zu AU mutiert. Diese Veränderung verhindert die korrekte Erkennung des Intronbeginns und folglich die Reifung einer korrekt gespleißten mRNA.

2.3 Vom Gen zum Protein

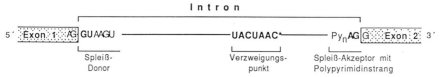

Abb. 2.26. Charakteristische Sequenzmerkmale von Introns. Die dargestellten Konsensussequenzen innerhalb eines Introns bzw. der Intron/Exon Übergänge sind für den Vorgang des Spleißens von Bedeutung. Das GU/AG Motiv wurde wegen seiner fast 100%igen Konservierung fett gedruckt. Die anderen Sequenzmotive sind weniger streng konserviert. Das * hinter der Sequenz des Verzweigungspunktes bedeutet, daß es sich hierbei um die in Saccharomyces cerevisiae gefundene Sequenz handelt. Introns von Säugerzellen weisen eine verwandte, aber weniger streng konservierte Sequenz am Verzweigungspunkt auf

Abgesehen von Mutationen, die physiologische Spleißsignale pathologisch verändern, gibt es darüber hinaus Beispiele, bei denen durch Mutationen neue Spleißsignale entstehen. Sowohl beim 21-Hydroxylase-Mangel (dem häufigsten Grund für die kongenitale Nebennierenhyperplasie) als auch bei einigen Formen der β-Thalassämie führen Mutationen innerhalb von Introns zur pathologischen Aktivierung verborgener Spleißsignale (Kapitel 4.1.3.2). Dadurch wird das eigentliche Intron falsch reseziert, so daß die zytoplasmatische mRNA nicht mehr in das physiologische Protein translatiert werden kann.

Aufbau des Spleißosoms

Klassische enzymatische Kaskaden, wie z. B. die Atmungskette oder der Zitratzyklus, werden von Proteinen katalysiert. Im Gegensatz dazu wird der mehrstufige Prozeß des Spleißens von RNA/Protein-Komplexen ausgeführt. Wie schon in Kapitel 2.1.3.4 kurz erwähnt, zählen diese RNA/Protein-Komplexe zur Familie der snRNPs, der small nuclear ribonucleoprotein particles. Diese snRNPs bestehen aus jeweils einem kurzen RNA-Molekül der U-Klasse (so benannt, weil ihre Sequenzen sehr reich an Uridin sind) und mehreren nukleären Proteinen.

Insgesamt sind mindestens 5 verschiedene snRNPs am Spleißen beteiligt: U1-, U2-, U4/U6- und U5-snRNPs. U1-snRNP bindet an das 5'-Ende des Introns. Es nutzt die Komplementarität der U1-RNA zur 5'-Spleißkonsensus-Region der prä-mRNA aus, die auch das immer konservierte GU des Introns miteinschließt. U2-snRNP bindet ungefähr 20–60 Nukleotide vom 3'-Ende des Introns entfernt an den Verzweigungspunkt in der Nähe des sog. Polypyrimidinstranges. Auch hier besteht Komplementarität zwischen Intron- und U2-RNA-Sequenzen. Die Rollen von U4/U6-snRNPs (beide scheinen miteinander nicht-kovalent verbunden zu sein) und des U5-snRNP sind weniger klar.

Unabhängig von der exakten Kenntnis des Spleißvorgangs wird deutlich, daß ein komplexer Apparat für das Spleißen verantwortlich ist. Zuerst wird das 5'-Exon abgetrennt, aber vom *Spleißosom* daran gehindert „davonzuschwimmen" (Schritt 1, Abb. 2.27). Dann verbindet sich das 5'-Ende des In-

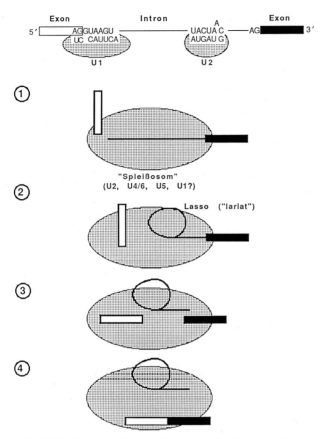

Abb. 2.27. Einzelschritte des Spleißens. Ein Intron mit den in Abb. 2.26 dargestellten Merkmalen ist in Assoziation mit den zuerst bindenden snRNPs U1 und U2 dargestellt. Der anschließende Schritt (1) führt zur Ausbildung des vollständigen Spleißosoms. Ob U1 in diesem Stadium noch immer mit den Spleißosom assoziiert ist, ist z. Zt. noch umstritten. Eine vollständige Beschreibung der Einzelschritte findet sich im Text

trons mit der Verzweigungsstelle und formt ein „Lasso" (*Lariat*; Schritt 2). Anschließend wird das 3'-Exon vom Intron getrennt (Schritt 3) und die beiden freien Exonenden miteinander verbunden (Schritt 4). Sowohl Schritt 1 und 2 als auch Schritt 3 und 4 sind chemisch unmittelbar gekoppelt, zur Veranschaulichung aber in Abb. 2.27 getrennt dargestellt. Das verbleibende Intron wird im Zellkern abgebaut. Es wird ersichtlich, daß die Beteiligung von RNA-Molekülen am Spleißosom sinnvoll ist, weil dadurch die Komplementarität zwischen Nukleotidsequenzen des Introns und der U-RNAs z. B. zum genauen Erkennen des 5'-Endes ausgenutzt werden kann.

Alternatives Spleißen

Alternatives Spleißen ist ein weiteres Beispiel für die vielfältige Nutzung des Informationsgehalts genetischen Materials. Gewöhnlich wird von einem Gen ei-

2.3 Vom Gen zum Protein

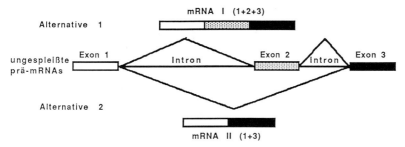

Abb. 2.28. Alternatives Spleißen. In der Mitte ist die ungespleißte prä-mRNA dargestellt. Die darüber bzw. darunter abgebildeten Spleißvorgänge führen zur Ausbildung von zwei unterschiedlichen mRNAs (Gegenwart von Exon 2)

ne einzige definierte prä-mRNA transkribiert, die ihrerseits in vorgegebener Form prozessiert und schließlich in ein bestimmtes Protein translatiert wird. Dieser Ablauf hat zu der sogenannten „Ein-Gen-ein-Protein-Hypothese" geführt. Alternatives Spleißen stellt eine Ausnahme von dieser Regel dar. Eine prä-mRNA mit mehreren Introns und Exons wird von dem Spleißosom so prozessiert, daß 2 (oder mehr) unterschiedliche reife mRNA-Spezies daraus entstehen (Abb. 2.28). Die verschiedenen mRNAs können sich in der Zahl ihrer proteinkodierenden Exons oder in der Position des Translationsstart- oder -stopsignals unterscheiden. Bei der Fruchtfliege *Drosophila melanogaster* wird keine geringere Weiche als „männlich oder weiblich" durch alternatives Spleißen gestellt. Auch in der Humanmedizin soll dieser Mechanismus von Bedeutung sein. So scheint die prä-mRNA des Dystrophingens beispielsweise alternativ gespleißt zu werden, über die physiologische Bedeutung der beiden unterschiedlichen Transkripte ist allerdings noch nichts Genaueres bekannt.

Ribozyme

Neben Spleißosom-vermittelten Reaktionen gibt es sogar RNA-Moleküle, die sich selbst ihre Introns herausschneiden. Diese überraschende Entdeckung von „self-splicing introns" wurde zuerst bei der Spezies *Tetrahymena* gemacht. Der wesentliche Aspekt dieser Befunde liegt darin, daß hier enzymatische Funktionen von einer RNA und nicht von einem Protein übernommen werden. Man hat deshalb auch den Begriff *Ribozym* geprägt. Theorien von der Entstehung des Lebens auf der Erde wurden durch ihre Entdeckung nachhaltig beeinflußt. Man glaubt jetzt, daß die Welt vor der Entstehung von Zellen eine „RNA-Welt" gewesen sein könnte, in der sowohl die wichtige Funktion der Informationsspeicherung als auch die Katalyse metabolischer Vorgänge von RNA-Molekülen hätten ausgeführt werden können. Möglicherweise könnten Ribozyme künftig auch therapeutisch genutzt werden (S. 222).

2.3.2.3 Polyadenylierung

Der dritte Unterschied zwischen Gen und zugehöriger mRNA findet sich am 3'-Ende: die reife zytoplasmatische mRNA hat einen aus 50–100 Adenosinnu-

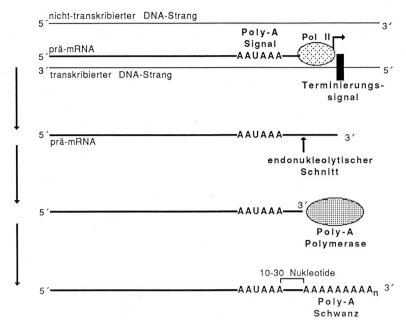

Abb. 2.29. Ablauf der Polyadenylierung einer prä-mRNA. Die Terminierung der Transkription und die Polyadenylierung sind eng miteinander gekoppelt. Deshalb ist der Abschluß der Transkription als Ausgangspunkt für die Polyadenylierung dargestellt. Das Poly-A Signal fungiert dabei wahrscheinlich auch als Teil des Terminierungssignals. Die dargestellten Schritte sind im Text näher erklärt

kleotiden bestehenden *Poly-A-Schwanz*, für den das Gen keine komplementäre Poly-T-Region besitzt.

Die Ausbildung des 3'-Endes einer reifen mRNA vollzieht sich in 3 Schritten. Zuerst wird der Transkriptionsvorgang der RNA-Polymerase II beendet. Dann wird ein Stück des 3'-Endes durch eine Endoribonuklease abgeschnitten, und schließlich wird von der Poly-A-Polymerase an dieses verkürzte 3'-Ende der Poly-A-Schwanz angehängt (Abb. 2.29). Die Signale, die diese Vorgänge steuern, sind noch nicht vollständig bekannt. Als eine wichtige Komponente steht allerdings das Poly-A-Signal fest. Die Sequenz AAUAAA findet sich etwa 10–30 Nukleotide vom Beginn des Poly-A-Schwanzes entfernt. Mutationen in dieser Erkennungssequenz können die Ausbildung eines korrekten 3'-Endes verhindern und zu Störungen der Genexpression führen. Ein gutes Beispiel dafür bietet eine Variante der α-Thalassämie. Das Poly-A-Signal ist zu AAUAAG mutiert, und im Zytoplasma findet sich keine α-Globin-mRNA.

Die Funktion des Poly-A-Schwanzes ist weitgehend ungeklärt. In einer Reihe von Experimenten wurde jedoch ein positiver Einfluß des Poly-A-Schwanzes auf die Stabilität und die translationale Effektivität der mRNA gezeigt. Im Zytoplasma existiert ein Protein, das sich spezifisch an den Poly-A-Schwanz der mRNA bindet. Ohne die Interaktion zwischen dem Poly-A-

2.3 Vom Gen zum Protein

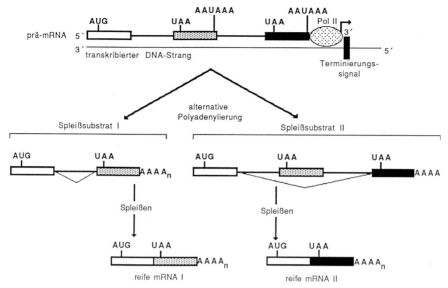

Abb. 2.30. Alternative Polyadenylierung. Differentielle Wahl zwischen zwei alternativen Poly-A Signalen führt zur Ausbildung von zwei unterschiedlichen Substraten für nachfolgendes Spleißen. In Gegenwart des dritten (schwarzen) Exons wird der Spleißdonor des mittleren Exons vom Spleißosom übersprungen (Spleißsubstrat II), und es entsteht deshalb eine andere reife mRNA als aus Spleißsubstrat I, das aus der Wahl der 5′ gelegenen Polyadenylierungsstelle entspringt. Im Gegensatz zum alternativen Spleißen ist hier jedem Spleißsubstrat ein genau festgelegtes Spleißmuster zugeordnet

Schwanz und dem Poly-A-bindenden Protein ist die Translationsinitiation auf noch ungeklärte Weise blockiert.

Abgesehen von der physiologischen Rolle des Poly-A-Schwanzes eröffnet seine Existenz eine praktische Möglichkeit zur Reinigung von mRNA, z. B. für die Klonierung von cDNA (Kapitel 3.1.4.1).

Ähnlich wie beim Spleißen gibt es auch bei der Polyadenylierung Beispiele alternativer Signalerkennung (Abb. 2.30). In diesen Fällen existieren mehrere AATAAA-Signale in der 3′-Region des Gens. Differentielle Nutzung der alternativen Signale führt zu mRNA-Molekülen mit unterschiedlichen proteinkodierenden Sequenzen. Ein Beispiel für diesen Typ post-transkriptionaler Genregulation bieten Immunglobuline der Klasse M. Von diesen Molekülen existieren eine zellmembranständige und eine sezernierte Form, die sich im carboxyterminalen Ende des Proteins unterscheiden. Auf ähnliche Weise wird auch von dem Kalzitoningen in der Schilddrüse und im Gehirn unterschiedliche Proteine exprimiert. Der regulatorische Mechanismus, der die alternative Wahl des Poly-A-Signals steuert, ist jedoch noch ungeklärt.

2.3.3 Nukleo-zytoplasmatischer Transport

Nach Abschluß aller post-transkriptionalen Veränderungen im Zellkern muß die reife mRNA aus dem Nukleus in das Zytoplasma transportiert werden. Interessanterweise werden intronhaltige prä-mRNA Moleküle nicht transportiert, andererseits kann die a priori intronlose Interferon-mRNA transportiert werden, ohne mit dem Spleißosom interagiert zu haben. Ähnlich wie mit dem Spleißen verhält es sich mit dem Capping. Eine mRNA, die normalerweise eine Cap-Struktur trägt, wird nicht ohne Cap-Struktur transportiert.

Zusammenfassend sind weder Capping noch Spleißen oder Polyadenylierung in jedem Falle notwendige Voraussetzungen für den nukleozytoplasmatischen Transport. Das läßt die Frage offen, welche Merkmale einer gereiften mRNA das Startsignal zum Transport geben.

Klinisch relevante Störungen des *nukleo-zytoplasmatischen Transports* wurden bislang nicht beschrieben. Es wurde jedoch gezeigt, daß das Human Immunodeficiency Virus (HIV) ein virales Protein exprimiert (rev) (Kapitel 4.4.1.3), das für den Transport bestimmter HIV-mRNAs (env, gag) im späten Infektionszyklus eine wichtige Rolle spielt. Die Entdeckung dieses Regulatorproteins für den nukleo-zytoplasmatischen Transport könnte dazu beitragen, die Transportvorgänge auch in nichtinfizierten Zellen näher zu charakterisieren.

2.3.4 Abbau und Stabilität von mRNA

Sobald die mRNA das Zytoplasma erreicht hat, kann sie als Vorlage zur Translation dienen. Andererseits kann sie auch durch Ribonukleasen abgebaut werden. Dieser *Abbau*vorgang ist physiologisch von ebenso großer Bedeutung wie die Synthese von mRNA. Durch stetigen Abbau ist es möglich, zytoplasmatische mRNA-Spiegel durch verminderte Neusynthese zu senken und einem verminderten Bedarf anzupassen.

Ein Vergleich der „Lebenserwartung" (Halbwertszeiten) verschiedener mRNA-Moleküle zeigt, daß große Unterschiede in ihrer *Stabilität* bestehen. Die kürzesten mRNA-Halbwertszeiten betragen bei Eukaryonten ca. 15 min, dagegen haben langlebige mRNA-Moleküle Halbwertszeiten von mehr als 10–50 h. Dabei fällt auf, daß die mRNAs einiger Wachstumsfaktoren besonders kurzlebig sind und sogenannte „house keeping" Gene lange mRNA-Halbwertszeiten haben. Zieht man die physiologischen Funktionen von Haushaltungsproteinen und Wachstumsfaktoren in Betracht, ist es sehr sinnvoll, die Produktion von Wachstumsfaktoren einer raschen Regulation zugänglich zu machen; der ständige Bedarf an Haushaltsproteinen erfordert dagegen im Sinne zellulärer Ökonomie langlebige mRNA-Transkripte.

Welche Merkmale unterscheiden langlebige von kurzlebigen mRNA-Molekülen? Das Sequenzmotiv AUUUA findet sich mehrfach wiederholt in der 3'-nichttranslatierten Region der mRNAs einiger Onkogene und zellulärer Wachstumsfaktoren. Es wurde nachgewiesen, daß diese AUUUA-Sequenzen eine wichtige Rolle für die physiologisch kurze Halbwertszeit dieser Transkripte spielen.

Obwohl die Halbwertszeiten von mRNAs verschiedener Gene stark variieren, scheinen die mRNAs eines bestimmten Gens relativ konstante Halbwertszeiten zu besitzen. Im Gegensatz zu dieser Beobachtung gibt es auch Beispie-

2.3 Vom Gen zum Protein

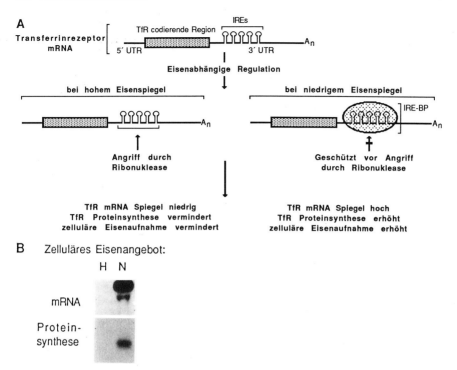

Abb. 2.31. Regulation der Stabilität der Transferrinrezeptor (TfR) mRNA in Abhängigkeit vom zellulären Eisenangebot. Abschnitt A zeigt ein Schema der im Text beschriebenen Mechanismen. Abschnitt B zeigt einen Vergleich von TfR mRNA Spiegeln (Northern Blot) und Proteinsyntherate (Markierung mit radioaktivem Methionin und anschließende Immunpräzipitation mit TfR-spezifischen Antikörpern) bei hohem (H) und niedrigem (N) zellulären Eisenangebot. Die veränderten mRNA Spiegel sind eine direkte Folge der veränderten mRNA Stabilität

le, bei denen die Halbwertszeit bestimmter mRNAs in Abhängigkeit von einem biologischen Signal reguliert werden.

Eines dieser Beispiele stellt die mRNA des *Transferrinrezeptors* dar. Der Transferrinrezeptor ist für die Aufnahme Transferrin-gebundenen Eisens in die Zelle verantwortlich. Die feine Abstimmung der intrazellulären Eisenhomöostase erfolgt einerseits durch die Bindung überschüssigen intrazellulären Eisens an zytoplasmatisches Ferritin und andererseits durch die eisenabhängige Regulation von Transferrinrezeptoren (TfR) auf der Zellmembran (Abb. 2.31).

Die Expression des Transferrinrezeptorgens wird dabei hauptsächlich durch die eisenabhängige Regulation der Stabilität der Transferrinrezeptor-mRNA modifiziert. Im 3'-nichttranslatierten Ende dieser mRNA finden sich exakt definierte Erkennungssequenzen, sogenannte *iron-responsive elements* (IRE), an die sich ein spezifisches zytoplasmatisches Protein, das *IRE-binding protein* (IRE-BP) binden kann und damit die Transferrinrezeptor-mRNA stabilisiert. Die Bindung des IRE-BP an die IREs der Transferrinrezeptor-mRNA ist abhängig vom zellulären Eisenspiegel und ist bei Eisenmangel erhöht. Umgekehrt führt ein hohes zelluläres Eisenangebot zu verminderter Affinität des IRE-BP für die IREs und damit zu rascherem Abbau der „ungeschützten" Transferrinrezeptor-mRNA. Die eisenabhängige Interaktion zwischen dem zytoplasmatischen IRE-binding protein und den IREs reguliert über die Stabilität der Transferrinrezeptor-mRNA die zelluläre Eisenaufnahme, die wesentlich an der physiologisch wichtigen Eisenhomöostase beteiligt ist (vgl. S. 55).

2.3.5 Edition von mRNA

Bei der *Edition von mRNA* wird zunächst eine „ganz normale", ihrem zugehörigen Gen komplementäre mRNA erstellt, die dann anschließend in ihrer Nukleotidsequenz verändert, editiert wird. Bei diesem Editionsvorgang kann es zur Einfügung, „Löschung" oder Veränderung eines Nukleotids kommen. Im Endeffekt entsteht somit eine mRNA, die in ihrer Nukleotidsequenz nicht mehr vollständig ihrem zugehörigen Primärtranskript und damit ihrem Gen entspricht.

Die Apo-Lipoproteine B100 und B48 werden in der Leber bzw. im Dünndarm gebildet und sind wichtige Proteinbestandteile der Lipoproteine im Plasma. In der Leber kommt das Apo-Lipoprotein B100 als ein Protein mit einem MG von 512 000 vor, das für die Bildung von VLDL und den Transport endogen gebildeter Triglyzeride verantwortlich ist. Das im Dünndarm synthetisierte Apo-Lipoprotein B48 entspricht in seiner Aminosäurezusammensetzung exakt den aminoterminalen 48% des Apo-Lipoprotein B100 und spielt eine Rolle bei der Bildung von Chylomikronen und der Absorption von Cholesterol und Triglyzeriden. Der Grund für den Unterschied in der Größe dieser beiden eng verwandten Apo-Lipoproteine besteht darin, daß in der Apo-Lipoprotein B100/48-mRNA im Dünndarm ein C in ein U umgewandelt wird und dadurch aus einem Glutamincodon (CAA) ein Stopcodon (UAA) entsteht. Das führt bei der Translation der editierten mRNA zur Synthese eines auf 48% der Ausgangsgröße verkürzten Apo-Lipoproteins B48. Wie der gewebespezifische mRNA-Editierungsmechanismus exakt das richtige C in der 14 500 Nukleotid langen mRNA spezifisch erkennt, ist noch unbekannt.

Ein Beispiel für eine weitaus umfangreichere Edition von mRNA wurde für eine Gruppe mitochondrialer mRNAs bei Trypanosomen beschrieben. Trypanosomen sind u.a. die Erreger der in den Tropen weitverbreiteten Schlafkrankheit und stellen deshalb weltweit ein großes medizinisches Problem dar. Für die mitochondriale mRNA eines trypanosomalen Atmungskettenenzyms wurde gezeigt, daß sich über 50% der Sequenz der editierten mRNA nicht im korrespondierenden Gen finden. Bei der Edition der trypanosomalen mRNA werden grundsätzlich Uridinnukleotide deletiert oder hinzugefügt. Die Edition dieser mRNA ist ein notwendiger Vorgang für die Synthese des entsprechenden Atmungskettenenzyms und damit für die Lebensfä-

2.3 Vom Gen zum Protein

higkeit des Erregers. Man arbeitet zur Zeit an der Entwicklung eines Pharmakons, das den mitochondrialen Editierungsvorgang der trypanosomalen mRNA spezifisch blockiert.

2.3.6 Translation

Die *Translation* ist der Endpunkt des Weges vom Gen zum Protein. Darüber hinaus ist sie der komplexeste Vorgang auf diesem Weg, weil biologische Information exakt zwischen 2 sehr verschiedenen Klassen von Biopolymeren (von Nukleinsäuren zu Proteinen) weitergegeben werden muß. Bei der Translation erfolgt die Umsetzung von Information (mRNA) in Funktion (Protein) durch Anwendung des genetischen Codes.

2.3.6.1 Der genetische Code

Nachdem etabliert worden war, daß mRNA als Vorlage zur Proteinsynthese dient, stellte sich die Frage, wie ein aus 4 Symbolen bestehender Code (A, U, C, G) in 20 verschiedene Aminosäuren entschlüsselt werden könne. Wäre je-

Tabelle 2.7. Genetischer Code. Zur Zuordnung eines Basentripletts zu einer Aminosäure wurde die linke Spalte für die erste, die obere Zeile für die zweite und die rechte Spalte für die dritte Base gewählt. Beispiel: Das Codon UCA kodiert für die Aminosäure Serin (fett gedruckt).

Erste Position		Zweite Position				Dritte Position
		U	C	A	G	
U		Phenylalanin	Serin	Tyrosin	Cystein	U
		Phenylalanin	Serin	Tyrosin	Cystein	C
		Leucin	**Serin**	Stop	Stop	A
		Leucin	Serin	Stop	Tryptophan	G
C		Leucin	Prolin	Histidin	Arginin	U
		Leucin	Prolin	Histidin	Arginin	C
		Leucin	Prolin	Glutamin	Arginin	A
		Leucin	Prolin	Glutamin	Arginin	G
A		Isoleucin	Threonin	Asparagin	Serin	U
		Isoleucin	Threonin	Asparagin	Serin	C
		Isoleucin	Threonin	Lysin	Arginin	A
		Methionin	Threonin	Lysin	Arginin	G
G		Valin	Alanin	Asparaginsäure	Glycin	U
		Valin	Alanin	Asparaginsäure	Glycin	C
		Valin	Alanin	Glutaminsäure	Glycin	A
		Valin	Alanin	Glutaminsäure	Glycin	G

dem Nukleotid genau eine Aminosäure zugeordnet, böte der *genetische Code* nur Platz für 4 Aminosäuren, bei Zuordnung von 2 Nukleotiden zu einer Aminosäure fänden 16 verschiedene Aminosäuren im genetischen Code Platz. Erst bei 3 Nukleotiden pro Aminosäure geht die Rechnung auf: insgesamt gibt es $4^3 = 64$ verschiedene Basentripletts, so daß allen Aminosäuren mindestens ein Dreiercodon zugeordnet werden kann.

Mehrere Charakteristika des in Tabelle 2.7 gezeigten genetischen Codes sind beachtenswert. Es fällt auf, daß es für die Aminosäuren Serin, Leucin und Arginin jeweils 6 verschiedene Codons gibt, für Tryptophan und Methionin dagegen nur eins. Die Tripletts UAG, UAA und UGA kodieren keine Aminosäure, sondern stellen Translationsstopsignale dar. Dort wo mehrere Tripletts für eine Aminosäure stehen können, variiert die dritte Position. Diese Variation wird auch als *wobble* bezeichnet.

Folglich ist im genetischen Code jeweils 3 Ribonukleotiden genau eine Aminosäure zugeordnet (mit Ausnahme der Stopcodons), andererseits aber kann eine Aminosäure von verschiedenen Tripletts kodiert werden (wobble). Der genetische Code ist also nur bedingt umkehrbar (vgl. S. 90) und wird auch als „degeneriert" bezeichnet.

2.3.6.2 tRNA als Adaptermolekül

Die Kenntnis des genetischen Codes wirft die Frage auf, wie die Zelle ein Basentriplett abzulesen vermag und dann die entsprechende Aminosäure in die wachsende Polypeptidkette einbaut. Dazu werden *Adaptermoleküle* benötigt, die ein Triplett ablesen können und die zugehörige Aminosäure tragen.

Ebenso wie komplementäre Basenpaarung die Grundlage für akkurate DNA-Replikation und die RNA-Transkription ist, wird die hohe Spezifität dieser Interaktionen auch für das Ablesen des genetischen Codes ausgenutzt. Dazu dienen kleine, 75–80 Nukleotid lange RNA-Moleküle, die *Transfer-RNA* oder *tRNA* genannt werden. Den Aufbau einer tRNA zeigt Abb. 2.13 auf Seite 26. Der sogenannte Anticodonarm der tRNA liest die mRNA ab und paart sich mit dem zugehörigen mRNA-Codon. Der Aminoacylarm der tRNA trägt in kovalenter Bindung die zum Codon/Anticodon gehörige Aminosäure. Jede Zelle verfügt über mehr als 20 verschiedene tRNAs, weil es für viele Aminosäuren mehr als ein kodierendes Basentriplett gibt. Andererseits muß nicht für jedes der 61 aminosäurekodierenden Tripletts eine eigene tRNA existieren, weil für die Hybridisierung von Codon und Anticodon eine gewisse Variabilität bezüglich des 3. Nukleotids bestehen darf (dies ist ein Grund für den wobble). Für jede tRNA gibt es ein zugehöriges Enzym, das die tRNA mit der korrekten Aminosäure belädt (s. Kapitel. 2.2.3).

2.3.6.3 Rolle der Ribosomen bei der Translation

Ribosomen organisieren und katalysieren die Translation. Sie sind die Zellorganellen, an denen die Translation von mRNAs in Proteine stattfindet. Eukaryonte Ribosomen bestehen aus 3 verschiedenen ribosomalen RNA-

2.3 Vom Gen zum Protein

Molekülen (rRNAs) und über 50 ribosomalen Proteinen; sie sind somit, ähnlich wie die Spleißosomen, ebenfalls *Ribonukleoprotein-Partikel* (RNPs). Die Ribosomen bieten das mechanische und katalytische Gerüst, in dem das Ablesen der mRNA und die Synthese des zugehörigen Polypeptids durch Schaffung von Peptidbindungen vollzogen wird. Das eukaryonte Ribosom besteht aus 2 Untereinheiten, der 40S- und der 60S-Untereinheit, die sich bei der Translation zum vollständigen 80S-Ribosom verbinden (s. Abb. 2.12 auf S. 24). Häufig wird eine mRNA gleichzeitig von mehreren Ribosomen translatiert; man spricht dann von *Polysomen*.

Der Komplexität des Vorgangs trägt auch die Anzahl beteiligter Moleküle Rechnung: neben der zu translatierenden mRNA werden tRNA-Moleküle und rRNA (als Bestandteil der Ribosomen) sowie eine Vielzahl ribosomaler Proteine und Translationsinitiations- bzw. -elongationsfaktoren benötigt. Prinzipiell läßt sich die Translation wie auch die Transkription in 3 Phasen unterteilen: Initiation – Elongation – Termination. Jede dieser Phasen benötigt gesonderte (Protein-)Faktoren und ATP bzw. GTP als Energieträger.

Translationsinitiation

Unter diesem Begriff faßt man die Vorgänge zusammen, die durchlaufen werden, bevor die eigentliche Proteinsynthese am Initiationscodon AUG beginnt. Der Prozeß der *Translationsinitation* läuft bei allen eukaryonten Zellen von Hefen bis zum Menschen nach dem gleichen Schema und unter Beteiligung vergleichbarer Komponenten ab; Bakterien verfügen dagegen über einen anderen Mechanismus.

Abbildung 2.32 zeigt die einzelnen Schritte der Translationsinitiation. Zuerst binden die 3 Proteine des *Initiationsfaktors 4F* (eIF-4F) an die Cap-Struktur der mRNA (Schritt 1). Die Bindung von eIF-4F ist deshalb notwendig, weil mRNA (im Gegensatz zur doppelsträngigen DNA) die Tendenz hat, intramolekulare Doppelstrangregionen zu bilden. eIF-4F „schmilzt" Doppelstrangregionen in der 5'-nichttranslatierten Region (Schritt 2) und ermöglicht dadurch dem 43S-Präinitiationskomplex (bestehend aus der kleinen ribosomalen 40S-Untereinheit, der Methionyl-tRNA und eIF-2) an die nun strukturarme 5'-nichttranslatierte Region der mRNA anzubinden (Schritt 3). Anschließend bewegt sich der 43S-Komplex in 3'-Richtung an der mRNA entlang, bis er auf das erste AUG-Codon trifft. Dieser Prozeß wird auch als *scanning* bezeichnet (Schritt 4). Die Translation startet immer an einem AUG-Codon, in 95% aller Fälle an dem am weitesten 5' gelegenen. Jedes neusynthetisierte Polypeptid trägt deshalb an seinem Kopfende (Aminoterminus) die Aminosäure Methionin, die von dem Triplett AUG kodiert und später vom Polypeptid abgespalten wird. Die Interaktion des Anticodons der Methionyl-tRNA mit dem Initiationscodon AUG löst die Bindung der großen ribosomalen 60S-Untereinheit aus (Schritt 5). Danach steht das vollständige 80S-Ribosom zur eigentlichen Translation bereit.

Nur zwischen 20–80% der zytoplasmatischen mRNAs werden zu jedem gegebenen Zeitpunkt translatiert. Der mehrstufige Prozeß der Initiation kann

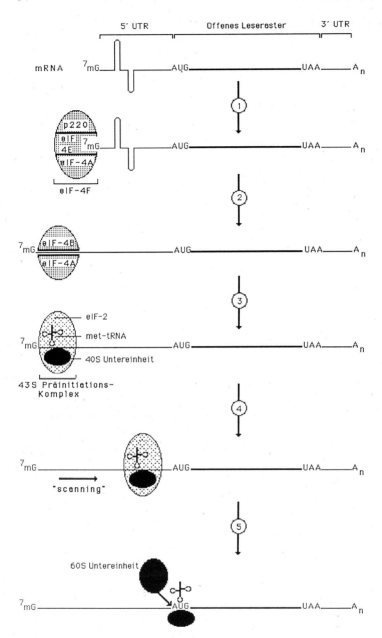

Abb. 2.32. Schritte der Translationsinitiation. Eine typische, translationsreife mRNA mit Tendenz zur Ausbildung von Sekundärstruktur (Schleifen im 5' UTR) ist abgebildet. Die Komponenten des Initiationsfaktors eIF-4F sind gesondert aufgeführt, der Faktor eIF-4E tritt am engsten in Kontakt mit der Cap-Struktur. eIF-4A und eIF-4B induzieren eine Verringerung der Sekundärstruktur der RNA. Die genaue Beschreibung der Einzelschritte findet sich im Text

2.3 Vom Gen zum Protein

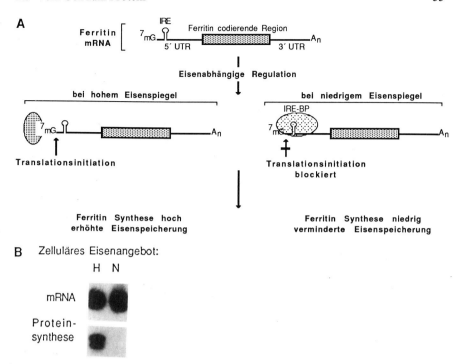

Abb. 2.33. Regulation der Translation von Ferritin mRNA in Abhängigkeit vom zellulären Eisenangebot. Abschnitt A zeigt ein Schema der im Text beschriebenen Mechanismen. Abschnitt B zeigt einen Vergleich von Ferritin mRNA Spiegeln (Northern Blot) und Proteinsyntheseraten (Markierung mit radioaktivem Methionin und anschließende Immunpräzipitation mit Ferritin-spezifischen Antikörpern) bei hohem (H) und niedrigem (N) zellulärem Eisenangebot. Als klassisches Merkmal translationaler Regulation findet man große Veränderungen in der Proteinsyntheserate bei unveränderten mRNA Spiegeln

von physiologischen oder pathologischen Faktoren beeinflußt werden. Das Paradigma für die translationale Regulation menschlicher Genexpression stellt die eisenabhängige Biosynthese des intrazellulären Eisenspeicherproteins Ferritin dar. Die zelluläre Eisenhomöostase wird einerseits durch die Eisenaufnahme abgestimmt und wesentlich durch die Regulation der Stabilität der Transferrinrezeptor-mRNA vermittelt (s. S. 49). Andererseits wird überschüssiges intrazelluläres Eisen in Ferritinmolekülen gespeichert und so entgiftet. Bei hohem Eisenangebot muß Ferritin daher vermehrt und bei geringem Angebot vermindert gebildet werden. Dazu verfügt die Ferritin-mRNA in ihrer 5′-nichttranslatierten Region über ein „iron-responsive element" (IRE), wie es in ähnlicher Form auch in der 3′-nichttranslatierten Region der Transferrinrezeptor-mRNA gefunden wird (s. S. 49). Auch das IRE der Ferritin-mRNA dient als Bindungsstelle des zytoplasmatischen IRE-binding protein (IRE-BP). Bei niedrigen zellulären Eisenspiegeln bindet sich das IRE-BP an das IRE und blockiert die Translationsinitation der Ferritin-mRNA. Welcher der in Abb. 2.32 gezeigten 5 Einzelschritte blockiert wird, ist zur Zeit

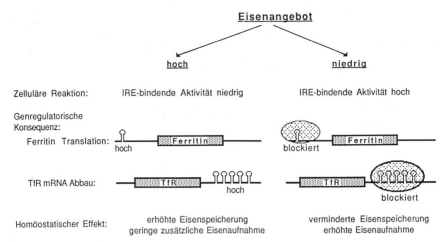

Abb. 2.34. Regulation der zellulären Eisenhomöostase. Das Schema verdeutlicht, wie bei geringem Eisenangebot die Aktivität des IRE-bindenden Proteins steigt und folglich Anbindung an die Transferrinrezeptor mRNA und Ferritin mRNA stattfindet. Über eine Veränderung der mRNA Stabilität bzw. Translatierbarkeit führt dieser Vorgang zu den erforderlichen homöostatischen Gegenregulationsmechanismen: eine Erhöhung der Zahl von Transferrinrezeptormolekülen erlaubt eine gesteigerte Aufnahme Transferrin-gebundenen Eisens in die Zelle, während die gleichzeitige Verringerung der Ferritinexpression zu verminderter Eisenspeicherung und damit höherer Verfügbarkeit intrazellulären Eisens führt

noch nicht bekannt. Bei steigendem Eisenspiegel löst sich das Protein von der mRNA und erlaubt die Translation des unter diesen Umständen benötigten Eisenspeicherproteins. Abbildung 2.33 zeigt einen Vergleich von Ferritin-mRNA-Spiegeln und Ferritin-Proteinsynthese bei hohem und niedrigem Eisenangebot. Als Charakteristikum der translationalen Regulation variiert die Proteinsynthese trotz unveränderten mRNA-Angebots. Die Entdeckung von IREs und des IRE-BP bei der Regulation der Transferrinrezeptor-mRNA-Stabilität und der Ferritin-mRNA-Translation hat zu einem erweiterten Verständnis des zellulären Eisenmetabolismus geführt (Abb. 2.34).

Auch Viren nutzen die Komplexität der Translationsinitiation, um die zelluläre Proteinsynthese zu ihrem Vorteil zu beeinflussen. Das Poliovirus inaktiviert die Funktion des eIF-4F und blockiert dadurch den in Abb. 2.32 gezeigten Schritt 1. Die meisten zellulären mRNAs benötigen die Beteiligung dieses Faktors an der Initiation und können deshalb nicht mehr translatiert werden. Poliovirus-mRNA kann dagegen seine Translation unabhängig von eIF-4F initiieren und beherrscht folglich die zelluläre Translationskapazität.

Translationselongation und -termination

Sobald das 80S-Ribosom am Initiationscodon bereitsteht, kann die Proteinsynthese beginnen. Von hier aus wird die mRNA triplettweise dekodiert, bis das Ribosom auf eines der 3 Stopcodons trifft. Die proteinkodierende Region einer mRNA zwischen *Initiations- und Stopcodon* bezeichnet man auch als *offenes Leseraster*.

2.3 Vom Gen zum Protein

Die Anatomie des 80S-Ribosoms weist 2 funktionell wichtige Positionen auf: die sogenannte P-(Peptidyl-)Stelle und die A-(Akzeptor-)Stelle. Die *Translationselongation* (gleichbedeutend mit Proteinsynthese) vollzieht sich in wiederholten Zyklen, die aus jeweils 3 Einzelschritten bestehen (Abb. 2.35). An der A-Stelle des Ribosoms bindet sich zuerst die zum 2. Codon gehörige Aminoacyl-tRNA mit ihrem Anticoden an die mRNA (Schritt 1). An diesem Schritt ist der Elongationsfaktor 1 (eEF-1) beteiligt. Dann bildet sich unter dem katalytischen Einfluß der 60S-Untereinheit des Ribosoms eine Peptidbindung zwischen dem Initiator-Methionin und der 2. Aminosäure aus (Schritt 2). Das entstandene Dipeptid befindet sich noch an der A-Stelle des Ribosoms. Schließlich wird dieses Dipeptid zusammen mit der mRNA in die P-Stelle transloziert (Schritt 3), um die A-Stelle für die nächste Aminoacyl-tRNA zu räumen. Der 3. Schritt benötigt eEF-2. Die Bindung der 3. Aminoacyl-tRNA entspricht Schritt 1 des nächsten Elongationszyklus.

Sobald ein Stopcodon in die A-Stelle rückt, bindet sich der sogenannte *release factor*. Diese Bindung führt dazu, daß das fertige Polypeptid von der letzten tRNA gelöst wird und das 80S-Ribosom wieder in seine 40S- und 60S-Untereinheiten zerfällt (*Termination*).

Bislang sind noch keine Beispiele für eine physiologische Regulation der Elongation oder Termination bekannt. Es stellte sich aber heraus, daß das Diphtherietoxin den Elongationsfaktor 2 angreift. Es verändert eine wichtige funktionelle Untereinheit des eEF-2 und blockiert dadurch die Translation der intoxikierten Zelle auf Stufe 3 des Elongationszyklus.

Die korrekte Entschlüsselung jedes Codons und die Einhaltung des richtigen Leserasters sind für die Synthese eines funktionstüchtigen Proteins von offensichtlicher Bedeutung. Das Ribosom ist deshalb so konzipiert, daß es nicht nur die Schaffung von Peptidbindungen ermöglicht, sondern auch gleichzeitig 2 Präzisionskontrollen durchführt. Die 1. Kontrolle stellt sicher, daß nur die tRNA mit dem korrekten Anticodon die A-Stelle einnimmt. Die 2. Kontrolle ist dafür verantwortlich, daß beim Translokationsschritt (Schritt 3) die mRNA um exakt 3 Nukleotide vorgerückt wird. Die 2 Präzisionskontrollen werden vermutlich ebenfalls durch die beiden Elongationsfaktoren vermittelt. Diese Präzisionskontrollen stellen den Grund dafür dar, daß bei der Translation Energie in Form von 2 Molekülen GTP pro Peptidbindung verbraucht wird, obwohl die Ausbildung einer Peptidbindung an sich ein Energie freisetzender Prozeß ist.

Kontrollmechanismen der Translation vermögen eine korrekte Proteinsynthese nicht sicherzustellen, wenn die mRNA selbst pathologisch verändert ist. Prinzipiell können 3 verschiedene mRNA-bedingte Störungen auftreten (Abb. 2.36). Eine Punktmutation verändert das Codon für eine bestimmte Aminosäure in ein Codon für eine andere Aminosäure. Folglich wird an dieser Stelle eine falsche Aminosäure ins wachsende Protein eingebaut. Man spricht hier von einer *Missense Mutation*. Eine missense-Mutation liegt beispielsweise der Sichelzellerkrankung zu Grunde, bei der ein Valin (GUG) anstatt einer Glutaminsäure (GAG) als 6. Aminosäure in die β-Globinkette eingebaut wird und deshalb pathologisch verändertes Hämoglobin synthetisiert wird.

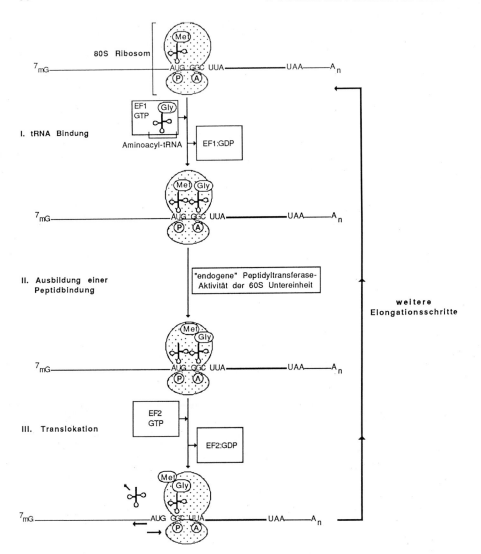

Abb. 2.35. Schema der Translationselongation. Die einzelnen Schritte sind im Text ausführlich beschrieben

Den 2. Mutationstyp nennt man *Nonsense Mutation*. Bei der Nonsense Mutation wandelt eine Punktmutation ein Aminosäure-kodierendes Triplett in ein Stopcodon um. Die Folge ist ein pathologisch verkürztes Protein, das selbst sehr instabil sein kann. Ein Beispiel hierfür bietet eine Form der β-Thalassämie (s. Kapitel 4.1.3.2), bei der das 17. (AAG) von insgesamt 146 Codons in ein Stopcodon (UAG) mutiert ist.

Der 3. Mutationstyp, *Frameshift Mutation* genannt, verschiebt das Leseraster durch Einfügung oder Deletion von einem oder zwei Nukleotiden. Das

2.3 Vom Gen zum Protein

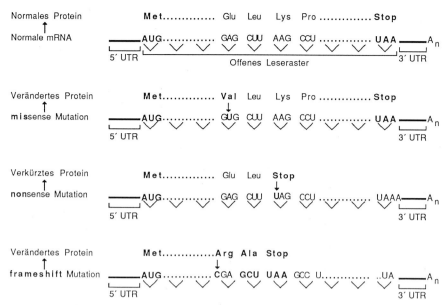

Abb. 2.36. Effekte von Punktmutationen im offenen Leseraster einer mRNA. Eine fiktive normale mRNA Sequenz wurde gewählt um die Effekte von missense, nonsense und frameshift Mutationen zu verdeutlichen. Der Pfeil weist auf das punktmutierte Nukleotid hin, die v-förmige Klammer kennzeichnet das Triplettmuster des jeweiligen Transkriptes

verschobene Leseraster führt – sofern die mRNA dadurch nicht destabilisiert wird – zum Einbau falscher Aminosäuren, bis das Ribosom auf ein Stopcodon in diesem falschen Leseraster trifft. Die Folge ist ein verlängertes oder verkürztes Protein mit einem falschen Schwanzende (Carboxyterminus). Solche frameshift-Mutationen wurden bei einigen Patienten als Ursache ihrer Muskeldystrophie vom Typ Duchenne nachgewiesen.

2.3.6.4 Antibiotika nutzen Unterschiede zwischen eukaryonter und prokaryonter Translation

Obwohl das Grundschema der Translation bei eukaryonten und prokaryonten Zellen sehr ähnlich ist, gibt es eine Reihe von Unterschieden in hier nicht beschriebenen Details der Initiation, des ribosomalen Aufbaus und der beteiligten Translationsfaktoren. Diese Detailunterschiede macht sich die *Antibiotikatherapie* zu Nutzen (Tabelle 2.8). So blockiert Streptomycin den Übergang zwischen Translationsinitiation und -elongation. Tetracycline blockieren die A-Stelle des bakteriellen Ribosoms und damit Schritt 1 der Elongation. Chloramphenicol interferiert mit Schritt 2, der Ausbildung einer Peptidbindung. Erythromycin blockiert die Translokation von der A-Stelle zur P-Stelle (Schritt 3). Man hofft, daß die genaue Charakterisierung des eukaryonten und des prokaryonten Translationsvorgangs in Zukunft die Entwicklung weiterer hochwirksamer und spezifischer Antibiotika ermöglichen wird.

Tabelle 2.8. Angriffspunkte verschiedener Antibiotika auf die bakterielle Translation

Antibiotikum	Angriffspunkt
Streptomycin	Übergang von Initiation zur Elongation
Tetracyclin	tRNA Bindung an die A-Stelle (Schritt I)
Chloramphenicol	Peptidyltransferasereaktion (Schritt II)
Erythromycin	Translokation des Ribosoms (Schritt III)

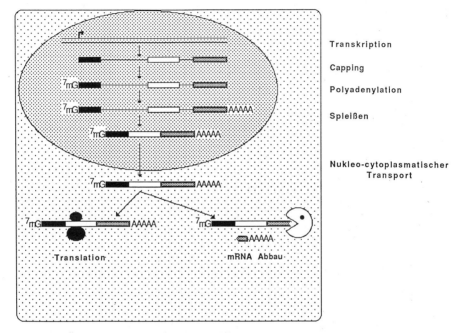

Abb. 2.37. Synopsis der Genexpression. Das Zytoplasma der Zelle ist mit der helleren, der Zellkern mit der dunkleren Schattierung unterlegt. Der geknickte Pfeil im Bereich des Zellkerns markiert den Transkriptionsstartpunkt des dargestellten Gens. Die mRNA Editierung als Mechanismus der Genexpression wurde hier nicht berücksichtigt, weil sie nur eine geringe Zahl von Genen betrifft

Wie dieses Kapitel gezeigt hat, ist der Weg vom Gen zum Protein lang und erfordert eine zeitlich und örtlich wohlabgestimmte Interaktion vieler zellulärer Komponenten. Die Länge dieses Weges bietet der Zelle Ansatzpunkte für viele Regulationsschritte, die wir in diesem Kapitel beschrieben haben. Die Kehrseite ist, daß ebenso viele Ansatzpunkte für pathologische Störungen existieren. Die zunehmende Kenntnis molekularer Einzelheiten der Genexpression und molekularer Ursachen einiger Erkrankungen ist der Ausgangspunkt

2.3 Vom Gen zum Protein

für die Entwicklung neuer rationeller, kausaler Diagnose- und Therapiestrategien.

Abbildung 2.37 zeigt eine Synopsis der an der eukaryonten Genexpression beteiligten Schritte und der dafür verantwortlichen regulatorischen Sequenzen und Faktoren.

2.3.7 Genrekombination als Grundlage einer spezifischen Immunantwort

Bisher haben wir Genloci als strukturell fixierte DNA-Abschnitte beschrieben, deren Informationen den Bedürfnissen einer Zelle entsprechend abgerufen werden können. Dabei handelte es sich im wesentlichen um quantitative Adaptationen der Genexpression. Das Immunsystem steht jedoch vor der besonderen Aufgabe, eine Vielzahl qualitativ unterschiedlicher Genprodukte zu synthetisieren. Dieser spezifischen Anforderung wird das Prinzip der *Genrekombination* gerecht, nach dem zunächst unterschiedliche Versatzstücke des betreffenden Genlocus zu einer individuellen Information zusammengesetzt werden. Erst diese neu rekombinierten DNA-Sequenzen werden dann transkribiert und entsprechend den oben beschriebenen Prinzipien in ein Protein übersetzt.

Derartige Genrearrangements finden in Lymphozyten statt, den Trägern der spezifischen Abwehrleistung eines Organismus. Man unterscheidet B-Zellen, die als ausdifferenzierte Plasmazellen Immunglobuline ins Blut sezernieren (humorale Abwehr) von T-Lymphozyten, die membranständige Rezeptoren exprimieren und durch Interaktion mit Molekülen des MHC-Komplexes (major histocompatibility complex) die zelluläre Abwehr vermitteln. Immunglobuline (Ig) setzen sich ebenso wie *T-Zell-Rezeptoren* (TCR) aus zwei verschiedenen Kettentypen zusammen; bei den Immunglobulinen werden schwere (heavy, H) Ketten mit leichten (light, L) Ketten des κ oder λ Types kombiniert, während T-Zell-Rezeptoren entweder aus α- und β-Ketten oder aus γ- und δ-Ketten bestehen. Prinzipiell gleicht sich der strukturelle Aufbau von Ig- und TCR-Molekülen (Abb. 2.38): der für die Effektorfunktion verantwortliche konstante (C) Abschnitt wird aminoterminal durch den variablen (V) Bereich ergänzt, welcher der Erkennung von Fremdmolekülen dient und die Spezifität der jeweiligen Ig- oder TCR-Kette ausmacht.

Die Gene der verschiedenen Ig- und TCR-Ketten sind auf 4 Chromosomen verteilt und erstrecken sich jeweils über eine Distanz von 200 bis 3 000 kb (Tabelle 2.9). Die Besonderheit dieser Genloci besteht darin, daß die variablen Kettenanteile durch zahlreiche Gensegmente repräsentiert werden, die zunächst durch eine DNA-Rekombination zu funktionstüchtigen Einheiten verknüpft werden müssen. Dieses Prinzip des somatischen Rearrangements von DNA-Sequenzen ermöglicht dem Immunsystem, auf eine nahezu unbegrenzte Zahl von körperfremden Molekülen spezifisch zu reagieren. Drei Typen von DNA-Segmenten spielen bei der somatischen Rekombination variabler Kettensequenzen eine Rolle: V-Elemente kodieren die aminoterminalen Ab-

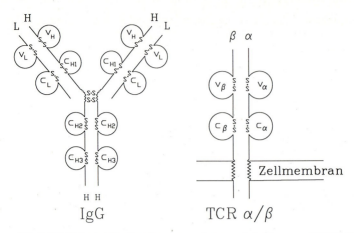

Abb. 2.38. Prinzipielle Struktur von Immunglobulinen und T-Zell-Rezeptoren. Beispielsweise bestehen IgG-Moleküle aus 2 leichten (L) und 2 schweren (H) Ketten, während T-Zell-Rezeptoren vom TCR α/β-Typ aus einer α- und einer β-Kette zusammengesetzt sind. Funktionell relevante Domänen (Kettenschlaufen) der konstanten (C) bzw. variablen (V) Kettenregionen sind über Disulfidbrücken verbunden

Tabelle 2.9. Chromosomale Lokalisation der Ig- und TCR-Kettengene

Immunglobuline		T-Zell-Rezeptoren	
IgH	14q32	TCRα	14q11
		TCRβ	7q34
IgL κ	2p12	TCRγ	7p13
IgL λ	22q11	TCRδ	14q11

schnitte, J-Elemente dienen als Bindeglieder (to join, verbinden) zu den konstanten Kettenteilen, und schließlich erhöhen kurze, zwischen V- und J-Sequenzen gelegene D-Elemente noch die Vielfalt (diversity) der variablen Region. Die Zahl der V-, D- und J-Segmente, die ihrerseits wieder in verschiedene Familien unterteilt werden, sowie ihre Anordnung innerhalb eines Genlocus variieren erheblich zwischen den einzelnen Ig- und TCR-Ketten. So stehen mindestens 200 V-Elemente für Rekombinationen im IgH-, aber nur 7 bekannte im TCRδ-Locus zur Verfügung. Während 30 D-Elemente der IgH-Ketten bekannt sind, finden sich diese Sequenzen überhaupt nicht in den IgL-, TCRα- oder TCRγ-Loci. Theoretisch resultieren z. B. allein aus dem Keimbahnrepertoire der IgH-Region 200 V × 30 D × 6 J = 36000 Rekombinationsmöglichkeiten. Allerdings gibt es Hinweise dafür, daß nicht alle diese Elemente gleichberechtigt für Rearrangements herangezogen werden.

In Abb. 2.39 sind exemplarisch die wesentlichen Schritte auf dem Weg zur Synthese einer funktionstüchtigen IgH-Kette dargestellt. Zunächst kommt es zu Rearrangements auf DNA-Ebene, in deren Verlauf ein D- mit einem J-Element und anschließend ein V-Element mit den bereits rekombinierten DJ-

2.3 Vom Gen zum Protein

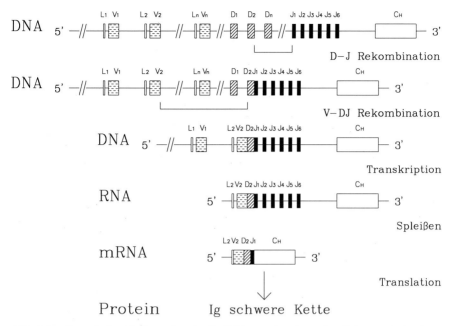

Abb. 2.39. Genetische Meilensteine der IgH-Ketten Synthese. Im Schema sind neben den sechs J-Elementen nur wenige der zahlreichen V- bzw. D-Segmente wiedergegeben. Die konstante Region (c) ist vereinfachend durch ein Segment repräsentiert

Sequenzen verknüpft wird. Erst dieses rearrangierte IgH-Allel wird dann in RNA umgeschrieben, durch Spleißvorgänge zu einer reifen mRNA weiterverarbeitet und schließlich in ein Protein translatiert. Die 5′-Exons der V-Elemente kodieren die sogenannten Leader(L)-Sequenzen. Dabei handelt es sich um den hydrophoben aminoterminalen Anteil des Proteins, der den transmembranösen Transport der Ig-Ketten erleichtert und vor der Ig-Sekretion aus Plasmazellen abgespalten wird.

Die Rekombination der Ig- und TCR-Elemente erfolgt in Lymphozyten nach einem Stufenplan. Vorläuferzellen der B-Reihe führen initial DJ- und anschließend V-DJ-Rearrangements im Bereich der Gene für die schweren Ig-Ketten auf Chromosom 14 durch. Dabei werden zunächst weiter 3′ gelegene V-Elemente berücksichtigt. Kommt es nicht zur Rekombination einer Sequenz, die einen funktionstüchtigen variablen Kettenteil kodiert, wird ein weiterer Versuch auf dem zweiten Allel gestartet. Der erfolgreiche Abschluß eines IgH-Rearrangements leitet dann zur V-J-Rekombination im Igκ-Locus auf Chromosom 2 über. Sollte es auf beiden Allelen zu aberranten Rearrangements kommen, wird ein weiterer Versuch, funktionstüchtige leichte Ketten zu produzieren, durch VJ-Rekombination des Igλ-Locus auf Chromosom 22 initiiert. Zuvor jedoch wird der gesamte Igκ-Locus durch Vermittlung eines κ-de(deleting)-Elements aus beiden Chromosomen 2 eliminiert, um konkurrierende Versuche eines Igκ- und Igλ-Rearrangements in einer Zelle zu unterbinden. Diese schrittweise Abfolge der Ig-Rekombinationen verhindert in reifen B-Zellen die gleichzeitige Produktion von κ- und λ-Isotypen (Isotyp-Exklusion) bzw. die Expression beider Allele eines Ig-Locus (Allel-Exklusion).

In T-Zellen unterliegt die Kombination von TCR-Sequenzen einer ähnlichen Ordnung, wobei eine Reihenfolge TCRδ vor TCRγ vor TCRβ vor TCRα zu bestehen scheint. Im Bereich des TCRα/δ-Locus auf Chromosom 14 ist ein δrec (δ recombining bzw. deleting) Element identifiziert worden, das für eine komplette Entfernung des innerhalb des TCRα gelegenen TCRδ-Locus sorgt, bevor Versuche einer TCRα-Rekombination gestartet werden.

VDJ-Rekombinationen der Ig- bzw. TCR-Loci unterliegen ihrerseits einer komplexen Regulation durch sogenannte Rekombinasen. Kürzlich konnten 2 synergistisch wirkende Gene, rag 1 und rag 2 (*r*ecombination *a*ctivating *g*ene) kloniert werden, die in den komplexen Rekombinationsprozeß direkt eingreifen. Es bleibt jedoch noch abzuklären, ob die rag-Gene Teilkomponenten der VDJ-Rekombinase selbst kodieren oder den Ablauf von Ig bzw. TCR Rearrangements in Lymphozyten triggern. Relativ präzise Vorstellungen hat man jedoch bereits von den Signalsequenzen für derartige Ig- und TCR-Rekombinasen. Dabei handelt es sich um Folgen von 7 bzw. 9 Nukleotiden, welche durch Platzhalter (*spacer*) von 12 oder 23 Nukleotiden getrennt werden (Abb. 2.40). Diese Heptamer-Spacer-Nonamer-Motive sind in charakteristischer Weise um die V-, D- und J-Elemente angeordnet. Rearrangements erfolgen jeweils nur zwischen 2 Sequenzen, deren benachbarte Signalsequenzen unterschiedlich lange Spacer (12 bp bzw. 23 bp) aufweisen. Man spricht auch von der *12/23-Regel*. So kann es etwa zur Rekombination von D- und J- bzw. V- und DJ-Elementen kommen, nicht jedoch zwischen V- und J-Sequenzen (Abb. 2.41).

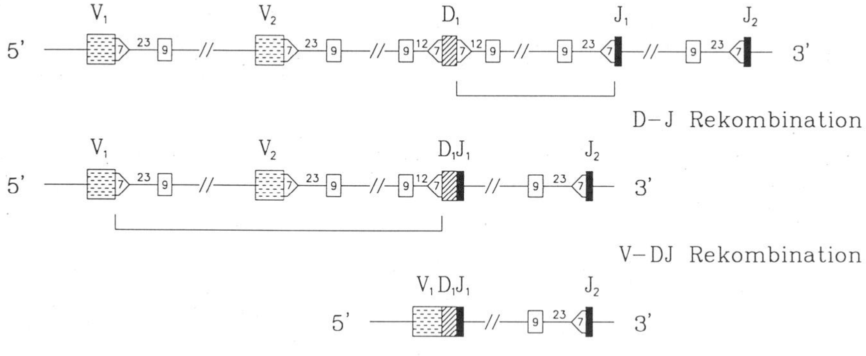

Abb. 2.40. Rekombination von V, D und J Elementen nach der 12/23 Regel. Heptamer (7) und Nonamer (9) Segmente werden durch 12 bp bzw. 23 bp lange Spacer-Sequenzen zu Signalsequenzen der Ig- und TCR-Rekombinase(n) verknüpft

Die Vielfalt der Ig- und TCR-Moleküle beruht aber nicht nur auf dem *Keimbahnrepertoire* der variablen Kettensegmente (Tabelle 2.10). Vielmehr variiert die exakte Verknüpfungsstelle zwischen zwei Elementen um bis zu 10 Basenpaare bei verschiedenen Rekombinationen. Darüber hinaus können

2.3 Vom Gen zum Protein

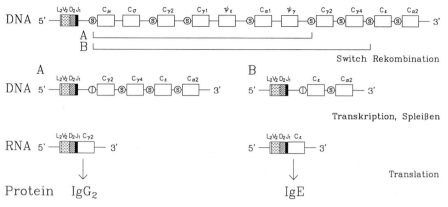

Abb. 2.41. Ig Klassenwechsel vermittelt durch switch (S) Sequenzen nach erfolgreicher Rekombination der variablen Kettensegmente. Dargestellt ist der Wechsel von einer μ- bzw. δ-Ketten exprimierenden Zelle zu einer $\gamma 2$-(A) oder ε-Ketten (B) produzierenden Plasmazelle

Tabelle 2.10. Grundlagen der Ig- und TCR-Vielfalt

Kombination verschiedener Kettentypen (IgH/L, TCRα/β, TCRγ/δ)
Keimbahnrepertoire von V-, D- und J-Elementen
Rekombinationen zwischen V-, D- und J-Segmenten
Variabilität der exakten Rekombinationsstelle zweier Elemente
De novo-Insertion von Nukleotiden (N-Sequenzen) während der Rekombination
Somatische Mutationen in rekombinierten Genen

---

während des Rearrangements an die noch nicht verknüpften 5'- bzw. 3'-Enden der einzelnen Elemente de novo Nukleotide angekoppelt werden (wahrscheinlich durch das Enzym Terminale Desoxynukleotidyl-Transferase, TdT), ohne daß für diese sogenannten N-Elemente eine Keimbahnmatrize vorhanden wäre. Schließlich werden funktionstüchtig rekombinierte variable Kettensequenzen noch nachträglich durch somatische Mutationen modifiziert. Auch diese Mechanismen haben für die einzelnen Kettentypen eine unterschiedliche Bedeutung. So wird das spärliche Keimbahnrepertoire der TCRγ- und TCRδ-Loci durch Einfügen von N-Elementen wesentlich ergänzt, während somatische Mutationen bei Ig-, nicht jedoch bei TCR-Molekülen die genomische Vielfalt verstärken.

Für die Immunglobulinsynthese ist noch ein anderer Typ genomischer Rekombination von Bedeutung, auf dem der Wechsel (*switch*) der Ig-Klassen beruht (Abb. 2.41). Hierbei wird unter Beibehaltung einer spezifisch rearrangierten variablen IgH-Sequenz der funktionell relevante konstante Bereich modifiziert. Die konstante Region des IgH-Genlocus umfaßt μ-, δ-, γ-, ε- und α-Sequenzen, welche die IgM-, IgD-, IgG-, IgE- und IgA-Klassen und Subklassen kodieren. Nach erfolgreicher Rekombination der variablen Sequenzen werden zunächst μ-Ketten produziert. Gleichzeitig kann eine B-Zelle durch alternative Spleißvorgänge (RNA-Ebene) auch die Synthese von δ-Ketten aufnehmen. Der Wechsel von einer IgM/IgD zu einer IgG-, IgA- oder IgE-exprimierenden Zelle setzt jedoch eine DNA-Rekombination voraus, welche durch spezifische Schaltsequenzen (*S*, switch) vermittelt wird; diese liegen 5′ von den entsprechenden konstanten Elementen. VDJ-Rekombinationen und Ig-Klassenwechsel scheinen durch unterschiedliche Rekombinasen kontrolliert zu werden.

Es sei auch noch darauf hingewiesen, daß die Expression der Ig- und TCR-Gene in Lymphozyten über eine komplexe Interaktion zwischen spezifischen Enhancersequenzen sowie Promotoren der einzelnen V-Elemente einerseits und eine Reihe nukleärer Faktoren andererseits gesteuert wird. Diese Regelkreise sind derzeit jedoch nur unzureichend charakterisiert.

Die hier skizzierten Prinzipien des Ig- und TCR-Rearrangements bilden nicht nur die Grundlage einer spezifischen Immunantwort, sondern sind auch für das nähere Verständnis von 2 Krankheitsgruppen, den erblichen Immundefekten sowie Neoplasien des lymphatischen Systems, bedeutsam. Zum heterogenen Kreis angeborener schwerer kombinierter Immundefekte (*SCID, severe combined immunodeficiency*) gehören Formen, bei denen die postulierte VDJ-Rekombinase bzw. ihre Regulatoren defekt sind und keine funktionstüchtigen B- und/oder T-Zellen entstehen können. Welche exakten Pathomechanismen diesen Krankheitsbildern zugrunde liegen, ist beim Menschen noch nicht präzise herausgearbeitet worden. Im SCID-Modell der Maus wurden Fälle beschrieben, bei denen die ersten Rekombinationsschritte regelrecht erfolgten, während die nachfolgende Verknüpfung der DNA-Elemente defekt war. Die klinisch weniger dramatisch verlaufenden Antikörpermangelzustände beruhen vielfach auf einer Deletion im Bereich der konstanten IgH-Region, seltener auf fehlerhaften Switch-Rekombinationen oder gestörten RNA-Modifikationen.

Wie oben dargestellt, trifft die Regel, daß sich die DNA-Sequenz aller Zellen eines Organismus gleicht, nicht für immunkompetente Zellen zu. Im Gegenteil, jeder Lymphozyt und seine Nachkommen sind durch ein eigenständiges Rearrangement der Ig- bzw. TCR-Loci charakterisiert. Diese Tatsache eröffnet eine diagnostische Pforte, die im Rahmen der Onkologie eine große klinische Bedeutung erlangt hat. Da sich Lymphome bzw. Leukämien von einzelnen Lymphozytenvorläufern ableiten, sind diese Malignome durch ein jeweils individuelles Genrearrangement gekennzeichnet. Hierauf basiert die sogenannte *Immunogenotypisierung* hämatopoetischer Neoplasien (Kapitel 3.3.3).

2.4 Vererbung

Seit Mendel befaßt sich die Vererbungslehre mit der Weitergabe von Merkmalsanlagen von einer Generation zur nächsten, d. h. für den Bereich der klinischen Genetik mit Erbkrankheiten, deren Anlagen von den Eltern an ihre Kinder weitergegeben werden (*Vererbung im engeren Sinne*).

Im Laufe der wissenschaftlichen Entwicklung der Genetik hat sich die Bedeutung des Begriffes „Vererbung" in sofern erweitert, als man darunter heute auch die Weitergabe und das Abrufen von Erbinformation auf zellulärem Niveau versteht (*Vererbung im weiteren Sinne*). Die moderne klinische Genetik befaßt sich demnach auch mit den Störungen der Teilung von Körperzellen oder der genetischen Steuerung der Zellfunktion. Der Mediziner kann von der modernen Genetik daher auch ein tieferes Verständnis z. B. der Tumorigenese oder der pathophysiologischen Mechanismen mancher Infektionskrankheiten erwarten und erhofft sich daraus neue diagnostische und therapeutische Möglichkeiten.

2.4.1 Vererbung im engeren Sinne

Das allgemeine Prinzip der Weitergabe genetischer Information beim Menschen ist die Halbierung der doppelten, *diploiden* Ausstattung einer Urgeschlechtszelle mit 46 Chromosomen auf den einfachen, *haploiden* Chromosomensatz der reifen Keimzellen mit 23 Chromosomen, die bei der Befruchtung wieder zu einer diploiden Körperzelle mit 46 Chromosomen verschmelzen. Das zelluläre Korrelat dazu ist die *Meiose* (Abb. 2.42). Die Kenntnis der bei der Keimzellbildung beteiligten molekularen und zytogenetischen Vorgänge ist für das Verständnis der klassischen Erbkrankheiten wichtig.

Aufgrund der diploiden chromosomalen Ausstattung einer Körperzelle gibt es für jeden Genlocus, d. h. für die sich entsprechenden Stellen auf den beiden homologen Chromosomen, 2 Kopien im gesamten Genom, die beiden *Allele*. Jeweils eines der beiden Allele wird vom Vater bzw. von der Mutter ererbt. Wichtig ist für das Verständnis von Erbkrankheiten und der Vererbung nicht-pathologischer genetischer Variationen, wie etwa der RFLPs (s. Kapitel 3.2.2.2), daß die beiden Allele sich im Detail durchaus voneinander unterscheiden können und somit nicht immer völlig identisch sind. Aus diesen Zusammenhängen leiten sich die für die Vererbung zentralen Begriffe der *Homozygotie* bzw. der *Heterozygotie* ab. Sind beide Allele eines Genlokus identisch, so bezeichnet man diese Konstellation als homozygot, sonst als heterozygot.

Die Keimzellen entstehen durch die 2 aufeinanderfolgenden meiotischen Zellteilungen, wobei die 1. für die Keimzellbildung spezifisch und die 2. eine mitotische Zellteilung ist (s. unten). Bei der ersten lagern sich die jeweiligen Paare der beiden homologen Chromosomensätze der noch diploiden Urgeschlechtszelle aneinander, bevor sie in die beiden Tochterzellen getrennt werden. Dabei kommt es regelmäßig zu Brüchen der nun gegenüberliegenden Anteile der homologen Chromosomen und zum reziproken Verheilen, dem sogenannten *Crossing-over* (Abb. 2.43). Dadurch kommen vorher auf den homologen Chromosomen voneinander getrennte väterliche und mütterliche Allele auf einem Chromosom zusammen. Auch diesen Austausch genetischer Information bezeichnet man als *Rekombination*. Als Faustregel gilt, daß die Wahrscheinlichkeit einer Rekombination innerhalb von 1000 kb bei etwa 1% liegt. Rechnerisch erfährt ein mittelgroßes Chromosom mit etwa $1,5 \times 10^5$ kb

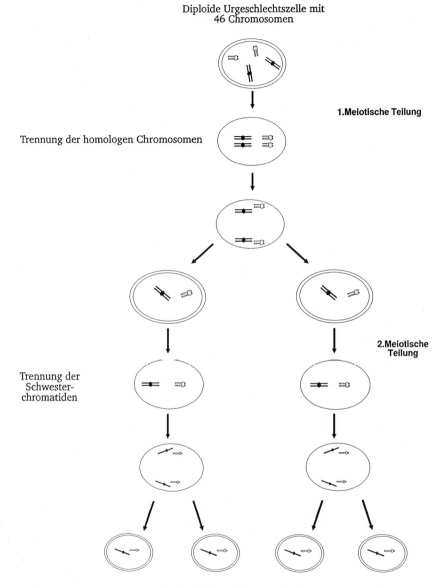

Abb. 2.42. Schema der Meiose. Bei der Keimzellbildung wird der diploide Chromosomensatz der Urgeschlechtszelle auf den haploiden Chromosomensatz der reifen Spermien und Ova reduziert. Dabei trennen sich die homologen Chromosomen in der 1. und die Schwesterchromatiden in der 2. Meiotischen Teilung

2.4 Vererbung

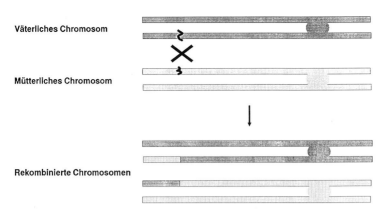

Abb. 2.43. Schema des Crossing over. Bei der Paarung der homologen Chromosomen während der 1. Meiotischen Teilung kommt es physiologischerweise zu Chromatidbrüchen an gegenüberliegenden Stellen und zum reziproken Verheilen der Bruchpunkte. Dadurch kommt es zur homologen Rekombination zwischen der genetischen Information auf dem mütterlichen und dem väterlichen Chromosom vor der Keimzellbildung

durchschnittlich also etwa 1,5 Rekombinationen. Die neu entstandenen Tochterchromosomen entsprechen also nie vollkommen den elterlichen. Die Rekombination der genetischen Information kann im Rahmen der reversen Genetik zum Abschätzen des Abstandes zwischen zwei Genloci ausgenutzt werden (Kapitel 4.2) oder auch zu Problemen bei diagnostischen Kopplungsuntersuchungen führen (Kapitel 3.2.2.2).

Außerdem kann es bei der meiotischen Chromosomenverteilung von der Urgeschlechtszelle auf die Keimzellen zu Fehlern kommen, die entweder zu charakteristischen klinischen Syndromen oder zur Fehlgeburt bzw. zum Frühabort führen.

Von praktischer Bedeutung für die Humangenetik ist auch die Möglichkeit, daß während der Keimzellenbildung neue Mutationen entstehen, die sich nicht in den Körperzellen der Eltern finden. Entsteht eine solche Mutation früh in der Entwicklung der Testes oder der Ovarien, so bildet sich ein sogenanntes *Keimzellmosaik* aus. Es können in einem solchen Fall Erbanlagen weitergegeben werden, die sich in den Körperzellen der Eltern nicht finden. Wie in Kapitel 4.2 näher beschrieben, kann dies etwa dazu führen, daß z.B. ein phänotypisch gesunder Mann wiederholt eine nur in seinen Keimzellen vorhandene Anlage für die Muskeldystrophie vom Typ Duchenne an seine Kinder vererbt.

2.4.1.1 Chromosomale Vererbungsmuster

In der klassischen Vererbungslehre unterscheidet man, je nach der klinischen Auswirkung eines bestimmten Allels bzw. je nach Lokalisation des betroffenen Gens, zwischen dominanten, kodominanten und rezessiven bzw. zwischen autosomalen und x-chromosomalen Erbgängen (Abb. 2.44). Das Kriterium für diese Unterscheidungen ist zunächst der beobachtete Phänotyp. Dabei be-

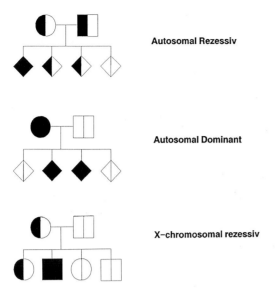

Abb. 2.44. Typische Stammbäume der verschiedenen Vererbungsmuster. Die runden Symbole entsprechen dem weiblichen und die quadratischen dem männlichen Geschlecht. Die Rauten entsprechen einem beliebigen Geschlecht. Voll gefüllte Symbole stehen für phänotypisch auffällige Personen. Halb gefüllte Symbole stehen für phänotypisch unauffällige Personen, die genotypisch jedoch Überträger eines bestimmten Phänotyps sind (Heterozygote). Die hellen Symbole stehen für phäno- und genotypisch unauffällige Personen. Beim autosomal rezessiven Erbgang haben die beiden phänotypisch unauffälligen Eltern als Überträger ein 25%iges Risiko, ein phänotypisch auffälliges Kind zu bekommen. Mit einer 75%igen Chance werden ihre Kinder jedoch phänotypisch unauffällig sein. Beim autosomal dominanten Erbgang sind bei einem phänotypisch betroffenen Elternteil statistisch 50% der Kinder phänotypisch auffällig. Beim X-chromosomal rezessiven Erbgang sind in aller Regel nur Söhne phänotypisch betroffen, während bis auf Ausnahmen (siehe Keimzellmosaik) nur Mütter Überträger des Phänotyps sind

zeichnet man ein Gen als *dominant*, wenn es im heterozygoten und im homozygoten Zustand die gleichen Auswirkungen hat. Als Beispiel kann hier das AB0-System der Blutgruppen dienen: der Genotyp AA läßt sich serologisch nicht vom Genotyp A0 unterscheiden. A ist hier dominant über 0. *Kodominanz* zeigt sich im Verhältnis zwischen A und B. Im Genotyp AB kommen beide Allele zur Ausprägung, so daß die Blutgruppe AB ohne weiteres von A oder B zu unterscheiden ist. Die Blutgruppe 0 dagegen ist rezessiv, da sie nur in homozygoter Form als Phänotyp in Erscheinung tritt. Ebenso wie bei den Normvarianten des Blutgruppensystems sind manche Erbkrankheiten eindeutig rezessiv oder dominant. Ein gutes Beispiel für eine *rezessiv* vererbte Erkrankung ist die Phenylketonurie, die in ihrer klassischen Form durch einen Mangel oder das völlige Fehlen der Phenylalaninhydroxylase verursacht wird. Heterozygote Überträger unterscheiden sich weder klinisch noch biochemisch von Normalpersonen. Die Erkrankung ist erst bei homozygotem Genotyp phänotypisch erkennbar. Die dominant vererbte Kugelzellenanämie wird

2.4 Vererbung

durch fehlerhaft gebildetes Spektrin verursacht. Der charakteristische Phänotyp zeigt sich hier schon im heterozygoten Zustand. Verallgemeinert reflektiert ein rezessiver Erbgang also eher das Fehlen eines Genproduktes, das in heterozygoter Form vom normalen Allel kompensiert werden kann. Dominanz deutet dagegen eher auf ein falsches Genprodukt hin, das auch in der Koexistenz mit dem normalen einen erkennbaren Phänotyp nach sich zieht.

Die Differenzierung zwischen rezessiven und kodominanten Erbgängen ist oft schwierig und hängt von der Definition des Phänotyps bzw. vom Grad der Kompensation durch das normale Allel ab. Die klinisch eindeutig rezessive β-Thalassämie imponiert bei hämatologischer Betrachtung als kodominant. Das normale Allel kompensiert die gestörte Hämoglobinisierung der Erythrozyten bis zur Symptomfreiheit. Eine Mikrozytose und Hypochromie ist allerdings auch bei Heterozygoten eindeutig nachweisbar.

Solche Probleme gibt es weniger bei der Unterscheidung zwischen *x-chromosomalen* und *autosomalen* Erbgängen. Hier hängt die Nomenklatur eindeutig von der Lokalisation des betroffenen Gens ab. Klinisch ist diese Differenzierung wichtig, da Zellen mit männlichem Karyotyp nur ein X-Chromosom tragen. Das führt dazu, daß Männer auch dann an rezessiven Leiden erkranken können, wenn sie nur ein pathologisches Allel ererbt haben. Abgesehen von der Möglichkeit des Keimzellmosaiks, gibt es somit keine symptomfreien männlichen Überträger und deshalb auch nur äußerst selten homozygot betroffene Frauen. Im Stammbaum stellt sich ein x-chromosomal rezessiver Erbgang, wie etwa bei der Muskeldystrophie vom Typ Duchenne, also in der Form dar, daß die Erkrankung von den asymptomatischen Müttern ausschließlich auf ihre Söhne übertragen wird.

Interessant ist die klinische Beobachtung, daß manche Gene unterschiedlich penetrant bzw. expressiv sind. Unter *Penetranz* versteht man dabei die Häufigkeit, mit der ein Gen seinen charakteristischen Phänotyp ausprägt. Es gibt eine Reihe von Beispielen, bei denen eine unregelmäßige Penetranz auf andere Einflußgrößen zurückzuführen ist. Diese können umweltbedingt oder auch genetischer Natur sein. Oft ist eine wechselnde Penetranz also der Ausdruck für ein komplexes System und spricht aus genetischer Sicht zunächst gegen einen monogenen Erbgang. Mit anderen Worten, unregelmäßige Penetranz deutet darauf hin, daß ein bestimmter Phänotyp durch die Wechselwirkung verschiedener Gene zustande kommt. Die begriffliche Differenzierung zur multifaktoriellen Vererbung wird hier fließend.

Unter *Expressivität* versteht man den Grad der phänotypischen Ausprägung eines Gens. Semantisch unterscheiden sich diese beiden Begriffe also eher graduell. Auch hier handelt es sich oft nicht um strikt monogene Erbgänge. Außerdem finden sich aber auch Beispiele, bei denen unterschiedlich schwerwiegende Mutationen desselben Gens in einem Stammbaum zu wechselnder Expressivität führen können.

Polygene Erbgänge kommen zustande, wenn der Einfluß mehrerer Gene einen bestimmten Phänotyp prägt. Es ist in diesen Fällen oft schwierig, die einzelnen genetischen Komponenten zu identifizieren, von Umwelteinflüssen zu unterscheiden bzw. ihre Weitergabe im Stammbaum zu verfolgen.

2.4.1.2 Genomic Imprinting

Erst in der allerletzten Zeit beginnt man zu erkennen, daß sich die Expression des mütterlichen und des väterlichen Allels eines Gens voneinander unterscheiden können, auch wenn beide anatomisch identisch sind. Die Erklärung für dieses als Genomic Imprinting bezeichnete Phänomen liegt vermutlich in der Weitergabe epigenetischer Information von den Keim- auf die Körperzellen. Als biochemische Grundlage dafür wird derzeit das unterschiedliche DNA-Methylierungsmuster der Eizell- bzw. der Samenzell-DNA diskutiert (s. Kapitel 2.3.1.4). Nachdem die ersten Hinweise für eine epigenetische Vererbung zunächst bei Mäusen beobachtet wurden, gibt es heute schon einige Beispiele, bei denen Genomic Imprinting auch bei der Pathologie des Menschen eine Rolle zu spielen scheint.

Im Verlauf der Keimzellverschmelzung kann es zu einer Deletion von DNA-Sequenzen eines Elternteils kommen, die dann durch eine Verdopplung der homologen Sequenzen der DNA des anderen Elternteils ersetzt werden. Für die Funktion vieler Gene spielt eine solche Rekombination offenbar keine Rolle, und der Phänotyp bleibt unbeeinflußt. Bei anderen Genen ist die elterliche Herkunft der beiden Allele für eine geordnete Funktion allerdings wichtig. So tragen 60% der Patienten mit einem Prader-Willi-Syndrom eine zytogenetisch sichtbare Deletion von Teilen des langen Arms des Chromosoms 15 (15q11). Diese Region scheint demnach DNA-Sequenzen zu enthalten, deren Fehlen zu dem beobachteten Phänotyp führen. Interessanterweise findet man de novo-Deletionen ausschließlich auf dem väterlichen Chromosom. Ein Verlust der mütterlichen Sequenzen scheint sich phänotypisch also nicht auszuwirken. Die besondere Funktion der väterlichen Gene in diesem Abschnitt wird durch den folgenden Befund unterstützt: Bei vielen Patienten ohne zytogenetisch sichtbare Deletion fehlt das väterliche, wohingegen das mütterliche Allel in doppelter Ausführung vorhanden ist. Mit anderen Worten, diese Patienten sind symptomatisch, obwohl sie 2 strukturell normale, aber ausschließlich mütterliche Allele dieser Region des Chromosoms 15 aufweisen. Ein bislang unbekanntes Charakteristikum der väterlichen DNA ist somit für die physiologische Funktion dieser Region des Genoms notwendig. Pathophysiologische Relevanz kommt dem Genomic Imprinting offenbar auch bei der Tumorigenese zu. Beispiele sind der Wilms-Tumor und der hereditäre Glomus-Tumor.

2.4.1.3 Mitochondriale Vererbung

Nur wenig beachtet wurde bisher die klinische Bedeutung des *mitochondrialen Erbgangs*. Das mitochondriale Genom umfaßt insgesamt etwa 16 500 bp, ist also im Vergleich zum nukleären Genom von 3×10^9 bp sehr klein (Abb. 2.45). Es enthält auch nur wenige Gene, die meist Enzyme bzw. Enzymbestandteile der Atmungskette kodieren. Mutationen in diesen Genen, z. B. bei den sogenannten mitochondrialen Enzephalomyopathien, können zur gestörten zellulären Energiegewinnung führen und vor allem von der Zellatmung stark abhängige Gewebe, wie Muskel und Gehirn, betreffen. Die Verer-

2.4 Vererbung

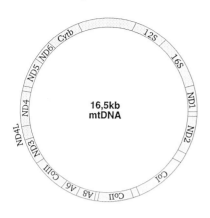

Abb. 2.45. Das mitochondriale Genom des Menschen. Auf dem 16,5 kb großen zirkulären Genom befinden sich Gene für 13 Peptidketten, die Untereinheiten von Enzymen der Atmungskette sind. Außerdem finden sich rRNA und tRNA Gene sowie Replikationsursprünge. COI-III: Untereinheiten I–III der Cytochrom C Oxidase. Cytb: Apocytochrom B. ND 1–6 und ND 4L: Untereinheiten der NADH Dehydrogenase. A6 und A8: Untereinheiten 6 und 8 der ATPase. 12S und 16S: rRNA Gene

bung des mitochondrialen Genoms erfolgt unabhängig von der Meiose bzw. von der DNA im Zellkern. Da die Samenzelle keine Mitochondrien enthält, verteilen sich ausschließlich die Mitochondrien der Eizelle auf die entstehenden Tochterzellen (Abb. 2.46). Dabei können alle mitochondrialen Genome identisch oder auch unterschiedlich sein. In Analogie zum Begriffspaar Homozygotie/Heterozygotie bei den nukleären Genen spricht man hier von *Homo-* bzw. *Heteroplasmie*. Bei homoplasmischer Verteilung z. B. einer Deletion des Gens für eine der im Mitochondrium kodierten Untereinheiten eines Atmungskettenenzyms werden alle Tochterzellen betroffen sein. Bei Heteroplasmie ist der biochemische Defekt und das klinische Bild evtl. nicht so ausgeprägt. Auch können dann im Sinne eines Mosaiks einige Gewebe stärker betroffen sein als andere. Wegen des fast ausschließlich mütterlichen Ursprungs der ererbten Mitochondrien erinnert der Stammbaum einer Familie mit einer mitochondrialen Erkrankung oft an x-chromosomale Erbgänge mit evtl. variabler Expressivität und Penetranz. Allerdings sind hier im Gegensatz zur x-chromosomalen Vererbung auch Töchter betroffen.

Bedeutung hat das mitochondriale Genom wegen seiner eindeutigen, nicht rekombinierten Weitergabe über die mütterliche Linie auch für populationsgenetische Studien.

2.4.2 Vererbung im weiteren Sinne

Die allermeisten Zellen eines Menschen sind der befruchteten Eizelle genetisch identisch. Obwohl eine gewisse Variabilität die Grundlage für eine evolutionäre Entwicklung legt, stören manche Mutationen doch die Funktionsfähigkeit des menschlichen Organismus. Die Präzision der DNA-Replikation und die Erhaltung der zellulären genetischen Identität durch DNA-Reparaturmechanismen sind daher von zentraler biologischer Bedeutung. Der Ablauf des Zellzyklus sowie die Vorgänge bei der DNA-Replikation und -Reparatur sind also maßgebliche Bestandteile der Vererbung auf zellulärem Niveau und sollen im folgenden dargestellt werden.

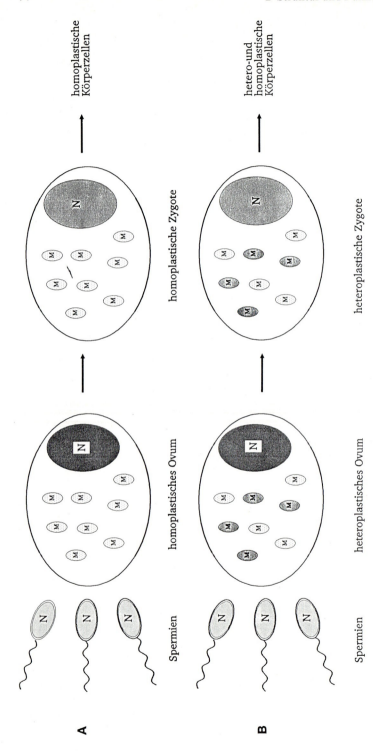

Abb. 2.46. Die Weitergabe mitochondrialer Erbinformation während der Befruchtung. Während sich das diploide nukleäre Genom der Zygote jeweils zur Hälfte aus den haploiden Chromensätzen von Ovum und Spermium zusammensetzt, erfolgt die Weitergabe der mitochondrialen Erbinformation ausschließlich über das Ovum. Spermien enthalten keine Mitochondrien. N: Nukleus. M: Mitochondrium

2.4 Vererbung

Erbinformation wird nicht nur auf der Ebene des Gesamtorganismus, sondern auch auf zellulärer Ebene von einer Generation auf die nächste weitergegeben. Der menschliche Organismus besteht aus etwa 10^{14} Körperzellen mit einer Vielzahl gewebespezifischer Funktionen. All diese Zellen haben sich durch Zellteilungen aus der befruchteten Eizelle entwickelt. Außerdem werden einige Gewebe des menschlichen Körpers ständig durch Zellteilungen regeneriert. Dabei kommt es normalerweise nicht zur Veränderung der genetischen Information, und fast alle Zellen eines Menschen tragen daher im Prinzip ein identisches Genom. Die DNA-Rekombinationen der Immunglobulin- und der T-Zell-Rezeptorgene bei der Entwicklung des Immunsystems sind hier eine wichtige Ausnahme (Kapitel 2.3.7). Im Laufe eines Zellebens verändert sich die DNA allerdings regelmäßig durch Mutationen, die sowohl spontan entstehen als auch durch exogene Einflüsse ausgelöst werden können. Diese genetischen Veränderungen vererben sich auf die nächsten Tochterzellgenerationen, so daß innerhalb eines Organismus Körperzellklone entstehen, die sich genetisch von der Keimbahn unterscheiden. Die meisten solcher Veränderungen sind völlig harmlos, andere führen zum Zelltod oder zu unkontrolliertem Wachstum. Viele der nicht im engeren Sinne vererbten Erkrankungen beruhen somit auf erworbenen Veränderungen der Erbinformation. Dazu gehören sicher einige, vielleicht alle maligne Tumoren oder auch die Entwicklung der Resistenz gegen Zytostatika.

DNA-Reparatur

DNA-Reparaturmechanismen kommt eine große physiologische Bedeutung zu. Eine Reihe von chemischen und physikalischen Einflüssen können zu Schäden der DNA führen. Dazu gehören thermische Fluktuationen, die die Purinbasen Adenin und Guanin von der Ribose lösen und Cytosin zu Uracil deaminieren können. Außerdem kann der Einfluß von UV-Licht eine Dimerisierung von Thymidin auslösen. Diese und ähnliche Einflüsse betreffen in einer einzigen Zelle täglich mehrere tausend Basenpaare. Ein rascher Zusammenbruch der genetischen Integrität wird allerdings durch eine Reihe von Enzymen verhindert, die die verschiedenen Schäden erkennen und beheben können. Das gemeinsame Prinzip aller dieser Reparatursysteme basiert, wie die DNA-Replikation, auf der Doppelsträngigkeit der DNA. Das veränderte Stück des einen Stranges wird dabei entfernt und der andere Strang für den Ersatz als Matrize benutzt. Pathophysiologische Bedeutung erlangen die DNA-Reparaturmechanismen bei seltenen Erkrankungen, wie der Xeroderma pigmentosum und wahrscheinlich auch beim Bloom-Syndrom, der Fanconi-Anämie und der Ataxia teleangiectatica.

2.4.2.1 Zellzyklus

Aus dem Wechsel von Funktions- und Teilungsphasen im Leben einer Zelle ergibt sich der sogenannte *Zellzyklus* (Abb. 2.47). Er umfaßt die Zellteilung (*Mitose*) und die sich daran anschließende Funktionsphase (*Interphase*). Die Geschwindigkeit, mit der eine Zelle einen Zellzyklus durchläuft, hängt von ei-

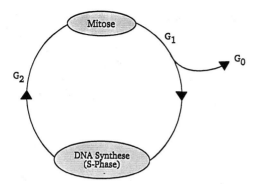

Abb. 2.47. Schema des Zellzyklus

ner Reihe äußerer Einflüsse und von ihrer spezifischen Funktion ab. Einige Zellen, wie etwa die Basalzellen der Darmmukosa, proliferieren überaus rasch und können einen Zyklus in der Größenordnung von Stunden bis wenigen Tagen durchlaufen. Andere benötigen dafür Jahre oder verlieren, wie etwa die Nervenzellen des ZNS, ganz die Fähigkeit zur Zellteilung. Die differenzierte Regulation des Zellzyklus ist somit für ein reibungsloses Funktionieren der verschiedenen Organfunktionen nötig.

Die Aufmerksamkeit der Zellbiologen richtete sich zunächst auf die Mitose (Abb. 2.48), die auch hier Startpunkt für die Beschreibung des Zellzyklus

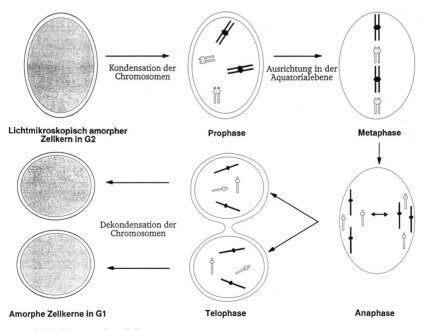

Abb. 2.48. Schema einer Mitose

2.4 Vererbung

sein soll. Für die Zelle stellt sich das Problem, die langen DNA-Fäden in eine für die Teilung handhabbare Form zu bringen. Dazu kondensiert sie die DNA soweit, daß die Chromosomen in der sogenannten *Prophase* zunehmend gut sichtbar werden. Dann lagern sie sich während der *Metaphase* (s. Abb. 2.2, Kapitel 2.1.1, S. 10) in der Äquatorialebene der Zelle an. Zu diesem Zeitpunkt sind die Chromosomen maximal kondensiert und nach speziellen Präparations- und Färbemethoden nach ihrer Zahl und Struktur beurteilbar. In der darauffolgenden *Anaphase* werden die Chromatiden, d. h. die duplizierten Doppelstränge eines Chromosoms, an gegenüberliegende Zellpole gezogen, bis die Chromosomen in der *Telophase* wieder dekondensieren und sich zwischen den beiden Zellpolen eine neue Zellmembran ausbildet.

Nach Beendigung der Mitose tritt die Zelle in die Interphase ein, während der sie einen definierten Anteil ihrer genetischen Information zur Produktion von Proteinen und Strukturribonukleinsäuren abruft. Lichtmikroskopisch erscheint der Zellkern dabei recht amorph. Gegen Ende der Interphase beginnt die Zelle allerdings mit ihren Vorbereitungen für eine erneute Zellteilung. Dazu verdoppelt sie in der sogenannten *DNA-Synthesephase*, oder *S-Phase* die DNA-Doppelhelices der Chromosomen, so daß 2 identische DNA-Fäden, die Schwesterchromatiden entstehen. Den Zeitraum zwischen der Mitose und der S-Phase sah man zunächst wohl als Lücke zwischen den zur Zellteilung notwendigen Funktionen und nannte sie daher G-Phase (für gap). Dabei unterscheidet man zwischen G_1 und G_2 als den Zeiträumen vor bzw. nach der S-Phase. G_1 ist somit die eigentliche Funktionsphase der Zelle, während sie sich durch die im nächsten Abschnitt näher beschriebene DNA-Synthese in der S-Phase sowie in G_2 schon auf die nächste Mitose vorbereitet.

Die Länge des Zellzyklus von G_1 nach S über G_2 zur Mitose und weiter in die nächste G_1 hängt im wesentlichen von dem Zeitraum ab, während dessen die Zelle in G_1 verharrt. Im Extrem können Zellen ihre Fähigkeit zur Zellteilung verlieren und verbleiben bis zu ihrem Tod in G_1, einen als G_0 bezeichneten Zustand. Kommt es erst zum Beginn der DNA-Synthese, dann laufen die S-, G_2 und Mitosephasen nach einem bemerkenswert konstanten Zeitplan ab.

2.4.2.2 DNA-Replikation

Vor einer Zellteilung muß die DNA der Zelle verdoppelt werden. Dabei benutzt das dafür verantwortliche Enzym, die DNA-Polymerase, beide Ursprungsstränge der DNA-Doppelhelix als Matrize zur Synthese der beiden neuen Helices. Die DNA wird somit semikonservativ repliziert, d. h. die 2 neuen Doppelhelices bestehen jeweils aus einem neuen und einem alten Strang (Abb. 2.49). Dazu wird die alte Helix unter Katalyse einer Reihe von Enzymen (*Topoisomerasen*) entwunden und Y-förmig zur sogenannten *Replikationsgabel* geöffnet, so daß die beiden antiparallel verlaufenden Einzelstränge voneinander getrennt werden. Ein zunächst verwirrender Unterschied der Replikation dieser beiden Stränge ergibt sich aus der ausschließlichen Fähigkeit der DNA-Polymerase, den neuen DNA-Strang in einer $5'\rightarrow 3'$-Richtung synthetisieren zu können. Der eine Elternstrang kann somit nämlich relativ rasch in ei-

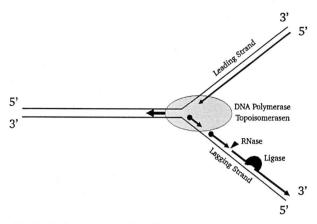

Abb. 2.49. Schema einer Replikationsgabel. Der Doppelstrang wird durch Topoisomerasen an bestimmten Replikationsursprüngen geöffnet, so daß die DNA Einzelstränge der DNA Polymerase als Matrize dienen können. Dabei wird der Leading Strand kontinuierlich in einer 5'→3' Richtung ergänzt. Der Lagging Strand entsteht, in dem die DNA Polymerase in kurzen Abständen an kleinen RNA Molekülen (gefüllte Kreise) mehrmals neu ansetzt, die RNA über Reparaturmechanismen durch DNA ersetzt wird, und die Fragmente letztlich miteinander ligiert werden

nem Stück in Richtung Aufzweigung der Replikationsgabel abgelesen werden (*leading strand*), während der andere etwas langsamer, sozusagen als Stückwerk, von der Gabel weg zusammengesetzt werden muß (*lagging strand*). Die Synthese des lagging strand erfordert eine komplizierte Zusammenarbeit mehrerer Enzyme: der immer wieder neue Ansatz der DNA-Polymerase an der Replikationsgabel wird durch die Bindung kurzer nukleärer RNA-Fragmente vermittelt, die sich als Intermediärprodukt mit der DNA des Matrizenstranges paaren. Weiterhin müssen die entstehenden Stücke des wachsenden Stranges durch eine DNA-Ligase miteinander verbunden und die RNA-Fragmente durch DNA ersetzt und wieder abgebaut werden (Abb. 2.49).

Angesichts dieses nicht unerheblichen zellökonomischen Aufwands fragt man sich, warum die Evolution nicht die Entwicklung zweier DNA-Polymerasen gefördert hat, von denen die eine die DNA-Synthese in einer 5'→3'- und die andere in einer 3'→5'-Richtung katalysiert. In einem solchen Fall könnten beide Stränge relativ unkompliziert in einem Stück auf die Replikationsgabel zu synthetisiert werden.

Das Fehlen einer 3'→5'-DNA-Polymerase erklärt sich vermutlich daraus, daß die Fehlerquote eines solchen Enzyms um Größenordnungen höher liegen müßte als die der existierenden 5'→3'-DNA-Polymerase. Die Fehler einer 5'→3'-Synthese können nämlich noch während der Synthese korrigiert werden, was die Präzision der DNA-Replikation erheblich steigert: die DNA-Polymerase kann die Kette des wachsenden DNA Stranges nur dann verlängern, wenn das zuletzt eingebaute Nukleotid korrekt zu seinem Partnernukleotid auf dem Matrizenstrang paßt. Kommt es zu einer Fehlpaarung, so kann

2.4 Vererbung

die DNA-Polymerase das falsch eingebaute Nukleotid entfernen, durch das richtige ersetzen und die Synthese fortsetzen. Der Vorteil einer $5'\rightarrow 3'$-Synthese liegt nun in der chemischen Energiezufuhr für die Ausbildung der Phosphodiesterbindung zwischen zwei Nukleotiden: das einzubauende Nukleotid selbst trägt die nötige Energie als 5'-Triphosphat, das sich unter Abspaltung von Pyrophosphat an die 3'-OH-Gruppe des vorher eingebauten Nukleotids bindet. Wird ein fehlerhaft eingebautes Nukleotid entfernt, so kann sich das richtige über sein freies 5'-Triphosphat an die 3'-OH-Gruppe des davor eingebauten Nukleotids binden. Wüchse der DNA-Strang in einer $3'\rightarrow 5'$-Richtung, so müßte der wachsende Strang an seinem zuletzt eingebauten Nukleotid den Triphosphatrest als Energie für seine eigene Verlängerung tragen. Eine Entfernung dieses letzten Nukleotids als Ergebnis einer Fehlerkorrektur müßte somit zum Abbruch der Replikation führen. Die Beschränkung der Zelle auf die $5'\rightarrow 3'$-DNA-Synthese ermöglicht also eine effiziente selbstkorrigierende DNA-Replikation mit einer Fehlerquote von nur 1 in 10^{10} Basenpaaren. Bei der Replikation der DNA einer Zelle wird daher statistisch weniger als ein Fehler gemacht.

3 Untersuchung von Genen: Werkzeuge der Molekularbiologie

Zum Verständnis vieler ererbter oder erworbener genetischer Erkrankungen ist es erforderlich, eine *DNA-Analyse* durchzuführen. Auch ist die DNA-Analyse heute im Vergleich zu konventionellen Methoden oft eine effizientere Alternative. In diesem Kapitel sollen einige der methodischen Prinzipien dargelegt werden, die für eine medizinisch relevante Genanalyse von Bedeutung sind. Zielmolekül anatomisch genetischer Untersuchungen ist die DNA. Die normale Struktur vieler menschlicher Gene ist bereits bekannt. Weiterhin ergaben Analysen einer Reihe von Erkrankungen deren molekulares pathologisch-anatomisches Korrelat als Veränderungen einzelner Nukleotide (Punktmutationen), Stückverlusten (Deletionen) oder Veränderungen der Anordnung von Genelementen (Rearrangments). Immer mehr solcher molekularer anatomischer Läsionen können diagnostiziert werden und gewinnen damit auch an praktischer klinischer Bedeutung.

Untersuchungen der Genfunktion zielen auf die Struktur und die Menge gebildeter RNA und Proteine. Durch *RNA-Studien* ist es möglich, die zeitlichen Abläufe und die gewebliche Verteilung der physiologischen Genexpression im Laufe der menschlichen Entwicklung aufzuzeigen. Weiterhin gewinnt man so Einblicke in die pathophysiologischen Auswirkungen von Mutationen. Darüber hinaus sind funktionelle Untersuchungen vor allem auch in Fremdzellen nötig, um dem Ziel einer therapeutisch nutzbaren genetischen Substitutionsstrategie näher zu kommen. Außerdem dient die experimentelle Untersuchung der Genfunktion in Fremdzellen der Entwicklung biotechnologischer Verfahren zur Produktion rekombinanter Pharmaka.

3.1 Isolierung von Genen

Die *Isolierung* von Genen ist eine Voraussetzung für ihre detaillierte Charakterisierung. Dies soll anhand eines Rechenbeispiels erläutert werden: das haploide menschliche Genom enthält ca. 3×10^9 bp. Ein durchschnittliches Protein mit 500 Aminosäuren basiert auf 1 500 bp kodierender DNA. Inklusive Introns (Kapitel 2.2.1) sind die meisten Gene zwar erheblich größer, machen aber meist dennoch nicht viel mehr als einige Millionstel der gesamten zellulären DNA aus. In 20 ml Blut mit ca. 5000 kernhaltigen Zellen/µl die jeweils ca. 3 pg DNA enthalten, lassen sich insgesamt etwa 300 µg DNA isolieren. Diese DNA-Menge enthält aber nur 0,3 ng eines Gens mit einer hypothetischen 3000 bp langen spezifischen Sequenz. Für die Untersuchung von spezifischen

3.1 Isolierung von Genen

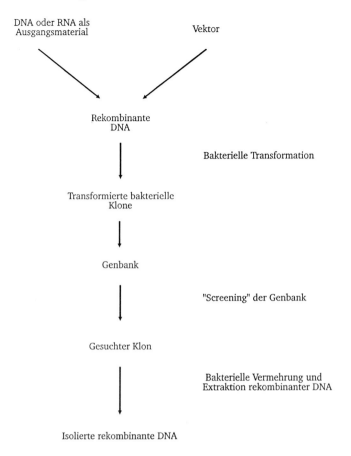

Abb. 3.1. Flußdiagramm zur Strategie des DNA Klonierens

Genen ist es daher nötig, ihre DNA aus dieser unübersichtlichen Komplexität des Genoms zu isolieren (Abb. 3.1). Darüber hinaus erfordern viele analytische Methoden isolierte DNA in µg-Mengen. Es ist also außerdem nötig, die isolierte DNA zu vervielfältigen. Sowohl die Isolation als auch die Vervielfältigung gelingen über den Umweg der Einschleusung eukaryonter, z. B. menschlicher, DNA-Fragmente in Bakterien. Die Molekulargenetik profitierte insbesondere von zwei methodologischen Durchbrüchen. Der eine bestand in der Möglichkeit, fremde DNA stabil in *E. coli* inkorporieren zu können. Als Terminus technicus hat sich dafür der Begriff der *bakteriellen Transformation* durchgesetzt, obschon dieser Vorgang mit der malignen Wachstumstransformation eukaryonter Zellen nur wenig gemein hat. Der andere Fortschritt ergab sich aus der Entdeckung von *Restriktionsendonukleasen* und der *DNA-Ligase*, mit denen DNA-Moleküle an definierten Stellen geschnitten bzw. wieder zusammengefügt werden können.

3.1.1 Transformation von Bakterien

Grundsätzlich müssen 4 Bedingungen erfüllt sein, um Bakterien als Vehikel für die Isolierung und Vermehrung eukaryonter DNA benutzen zu können. Als erstes müssen Wege gefunden werden, die DNA in die Zelle einzubringen; 2. muß die inkorporierte DNA in den Bakterien repliziert werden; 3. muß sie in Bakterien stabil erhalten bleiben und an Folgegenerationen weitergegeben werden; und 4. muß die DNA wieder re-extrahiert werden können. Diese Bedingungen lassen sich durch Kopplung der exogenen DNA an die natürlicherweise in Bakterien vorkommenden Plasmide erfüllen. *Plasmide* sind ringförmige DNA-Moleküle, die sowohl einen Replikationsursprung, d.h. eine spezi-

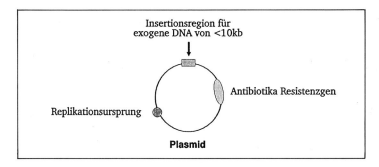

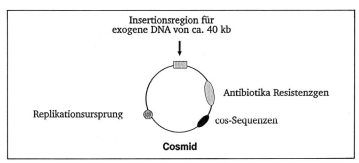

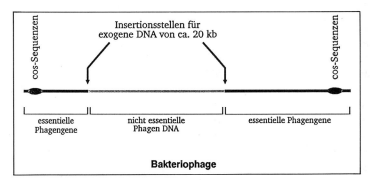

Abb. 3.2. Schematische Darstellung von Plasmiden, Cosmiden und Bakteriophagen als Vektoren für die DNA Klonierung

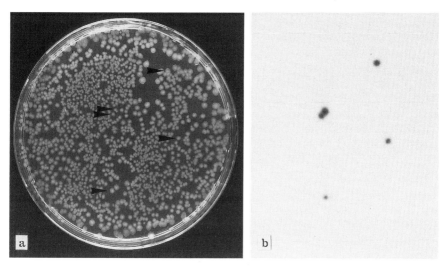

Abb. 3.3. Foto einer Agarplatte mit Bakterienkolonien als Teil einer Genbank (A). Autoradiographie nach Screening der Genbank mit einer Gensonde. Die gesuchten Klone werden nach spezifischer Hybridisierung und stringentem Waschen durch Schwärzung des Röntgenfilms lokalisiert (B). Die Pfeilspitzen zeigen die Position der gesuchten Klone auf der Agarplatte an

fische, von Bakterien erkannte Signalsequenz zur DNA-Replikation (Kapitel 2.4.2.2) als auch Antibiotika-Resistenzgene enthalten (Abb. 3.2). Plasmide können daher unabhängig vom Bakterienchromosom als genetisches Episom vermehrt werden. Die Tendenz der Zelle, nicht-essentielle DNA zu eliminieren, kann durch antibiotischen Selektionsdruck überwunden werden.

Nach Veränderungen der Membranpermeabilität können Plasmide passiv von Bakterien aufgenommen werden. Durch zielgerichtete Modifikationen von natürlichen Plasmiden ließen sich sogenannte *Vektoren* schaffen, in die eukaryonte DNA leicht eingesetzt werden kann. Die mit fremder DNA beladenen Vektoren, die *Rekombinanten*, lassen sich parallel mit dem Bakterienwachstum vermehren und dann auch isolieren (Abb. 3.2 und 3.3). Da eine erfolgreich transformierte Zelle nur ein einziges Plasmid aufnehmen kann, führt klonales Bakterienwachstum zur isolierten Vermehrung der Rekombinanten bzw. der in ihr inkorporierten exogenen DNA. Durch Isolierung des Bakterienklons mit der im Plasmid enthaltenen gewünschten exogenen DNA-Sequenz und dessen ausschließlicher Vermehrung und Reinigung kann diese DNA in reiner Form und in großen Mengen gewonnen werden. Aus diesem Vorgang leitet sich der häufig benutzte Begriff der *DNA-Klonierung* ab. Obwohl Plasmide im Prinzip alle Kriterien für ein geeignetes Vehikel zur DNA-Klonierung erfüllen (Abb. 3.2), wird ihr praktischer Einsatz allerdings oft dadurch begrenzt, daß sie zum einen nur etwa maximal 10 kb Fremd-DNA aufnehmen können und zum anderen die Methoden zur bakteriellen Plasmid-Transformation recht ineffektiv sind.

Viren sind biologisch darauf eingestellt, ihr genetisches Material durch Infektion in fremde Zellen einzubringen (Kapitel 4.4). Für die DNA-Klonierung sind *Bakteriophagen* daher oft effizientere Vektoren als Plasmide (Abb. 3.2). Zum besseren Verständnis dieser Klonierungsstrategie soll hier kurz auf den lytischen Infektionszyklus eines Phagen eingegangen werden: Der reife Phage setzt sich an Rezeptoren der Bakterienwand fest und injiziert seine DNA in die Zelle. Dort werden die Gene für seine Hüllproteine abgelesen und exprimiert. Gleichzeitig wird das Phagengenom in vielfacher Ausfertigung als langes, zusammenhängendes Molekül (Konkatemer) repliziert, wobei die einzelnen Kopien durch spezifische DNA-Sequenzen, den sogenannten *cos-Stellen*, voneinander abgegrenzt sind. Daraufhin wird das Konkatemer an den cos-Stellen gespalten und jeweils ein Genom in die fertigen Hüllen verpackt. Letztlich platzt die infizierte Zelle und setzt eine Vielzahl neuer reifer Bakteriophagen frei, die jetzt selbst wieder noch nicht infizierte Nachbarzellen infizieren.

Im Unterschied zu den Plasmiden überträgt ein inkorporierter Phage keine Antibiotikaresistenz. Dieses Selektionsprinzip steht damit auch nicht zur Anreicherung transformierter Zellen zur Verfügung. Für die Unterscheidung von rekombinanten gegenüber nichtrekombinanten Phagen macht man es sich zunutze, daß das Phagengenom 1. seine essentiellen Gene auf nur knapp 30 kb enthält und daß 2. nur solche DNA-Moleküle verpackt werden können, deren Länge nicht wesentlich von der natürlichen Größe des Genoms des häufig verwendeten Bakteriophagen Lambda von ca. 48 kb abweicht. Zur DNA-Klonierung in Phagen können die nichtessentiellen ca. 18 kb entfernt und durch exogene DNA ersetzt werden. Die rekombinante DNA wird dann in vitro verpackt und geeignete *E. coli*-Stämme mit den vollständigen Phagenpartikeln infiziert. Die Längenspezifität des Verpackungsmechanismus bewirkt, daß nichtrekombinante Phagen-DNA wegen der fehlenden 18 kb nicht verpackt werden kann und somit nicht zur Infektion der Zellen geeignet ist. Der Vorteil der DNA-Klonierung in Phagen liegt somit darin, daß die maximale Länge klonierbarer DNA etwa doppelt so groß ist wie bei den Plasmiden und daß *E. coli* durch die Infektion mit Phagen weitaus effektiver transformiert werden als durch eine passive Aufnahme von Plasmiden.

Eine häufig benutzte 3. Alternative ist die Verwendung der natürlicherweise nicht vorkommenden *Cosmide* als Vektoren (Abb. 3.2). Es handelt sich hierbei um Plasmide mit bakteriellen Replikationsursprüngen und Antibiotikaresistenzgenen, in die cos-Sequenzen als Signalelemente für den viralen Verpackungsmechanismus eingesetzt wurden. Die essentiellen Bestandteile solcher Vektoren sind nicht viel mehr als 5 kb lang. Durch Inkorporation von 40 kb exogener DNA in einen Cosmid entsteht eine Rekombinante, die in vitro in Phagenhüllen verpackt und zur Infektion von *E. coli* benutzt werden kann. Da Cosmide keine Gene für virale Hüllproteine oder für die Regulation des viralen Infektionszyklus enthalten, wird die Zelle durch die Transformation nicht zerstört, sondern erwirbt eine Antibiotikaresistenz, die wie bei der Plasmidklonierung zur Selektion eingesetzt werden kann. Man verbindet bei der Cosmidklonierung somit die Vorteile der praktisch relativ einfacher zu handhabenden Plasmide mit der hohen Transformationseffizienz der Bakteriopha-

3.1 Isolierung von Genen

gen. Darüber hinaus erhöht sich die maximale Länge der in einer Zelle klonierbaren DNA auf etwa 40 kb. Allerdings sind die großen Cosmide in der Zelle genetisch nicht so stabil wie Phagen oder Plasmide, was gelegentlich zu Rekombinationen der klonierten DNA führen kann. Es gibt also 3 Vektorsysteme für die bakterielle Transformation, die jeweils spezifische Vor- und Nachteile haben. Die Auswahl wird daher nach den individuellen Zweckmäßigkeiten des geplanten Projektes getroffen.

Wenn man nicht nur die Genanalyse, sondern auch die Expression/Nutzung des klonierten genetischen Materials untersuchen möchte, so bieten eine Gruppe von *E. coli*-Vektoren die Möglichkeit, rekombinante Gene zu funktionellen Proteinen zu exprimieren. Die DNA muß dazu zunächst ins Bakterium eingebracht werden. Wie in Kapitel 2.3 näher erläutert, benötigt ein Gen für seine Expression außer den Protein-kodierenden Bereichen Steuerelemente. Für die Expression eines eukaryonten Gens in *E. coli* muß das exogene Gen an bakterielle Steuerelemente gekoppelt werden. Die Transkription erfordert einen von der bakteriellen RNA-Polymerase erkennbaren Promotor. Außerdem können Bakterien Primärtranskripte nicht spleißen, so daß nur intronfreie eukaryonte cDNA in Bakterien exprimiert werden kann. Eine effiziente Translation kann in *E. coli* nur dann initiiert werden, wenn die 5'-nichttranslatierte Sequenz eine der bakteriellen 16S-rRNA-komplementäre Sequenz enthält. Die meisten entscheidenden DNA-Elemente für eine effiziente Genexpression in *E. coli* liegen also im 5'-Bereich des Gens. Daher wird die exogene DNA dem Promotor eines *E. coli*-Gens, mit oder ohne einem 5'-Teil der kodierenden Sequenzen, nachgeschaltet. Häufig wird hier das β-Galactosidasegen verwendet. Nach der bakteriellen Transformation entstehen dann Fusionsproteine mit einem β-Gal-Amino- und einem rekombinanten Carboxy-Ende. Der bakterielle Anteil des Fusionsproteins wird dann fakultativ abgespalten. Alternativ kann das exogene Gen auch von seinem eigenen Initiationscodon aus translatiert werden, so daß das gewünschte Protein primär nativ gebildet wird. Anwendung findet die Expression rekombinanter Gene in Bakterien bei der biotechnologischen Synthese von Proteohormonen oder auch bei der DNA-Klonierung, wenn spezifische Antikörper dazu eingesetzt werden können, den gewünschten rekombinanten Klon über das kodierte Protein zu identifizieren (*Expressions-Genbank*).

3.1.2 Restriktionsendonukleasen

Zu den wichtigsten Werkzeugen des Molekularbiologen gehören enzymatische „Scheren", mit denen DNA an hochspezifischen Stellen geschnitten werden kann (Tabelle 3.1, Abb. 3.4). Natürlicherweise kommen diese Enzyme in Bakterien vor, wo sie als prokaryontisches Abwehrsystem fremde DNA abbauen und so zum Beispiel die Effektivität eines Virus einschränken, restringieren, mit der es ein Bakterium infizieren kann. Der Name der *Restriktionsendonukleasen* leitet sich aus dieser natürlichen Funktion ab.

Die für praktische Zwecke herausragende Eigenschaft der Restriktionsendonukleasen ist die Spezifität ihrer Erkennungssequenzen von meist 4 bis 8

Tabelle 3.1. Auswahl von Restriktionsenzymen mit Namenskürzel, Namensableitung und Erkennungssequenz

AluI	*A*rthrobacter *lu*teus	5'-AGCT-3'
MboI	*M*oraxella *bo*vis	5'-GATC-3'
BamHI	*B*acillus *am*yloliquefaciens	5'-GGATCC-3'
EcoRI	*E*scherichia *co*li	5'-GAATTC-3'
HindIII	*H*aemophilus *in*fluenzae	5'-AAGCTT-3'
PstI	*P*rovidencia *st*uartii	5'-CTGCAG-3'
SmaI	*S*erratia *ma*rcescens	5'-CCCGGG-3'
NotI	*N*ocardia *ot*ididis-caviarum	5'-GCGGCCGC-3'

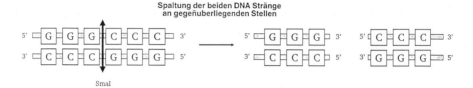

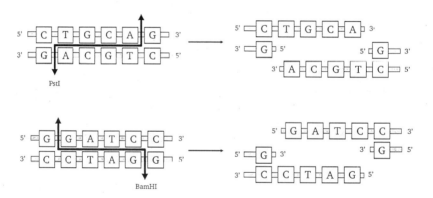

Abb. 3.4. Entstehung verschiedener DNA-Fragmentenden nach Verdau mit unterschiedlichen Typen von Restriktionsenzymen. Enzyme wie SmaI spalten die beiden Stränge an gegenüberliegenden Stellen, so daß keine kurzen einzelsträngigen Enden entstehen. Enzyme wie PstI spalten die beiden Stränge an versetzten Stellen, so daß die entstehenden Fragmente an ihrem 3' Ende einzelsträngig sind. Umgekehrt entstehen nach Verdau mit Enzymen wie BamHI DNA Fragmente mit einzelsträngigen 5' Enden

Basenpaaren Länge (Tabelle 3.1, Abb. 3.4). Dies bedeutet, daß ein bestimmtes Restriktionsenzym die DNA immer an den gleichen, genau definierten Stellen spaltet. So schneidet z. B. ein Enzym mit einer Erkennungssequenz mit 6 aufeinanderfolgenden Nukleotiden (z. B. HindIII) statistisch alle $4^6 \approx 4000$ bp. Andere Enzyme mit einer Erkennungssequenz von nur 4 (z. B. MboI) oder 8 (z. B. NotI) Nukleotiden schneiden entsprechend häufiger (etwa alle $4^4 \approx 250$ bp) bzw. seltener (etwa alle $4^8 \approx 65000$ bp).

3.1 Isolierung von Genen 87

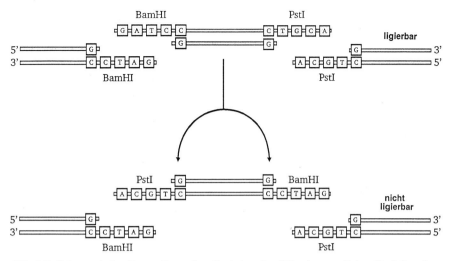

Abb. 3.5. Schematische Darstellung des direktionalen Klonierens. Beim direktionalen Klonieren wird der Vektor mit zwei verschiedenen Enzymen geöffnet, so daß entsprechend geschnittene Inserts nur in einer Richtung in den Vektor ligiert werden können

Für die DNA-Klonierung ist es oft besonders günstig, wenn ein Restriktionsenzym im Vektor nur ein einziges Mal schneidet, weil die exogene DNA dann leicht in den entsprechend geöffneten Vektor eingesetzt werden kann (Abb. 3.9). Dabei ist vorteilhaft, wenn die doppelsträngige DNA nicht an genau gegenüberliegenden Stellen, sondern leicht versetzt gespalten wird. Dadurch entstehen Restriktionsfragmente mit kurzen einzelsträngigen Enden. Daher können im allgemeinen nur solche Fragmente wieder miteinander verbunden werden, die aus einem Verdau mit dem gleichen Restriktionsenzym hervorgegangen sind (Abb. 3.5).

Restriktionsendonukleasen können auch zur Charakterisierung genomischer DNA, einschließlich diagnostischer Anwendungen verwendet werden. Im menschlichen Genom schneidet ein Enzym mit einer 6 Nukleotide langen Erkennungssequenz etwa 10^6mal. Dies scheint auf den ersten Blick recht unübersichtlich. Das Entscheidende ist jedoch, daß ein bestimmtes Restriktionsenzym eine bestimmte DNA-Probe immer in genau die gleichen Restriktionsfragmente zerlegt, die so einer reproduzierbaren Analyse zugänglich sind.

Zur Zeit sind über 100 gereinigte Restriktionsenzyme mit jeweils unterschiedlichen Erkennungssequenzen kommerziell erhältlich. Es gibt somit ein stattliches, leicht verfügbares Repertoire an spezifischen enzymatischen DNA-Scheren.

3.1.3 DNA-Hybridisierung

Bei der Analyse genomischer DNA und auch bei der DNA-Klonierung ist es nötig, spezifische Sequenzen in einer unübersichtlichen Menge eindeutig zu

88   3 Untersuchung von Genen. Werkzeuge der Molekularbiologie

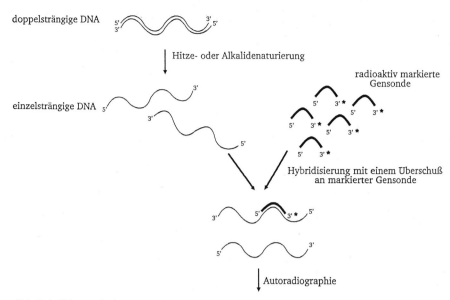

Abb. 3.6. Schematische Darstellung der DNA Hybridisierung. Der Stern kennzeichnet die Markierung der Gensonde

identifizieren und gegebenenfalls zu isolieren. Das dabei anstehende enorme analytische Problem wird deutlich, wenn man bedenkt, daß ein Gen von etwa 3000 bp Länge nur ein Millionstel des gesamten menschlichen Genoms ausmacht.

Bei der methodischen Lösung dieses Problems macht man sich die Fähigkeit der DNA zur Basenpaarung zunutze. Wie schon in Kapitel 2.1.2 detaillierter erläutert, sind die beiden Einzelstränge der DNA-Doppelhelix im Sinne einer *Hybridisierung* durch Wasserstoffbrückenbindungen zwischen den gegenüberliegenden Basen Guanin und Cytosin bzw. Adenin und Thymin miteinander verbunden. Diese Bindungen lassen sich durch Erhitzen oder durch Alkalibehandlung der DNA ohne weiteres lösen und unter geeigneten Bedingungen wieder herstellen. Analytisch ist es daher möglich, einen DNA-Doppelstrang zu denaturieren und zur Rehybridisierung einen Überschuß an einzelsträngiger, z. B. radioaktiv markierter rekombinanter oder synthetischer DNA der gesuchten Sequenz anzubieten (Abb. 3.6). Diese markierte DNA wird mit ihren homologen Sequenzen hybridisieren und sie auf diese Weise aus einer komplexen Population verschiedener DNA-Fragmente quasi heraussondieren (Abb. 3.3 und 3.14). Die Bedingungen dieser Hybridisierung können derart spezifisch gewählt werden, daß nur solche Sequenzen erkannt werden, die eine mehr als 90%ige Homologie mit der Sonde aufweisen. Im Falle der häufig benutzten radioaktiven Markierung läßt sich eine Hybridisierung anschließend durch die Schwärzung eines aufgelegten Röntgenfilms in der sogenannten *Autoradiographie* nachweisen.

Besonders relevante Anwendungen der DNA-Hybridisierung finden sich beim Southern Blotting (Identifizierung des gesuchten Restriktionsfragmentes, Abb. 3.14), bei der Amplifizierung spezifischer Sequenzen durch die Polymerase-Kettenreaktion (Abb. 3.23), bei der Diagnose von Punktmutationen durch spezifische Oligonukleotide (Abb. 3.24) und bei der DNA-Klonierung (Identifizierung des gesuchten Klons, Abb. 3.3). Abbildung 3.6 zeigt das Prinzip der DNA-Hybridisierung. Praktische Beispiele sind in den entsprechenden Teilen dieses Buches gesondert beschrieben.

3.1.4 Strategien zur DNA-Klonierung

Das Verfahren zur *DNA-Klonierung* richtet sich wesentlich nach der verfolgten Zielsequenz. So erfordert die Isolierung des Gens eines bekannten Proteins eine andere Strategie als etwa die Suche nach einem Gen, das für eine Erkrankung mit unbekanntem biochemischen Defekt verantwortlich ist (Kapitel 4.2).

Es gibt 2 grundsätzlich verschiedene Ansätze zur Klonierung von DNA bzw. von Genen. Der eine geht von der mRNA eines bestimmten Zelltyps aus und zielt so auf die Klonierung der dort exprimierten Gene. Der zweite startet mit der gesamten genomischen DNA und bezweckt die Klonierung von DNA-Fragmenten ohne Rücksicht auf ihre Expression. Im folgenden sollen einige gedankliche und methodische Prinzipien dieser häufig verwendeten Strategien der DNA-Klonierung erläutert werden.

3.1.4.1 cDNA-Klonierung

Bei der *cDNA-Klonierung* wird eine Kopie der mRNA des Zielgens kloniert (Abb. 3.7). Die Rekombinante enthält also nur die kodierenden sowie die 5'- und 3'-nichttranslatierten Sequenzen, aber keine Introns. Die cDNA-Sequenz erlaubt daher eindeutige Rückschlüsse auf die Primärstruktur des kodierten Peptids und davon abgeleitet auch eventuell Rückschlüsse auf die Sekundärstruktur und Funktion des Proteins.

Die zytoplasmatische mRNA wird zunächst unter Ausnutzung ihres poly-A Schwanzes affinitätschromatographisch gereinigt (Poly-A Selektion) und anschließend mittels Reverser Transkriptase in vitro in komplementäre DNA (*cDNA*) überschrieben. Es handelt sich bei der reversen Transkriptase um ein retrovirales Enzym, das die umgekehrte Transkription der RNA zu DNA katalysiert. Bei der reversen Transkription von mRNA entsteht also zunächst ein mRNA/DNA-Hybrid, das an seinem 3'-RNA/5'-DNA-Ende einen Poly-Ribo-A/Poly desoxyribo-T Schwanz enthält. Durch Verdau mit RNA-spezifischen Nukleasen (RNasen) wird der RNA-Strang abgebaut. Daraufhin wird mittels DNA-Polymerase ein doppelsträngiges cDNA-Molekül synthetisiert. An die Enden des Moleküls ligiert man dann ein kurzes synthetisches sogenanntes *Linkerfragment*, das eine definierte Restriktionsstelle enthält. Die so vorbereitete cDNA kann nun in einen geeigneten Vektor, meist einen Bakteriophagen gesetzt und zur Transformation von Bakterien benutzt werden.

So entsteht eine Population klonierter cDNA-Moleküle, eine *cDNA-Genbank* (cDNA library), die in ihrer Komplexität in etwa der der Genexpression

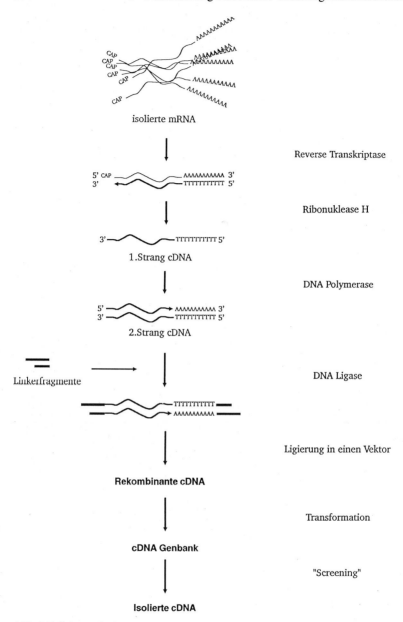

Abb. 3.7. Schematische Darstellung der cDNA Klonierung

des Ausgangsgewebes entspricht. Zur Identifikation des gewünschten cDNA-Klons benötigt man eine charakteristische *Gensonde*. Dies können synthetische Oligonukleotide sein, die man entsprechend einer, zumindest teilweise, bekannten Aminosäuresequenz des kodierten Proteins synthetisiert hat. Dabei ist zu beachten, daß der degenerierte genetische Code nur eingeschränkt

3.1 Isolierung von Genen

umkehrbar ist (Kapitel 2.3.6.1) und die Oligonukleotide daher sorgfältig ausgewählt werden müssen. Bei Verwendung von Expressionsvektoren (Kapitel 3.1.1) kommen auch spezifische Antikörper als Sonde in Frage.

Aus dem isolierten cDNA Klon kann die Aminosäuresequenz des kodierten Proteins direkt abgeleitet werden, da die cDNA im Gegensatz zur genomischen DNA keine Introns enthält. Zu bedenken ist allerdings, daß die cDNA in dieser Form nicht im menschlichen Genom vorkommt und nicht die Steuerregion eines Gens enthält. Zur Klonierung des zugehörigen genomischen Gens kann die cDNA jedoch gut als Sonde benutzt werden.

3.1.4.2 Klonierung genomischer DNA

Bei einer Reihe von Anwendungen ist es entweder nötig oder sinnvoll, sich nicht auf die Analyse kodierender DNA bzw. von cDNA zu beschränken. So finden sich physiologische Regulationselemente oder pathogenetisch relevante Mutationen häufig in den Introns oder in den 5'- und 3'-flankierenden, nichttranskribierten Sequenzen. Außerdem stammen viele der gegenwärtig für Kopplungsuntersuchungen (Kapitel 3.2.2.2 und 4.2) benutzten DNA-Sonden aus intergenen Bereichen des Genoms. Für die Klonierung von *genomischer DNA* braucht man daher anderes Ausgangsmaterial als für die cDNA-Klonierung. Ziel ist es hier, das gesamte oder einen definierten Teil des Genoms, ungeachtet von dessen Expression in einer Genbank, anzulegen und die gewünschten Sequenzen zu identifizieren und zu isolieren.

Als Ausgangsmaterial dient genomische DNA, die prinzipiell aus einem beliebigen Gewebe in möglichst hochmolekularer Form gewonnen wird. Dazu werden die Zellen zunächst mit einem Detergens lysiert, die Proteine dann mit einer Proteinase und die RNA mit einer RNase verdaut und die hydrophoben Bestandteile in organischen Lösungsmitteln extrahiert. Der DNA wird durch Salz und Alkohol ihr Lösungswasser entzogen und diese so gefällt (Abb. 3.8).

Gegenwärtig verfügbare Vektoren können bis zu 20 kb bzw. 45 kb exogener DNA aufnehmen (Abb. 3.2 und 3.9). Die genomische DNA muß daher in

Abb. 3.8. Gefällte genomische DNA in Äthanol

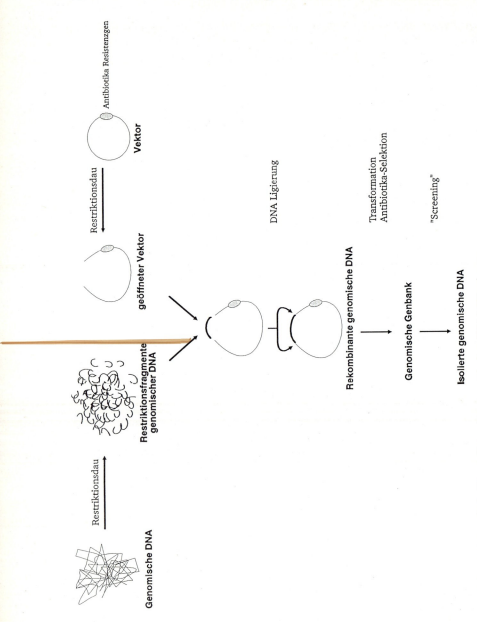

Abb. 3.9. Schematische Darstellung der genomischen DNA Klonierung

3.1 Isolierung von Genen

Fragmente dieser Größe zerlegt werden. Dies kann am besten durch einen partiellen Restriktionsdau mit einem häufig schneidenden Restriktionsenzym erreicht werden. Der Vorteil dieses Vorgehens besteht gegenüber einem vollständigen Dau mit einem seltener schneidenden Enzym darin, daß eine Population von sich überschneidenden DNA-Fragmenten entsteht. Ein solcher partieller Dau muß allerdings so kontrolliert werden, daß hauptsächlich DNA-Fragmente der gewünschten Größe entstehen, die mit dem gewählten Vektor ligiert und zur Transformation benutzt werden. Eine Genbank, d. h. die Gesamtheit aller rekombinanten Klone, die das gesamte diploide Genom von etwa 6×10^9 bp beispielsweise in einem Cosmidvektor repräsentieren soll, muß also rechnerisch $1,5 \times 10^5$ Rekombinante mit 40 kb exogener DNA enthalten. Erfahrungsgemäß benötigt man für eine sicher repräsentative Genbank allerdings etwa zwei- bis dreimal soviele Rekombinante bzw. transformierte *E. coli*-Klone. Zur Identifikation des gewünschten Fragmentes kann meist die zugehörige cDNA oder manchmal eine bekannte Sequenz in der unmittelbaren Nachbarschaft benutzt werden (Abb. 3.3).

Zur Produktion von Gensonden als genetische Marker ist es oft wünschenswert, DNA bestimmter menschlicher Chromosomen zu klonieren. Dazu kann man Genbanken aus Mensch × Maus-Hybridzellinien mit einzelnen erhaltenen menschlichen Chromosomen herstellen. Bei Verwendung von Mensch-spezifischen repetitiven DNA-Elementen (Kapitel 2.1) oder auch totaler menschlicher DNA als Gensonde lassen sich die Rekombinanten mit menschlicher exogener DNA von denen mit Mäuse-DNA differenzieren. Die so gewonnenen Klone werden wegen ihrer unbekannten genauen Lokalisation und physiologischen Funktion auch als *anonyme DNA* bezeichnet. Sie sind oft wertvolle genetische Marker, die z. B. bei diagnostischen Kopplungsuntersuchungen oder bei revers-genetischen Strategien (Kapitel 4.2) benutzt werden. Andere Strategien zur Klonierung genomischer DNA-Fragmente bestimmter Chromosomen oder auch spezifischer Abschnitte von Chromosomen verwenden fluoreszenzsortierte Chromosomenpräparationen, die für ein definiertes Chromosom angereichert sind, oder auch mikrodissektiertes Material einzelner Chromosomen als Ausgangs-DNA.

3.1.4.3 Chromosome Walking und Jumping

Bei der Analyse komplexer Genloci ist es oft nötig, größere DNA-Abschnitte zu charakterisieren, als ein einzelner rekombinanter Cosmid aufnehmen kann. So sind große Gene, wie etwa das Gen für den Gerinnungsfaktor VIII, für das Dystrophin oder für das Apo-Lipoprotein B einige 100 oder mehr als 1 000 kb lang. In diesen Fällen ermöglicht die Strategie des sogenannten *Chromosome Walking* eine Klonierung zusammenhängender genomischer DNA (Abb. 3.10).

Als Ausgangspunkt benötigt man einen rekombinanten Cosmid oder Bakteriophagen, der beispielsweise mit einer cDNA des untersuchten Gens als Sonde aus einer genomischen Genbank isoliert wurde. Das Chromosome Walking erlaubt nun, überlappende Klone auf beiden Seiten des Ausgangsklons zu isolieren. Dazu sucht man in dem vorliegenden Klon nach *single co-*

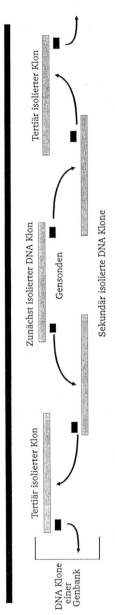

Abb. 3.10. Schematische Darstellung des Chromosome Walking. Ausgehend von einem zunächst isolierten DNA Klon wird aus einer genomischen Genbank ein größerer, zusammenhängender Ausschnitt der genomischen DNA in Form von überlappenden rekombinanten Fragmenten isoliert und charakterisiert

3.1 Isolierung von Genen

py-Sequenzen, die dann als Sonde für einen erneuten Zugang in die Genbank dienen. Die Beschränkung auf single copy-Sequenzen als Sonde ist wichtig, weil Fragmente mit repetitiven Sequenzen, beispielsweise vom AluI-Typ (Kapitel 2.1), Klone mit sehr unterschiedlicher genomischer Lokalisation erkennen würden.

Wiederholungen dieses Schrittes des Chromosome Walking führen zur Klonierung einer sich nach beiden Seiten des Ausgangsklons ausdehnenden zusammenhängenden Region sich überlappender genomischer DNA. Auf diese Weise können somit auch größere Gene mitsamt Introns und nichttranskribierten Regulationselementen vollständig kloniert werden.

Mit jedem Schritt des Chromosome Walkings, der jeweils einige Wochen intensiver Laborarbeit erfordert, bewegt man sich maximal 40 kb auf dem Chromosom vorwärts. Bei einigen Anwendungen, wie etwa bei der Reversen Genetik (Kapitel 4.2), müssen unter Umständen einige 100 kb überwunden werden, um von einem Genmarker zum Gen selbst zu kommen. In diesen Fällen ist das Chromosome Walking schon wegen seiner geringen Geschwindigkeit eine nur schwerlich praktikable Strategie. Außerdem enthält das menschliche Genom Sequenzen, die aus unterschiedlichen Gründen nicht klonierbar sind. Solche Sequenzen können einen Chromosome Walk durchaus stoppen und eine Charakterisierung der DNA jenseits einer solchen Region verhindern.

Beide Probleme löst die technisch allerdings sehr anspruchsvolle Strategie des *Chromosome Jumpings* (Abb. 3.11). Dabei werden lange genomische DNA-Fragmente von beispielsweise 150 kb, die entweder durch einen partiellen Dau mit einem häufig schneidenden oder durch vollständigen Dau mit einem selten schneidenden Restriktionsenzym entstanden sind, mit einem bakteriellen Selektionsmarker ligiert. Dann werden die Enden des rekombinanten Moleküls an ihren beiden Enden miteinander verbunden. Dadurch entsteht ein ringförmiges DNA-Molekül, in dem in der genomischen DNA weit voneinander entfernt liegende Sequenzen eng benachbart und nur durch den Selektionsmarker voneinander getrennt sind. Im nächsten Schritt wird der DNA-Ring mit einem zweiten Restriktionsenzym geschnitten und die entstehenden Fragmente in einen Vektor ligiert. Zur Transformation kommt es nur durch die Aufnahme der Moleküle mit dem Selektionsmarker. Die entstehende Genbank enthält also Rekombinante, deren exogene Sequenzen in der genomischen DNA weit voneinander entfernt, aber auf demselben Chromosom liegende DNA enthalten. Ausgehend von einer bekannten Sequenz kann man so in der weiteren Nachbarschaft liegende Fragmente isolieren, charakterisieren und mittels Puls-Feld-Gel-Elektrophorese (Kapitel 3.2.3) kartieren.

Mit dem Chromosome Jumping erreicht man somit eine höhere Geschwindigkeit der Charakterisierung größerer Abschnitte eines Chromosoms und kann darüber hinaus nichtklonierbare Sequenzen überspringen. Durch Chromosome Jumping isolierte Klone können weiterhin als Startpunkte für ein Chromosome Walking auf der benachbarten DNA dienen. Als wohl bisher wichtigste medizinische Anwendung gelang durch eine Kombination von Chromosome Walking und Jumping die Identifikation des Gendefektes bei der Mukoviszidose (Kapitel 4.2).

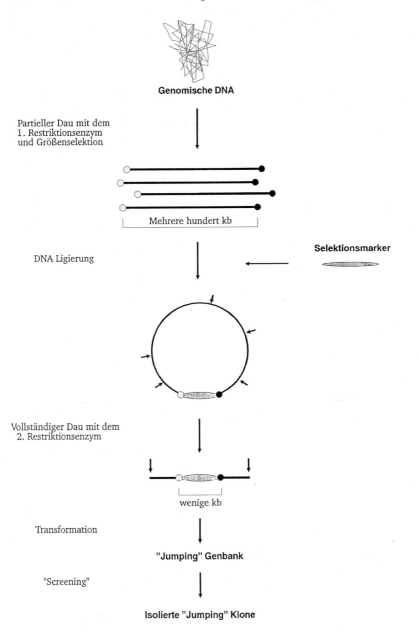

Abb. 3.11. Schematische Darstellung des Chromosome Jumping. Nach partiellem Restriktionsdau entstehen mehrere hundert kb große DNA Fragmente, die unter Einschluß eines Selektionsmarkers zunächst zirkularisiert werden. Im zweiten Schritt wird ein wenige kb großes DNA Fragment kloniert, das neben dem Selektionsmarker DNA Sequenzen enthält, die im Genom einige hundert kb voneinander entfernt, aber auf dem selben Chromosom liegen. Die zwischen ihnen liegende DNA wird dabei „übersprungen"

3.2 Untersuchung von DNA

Die anatomische Genanalyse ist die heute am häufigsten angewendete molekularbiologische Untersuchung in der praktisch-klinischen Medizin. Sie dient zur Erkennung von Trägern vererbter Erkrankungen sowie zur präsymptomatischen und zur pränatalen Diagnose. Erregernachweise in der mikrobiologischen Diagnostik werden durch molekularbiologische Methoden ergänzt. In der Forensik haben DNA-Analysen die Spezifität der Personenidentifikation revolutioniert. Möglichkeiten klinischer Anwendung bestehen bei der erweiterten HLA-Typisierung nicht-verwandter Knochenmarkspender oder bei der frühen Erkennung von Rezidiven maligner Erkrankungen. Weiterhin ist es denkbar, daß die Identifikation defekter Proteine bei vererbten Erkrankungen über den Gendefekt (Kapitel 4.2) neue Perspektiven für die Therapie eröffnet. Für den informierten Arzt vieler Fachgebiete ist es daher von Bedeutung, sich mit den methodischen Grundsätzen der DNA-Analyse vertraut zu machen.

3.2.1 Prinzip des Southern Blotting

Der eigenwillige Name dieser für den Kliniker besonders wichtigen Methode geht auf deren Erfinder E. Southern zurück, der im Jahre 1975 seine Methode für die Erkennung spezifischer Sequenzen in gelelektrophoretisch getrennten DNA-Fragmenten beschrieb.

Mittels *Southern-Blot*-Analyse ist es möglich, die Länge eines DNA-Fragmentes zu bestimmen, das eine bestimmte Sequenz enthält. Bei einem vollständigen Dau extrahierter menschlicher genomischer DNA (Kapitel 3.1.4), wie etwa mit dem häufig verwendeten Restriktionsenzym HindIII, entstehen ca. 10^6 unterschiedliche Restriktionsfragmente. Diese werden zunächst durch Agarose-Gelelektrophorese ihrer Größe nach voneinander getrennt. Sie können dann durch fluoreszierende Farbstoffe, wie Ethidiumbromid, sichtbar gemacht werden (Abb. 3.12). Die Fraktionierung allein nach Größe des Fragments ist aufgrund der großen Zahl der verschiedenen Fragmente so unübersichtlich, daß das Zielfragment nicht spezifisch erkannt werden kann und keine Rückschlüsse auf Veränderungen der genomischen DNA zuläßt. Im Gegensatz dazu wird die relativ übersichtliche genomische DNA des *Bakteriophagen Lambda* von nur 48 kb durch viele Restriktionsenzyme in nur wenige Fragmente zerlegt, so daß gespaltene *Lambda*-DNA als Größenmarker bei Southern-Blot-Analysen benutzt werden kann (Abb. 3.12).

Der nächste Schritt ist das eigentliche Southern Blotting, bei dem die im Gel liegende DNA zunächst durch eine Alkalibehandlung einzelsträngig gemacht und dann durch kapillare Wirkung als exakte Replika auf eine mechanisch und chemisch resistente Membran aus Nitrozellulose oder Nylon transferiert und fixiert wird (Abb. 3.13). Der kritische Schritt der Southern-Blot-Analyse ist die nun folgende Hybridisierung einer ^{32}P oder nicht radioaktiv markierten Gensonde (*probe*) mit der DNA auf der Membran. Als Gensonden werden meist rekombinante DNA-Fragmente benutzt, die entweder Sequen-

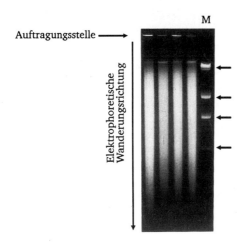

Abb. 3.12. Ethidiumbromid gefärbtes Agarosegel mit verdauter genomischer DNA. Der Fluoreszenzfarbstoff Ethidiumbromid bindet sich in die DNA Doppelhelix, so daß DNA in einem mit UV Licht transilluminierten Gel sichtbar wird. Die vielen hunderttausend bis einige Millionen unterschiedlichen Fragmente der verdauten genomischen DNA verschwimmen dabei in einer homogen erscheinenden Spur. Ein HindIII Verdau von Lambda-Phagen-DNA ergibt nur wenige Restriktionsfragmente definierter Größe, die somit als Längenmarker eingesetzt werden können (M, Pfeile)

zen mit bekannter Funktion oder auch anonyme Sequenzen enthalten (Abb. 3.14). Unter geeigneten Bedingungen bindet sich die Sonde präferenziell an ihre komplementäre Sequenz. Praktisch kommt es jedoch auch zu weniger stabilen, unspezifischen Bindungen, die später beim intensiven *stringenten* Waschen bei hoher Temperatur und niedriger Salzkonzentration gelöst werden. Die markierte Gensonde bleibt dabei durch die Wasserstoffbrückenbindungen zwischen den komplementären Nukleotiden spezifisch an ihrer Zielsequenz haften, so daß durch Autoradiographie die Position bzw. die Länge des entsprechenden Restriktionsfragmentes ermittelt werden kann (Abb. 3.14). Primär läßt sich aus der Southern-Blot-Analyse also die Größe der Restriktionsfragmente ableiten, die durch einen Dau mit dem Enzym A entstanden sind und komplementäre/homologe Sequenzen mit der Sonde B enthalten.

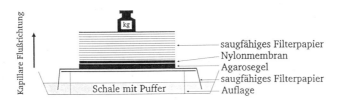

Abb. 3.13. Schematische Darstellung einer Southern Blot Apparatur

3.2 Untersuchung von DNA

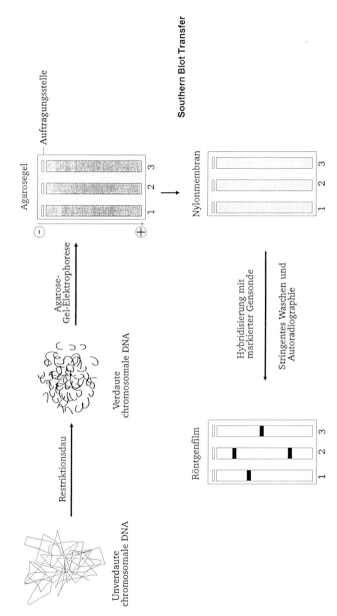

Abb. 3.14. Schematische Darstellung einer DNA Hybridisierung nach Southern Blot Transfer bei Verdau mit drei verschiedenen Restriktionsenzymen (1–3)

Das Ergebnis der Southern-Blot-Analyse hängt somit von der verdauten DNA, von dem verwendeten Enzym und von der Gensonde ab.

3.2.2 Diagnostische Anwendungen des Southern Blotting

Die klinisch relevante Frage ist nun, wie die durch Southern Blotting gewonnene Primärinformation in praktisch verwertbare Diagnosen oder molekularanatomische Erkenntnisse umzusetzen ist.

3.2.2.1 Direkte Erkennung von Punktmutationen

Wenn Veränderungen der Nukleotidsequenz das Erkennungssignal eines Restriktionsenzyms betreffen, dann kann die Mutation durch das veränderte Restriktionsmuster erfaßt werden. Die *Sichelzellmutation* im Codon 6 des β-Globingens soll hier als Beispiel dienen. Das Restriktionsenzym MstII schneidet die DNA an der Sequenz 5'-CCTNAGG-3', die sich als 5'-*CCT GAG GAG*-3' im Codon 6 des β-Globingens und an 2 Stellen, etwa 1,2 kb weiter 5' bzw. etwa 0,2 kb weiter 3', findet (Abb. 3.15). Verdaut man die DNA einer Person mit normalem Hämoglobin mit diesem Enzym, trennt die entstehenden Restriktionsfragmente mittels Agarose-Gel-Elektrophorese, transferiert die DNA auf eine Membran und hybridisiert sie mit einem radioaktiv markierten 5'-Teil des β-Globingens als spezifische Gensonde, dann sieht man nach Autoradiographie der stringent gewaschenen Membran ein Signal bei 1,2 kb (Abb. 3.15). Diese 1,2 kb entsprechen dem MstII-Restriktionsfragment, das den normalen 5'-Abschnitt des β-Globingens enthält. Die A→T β^s-Mutation des Codon 6 (5'-*CCT GTG GAG*-3') zerstört die normale MstII-Stelle. Bei einem Patienten mit der Sichelzellerkrankung findet man auf dem Southern Blot MstII-verdauter DNA statt des 1,2 kb-Fragmentes somit ein 1,4 kb-Fragment. Bei einem Heterozygoten sieht man sowohl das normale 1,2 kb- als auch das pathologische 1,4 kb-Fragment (Abb. 3.15). Die Diagnose einer Sichelzellerkrankung kann so durch die DNA-Analyse gestellt werden, wenn etwa bei einer Pränataldiagnose Blut für eine Hämoglobinelektrophorese nicht zur Verfügung steht.

Am Beispiel der β^s-Mutation läßt sich jedoch auch eine mögliche Fehlerquelle bei der Interpretation einer DNA-Analyse zeigen: die MstII-Stelle im Codon 6 kann nämlich nicht nur durch die Sichelzellmutation (5'-*CCT GTG GAG*-3') zerstört werden, sondern auch durch eine β-Thalassämiemutation an der gleichen Stelle (5'-*CCT G-G GAG* 3'). In der DNA-Analyse geben beide allerdings ein identisches Bild. Eine sorgfältige phänotypische Differentialdiagnose der betroffenen Familie ist also nötig, bevor eine sichere Pränataldiagnose der Sichelzellerkrankung durchgeführt werden kann. Diese klinische Differenzierung kann molekulardiagnostisch weiter durch die Allelspezifische Oligonukleotid-Hybridisierung unterstützt werden (Kapitel 3.2.4.1).

3.2 Untersuchung von DNA

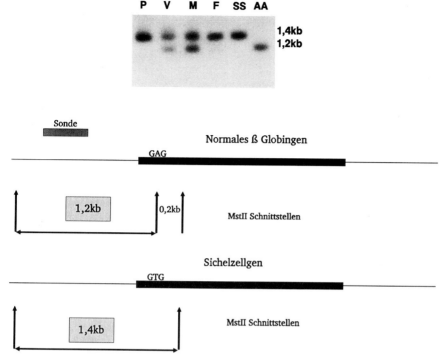

Abb. 3.15. Schematische und autoradiographische Darstellung der Diagnose der Sichelzellmutation. Nach Agarose-Gel-Elektrophorese und Southern Blot Transfer MstII verdauter DNA identifiziert eine Gensonde aus dem 5' Bereich des β Globingens bei der normalen DNA ein 1,2 kb und bei der pathologischen DNA ein 1,4 kb langes Fragment. Die Sichelzellmutation (GAG→GTG) zerstört die MstII Restriktionsstelle im Codon 6 des β Globingens. Die Autoradiographie zeigt eine Pränataldiagnose, die beim Fetus einen homozygoten Sichelzellgenotyp feststellte. P: Homozygoter Propositus. V: Heterozygoter Vater. M: Heterozygote Mutter. F: Homozygoter Fetus. SS: Homozygote β^s Kontrolle. AA: Homozygot gesunde Kontrolle

3.2.2.2 Erkennung von DNA-Polymorphismen

Unterschiede in der Nukleotidsequenz müssen nicht unbedingt funktionelle Auswirkungen haben. Bei einer Frequenz individueller Variationen von Einzelbasen von etwa 1/200–1/300 ist dies sogar eher selten der Fall. Weiterhin können sich Abschnitte mit repetitiven Elementen in ihrer Länge um einige kb voneinander unterscheiden. Aus Konvention bezeichnet man funktionell neutrale Veränderungen als *Polymorphismen*, sofern man das seltenere Allel einer solchen Variation bei $\geq 1\%$ der Individuen einer bestimmten Population findet. Geben sich DNA-Polymorphismen durch die Zerstörung oder Neubildung von Restriktionsstellen bzw. durch die Veränderung eines Restriktionsmusters zu erkennen, so spricht man von *Restriktions-Fragment-Längen-Polymorphismen (RFLP)*.

Medizinische Anwendung finden DNA-Polymorphismen, wenn sie wegen ihrer anatomischen Nähe zu pathophysiologisch wichtigen Genen als Marker dienen können. Außerdem sind manche polymorphe Loci derart variabel, daß sie, einem Fingerabdruck ähnlich, zur Personenidentifikation benutzt werden können. Die diagnostische Aussagekraft durch Southern-Blot-Analyse identifizierter DNA-Polymorphismen soll an 3 repräsentativen Beispielen erläutert werden. Es unterscheiden sich hierbei nicht nur die medizinischen Fragestellungen, sondern auch die molekularbiologischen Strategien der DNA-Analyse.

Einfache RFLPs

Bei vielen vererbten Krankheiten ist das pathogenetisch relevante Gen noch unbekannt. Beispiele häufiger Erkrankungen sind die Hämochromatose und die adulte polyzystische Nierendegeneration. Bei anderen Erbkrankheiten kennt man zwar das betroffene Gen und in den meisten Fällen dann auch einige der für das Krankheitsbild verantwortlichen Mutationen. Allerdings ist die molekulare Pathologie oft zu komplex, um in jedem individuellen Fall den exakten Gendefekt für diagnostische Zwecke bestimmen zu können. Beispiele finden sich hier bei den Hämophilien, der Phenylketonurie und der Muskeldystrophie vom Typ Duchenne.

Einfache RFLPs können in solchen Fällen im Sinne einer *Kopplungsanalyse* zur genetischen Markierung eines Gens bzw. der Vererbung seines normalen oder pathologisch mutierten Allels in einem Stammbaun dienen (Abb. 3.16–3.18). Dazu ist die gesicherte klinische Diagnose zumindest eines homozygoten Patienten und damit der gesicherten Überträgerschaft seiner beiden Eltern erforderlich. Außerdem benötigt man einen RFLP in der Umgebung des eigentlich interessierenden Gens, dessen Allele durch Southern-Blot-Analyse unmittelbar identifiziert werden können. Im Stammbaum wird dann die Kopplung zwischen den Allelen des RFLP und den über den Phänotyp bestimmbaren Allelen des pathogenetisch relevanten Gens festgelegt. Wesentlich

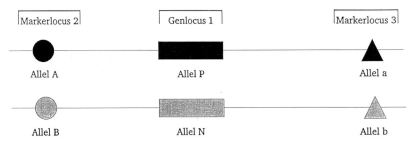

Abb. 3.16. Schematische Darstellung der Kopplung eines pathophysiologisch relevanten Genlocus (Genlocus 1) an zwei polymorphe Markerloci 2 und 3. Der Genlocus 1 kommt dabei in einem pathologischen Allel P und einem normalen Allel N vor. Das Allel P ist an die Allele A und a der Markerloci 2 bzw. 3 und das Allel N an die Allele B und b gekoppelt

3.2 Untersuchung von DNA

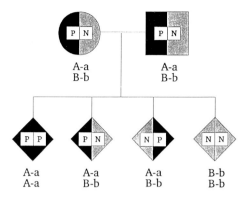

Abb. 3.17. Schematische Darstellung einer Kopplungsanalyse in einer Familie. Die Markeranalyse beim homozygot betroffenen, phänotypisch auffälligen Kind (P/P) und bei seinen Eltern (P/N) erlaubt die Festlegung der Kopplung zwischen den Markerallelen und den Allelen des Genlocus (hier A-P-a; B-N-b). Somit kann durch die Markeranalyse bei anderen Kindern, auch pränatal, der Genotyp am eigentlich interessierenden Genlocus bestimmt werden

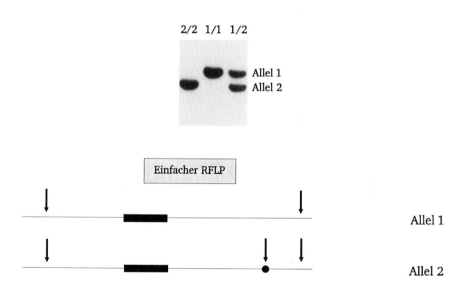

Abb. 3.18. Schematische Darstellung und Autoradiographie eines RFLP. In der Nähe eines relevanten Genlocus (schwarzes Rechteck) befinden sich Restriktionsstellen eines bestimmten Enzyms (Pfeile). Eine dieser Restriktionsstellen (gefüllter Kreis) ist polymorph. Die Allele 1 und 2 zeichnen sich somit durch das Fehlen bzw. durch die Gegenwart einer Restriktionsstelle des verwendeten Enzyms aus. Das identifizierte Fragment des Allels 1 ist somit länger als das des Allels 2 und erscheint daher an einer Position, die näher am Ursprung der Elektrophorese liegt. Die Probanden auf der abgebildeten Autoradiographie sind homozygot für das Allel 2 (2/2), das Allel 1 (1/1) oder heterozygot (1/2)

ist dabei, daß das Gen selbst oder die exakte Natur der Mutation nicht bekannt sein muß. Die Abb. 3.17 demonstriert die diagnostische Nützlichkeit dieses Verfahrens. Der Genlocus 1 liegt hier in einer normalen (N) und in einer im Detail unbekannten pathologischen (P) Form vor. Der polymorphe Markerlocus 2 hat zwei verschiedene, direkt erkennbare Allele, A und B. A und B sind Normvarianten und haben selbst keine pathogenetische Bedeutung. In dem vorliegenden Beispiel wird das Allel P des Genlocus 1 gekoppelt mit dem Allel A des Markerlocus 2 vererbt. Erkennbar ist dies daran, daß der homozygote Indexpatient (P/P) auch das Markerallel A homozygot und seine Eltern als heterozygote Überträger (P/N) sowohl das Markerallel A als auch B tragen, also auch heterozygot für den Markerlocus sind. Ein Geschwister des Indexpatienten ist homozygot für das Markerallel B. Es ist also homozygot gesund (N/N). Zwei weitere Geschwister sind, wie die Eltern, heterozygot. Weiterhin erlaubt eine solche Kopplungsanalyse in dieser Familie eine pränatale Diagnose durch die Untersuchung fetaler DNA zum Beispiel aus Chorionzotten.

Es ist wichtig festzuhalten, daß eine solche Bestimmung nur für die individuelle Familie gilt und die Kopplung zwischen Markerallelen und den Allelen des pathogenetisch wichtigen Gens in jeder Familie neu bestimmt werden muß. Darüber hinaus ergibt sich eine wichtige Einschränkung der diagnostischen Sicherheit dieser Methode aus der Möglichkeit der Rekombination zwischen dem Genlocus und dem Markerlocus. Wie in Kapitel 2.4.1 näher erläutert, kommt es während der Meiose zum Stückaustausch zwischen den beiden homologen Chromosomen, die, mechanistisch gesehen, an äquivalenten Stellen brechen und reziprok zusammenheilen (*Crossing-over*, Abb. 3.19). Ereignet sich in unserem Beispiel bei einem der Eltern ein solches Crossing-over zwischen dem Genlocus 1 und dem Markerlocus 2, so ist auf dem neu arrangierten Chromosom das Markerallel A mit dem normalen Allel N des Gens und das Markerallel B mit dem pathologischen Allel P gekoppelt. Die Wahrscheinlichkeit eines daraus resultierenden Fehlers, z.B. bei einer pränatalen Diagnostik zum Ausschluß des Genotyps P/P hängt vom anatomischen Abstand zwischen dem Markerlocus und dem Genlocus bzw. von der Neigung der beteiligten DNA-Abschnitte zur Rekombination ab. Je weiter Marker und Gen auseinander liegen und je höher die Rekombinationsrate in diesem Bereich ist, desto schlechter ist der Marker für diagnostische Zwecke geeignet. Gute Marker, wie sie inzwischen für viele Erkrankungen zur Verfügung stehen, haben eine Rekombinationsrate mit dem Genlocus von nicht mehr als 1%. Die diagnostische Sicherheit liegt dann bei 99%. Die diagnostische Sicherheit potenziert sich durch die Verwendung von Markerloci auf beiden Seiten des Gens. In unserem Beispiel liegt der Markerlocus 3 mit den allelen Formen a und b auf der einen, der Markerlocus 2 auf der anderen Seite des Gens. In der Familie (Abb. 4.17) ist das pathologische Allel P des Genlocus 1 mit dem Allel a des Markerlocus 3 gekoppelt. Auf dem Chromosom mit dem pathologisch veränderten Gen findet sich also die Allelkombination, der *Haplotyp* A-P-a, und auf dem normalen Chromosom der Haplotyp B-N-b. Eine Rekombination auf einer Seite des Genlocus fiele hier durch eine Veränderung

3.2 Untersuchung von DNA

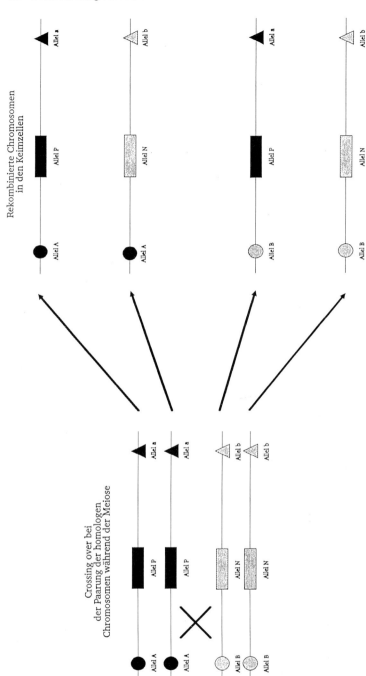

Abb. 3.19. Schematische Darstellung eines Crossing over zwischen dem Genlocus und den polymorphen Markerloci. Ein Crossing over während der Meiose rekombiniert die Kopplung der Allele des Genlocus mit den Markerloci und kann so zu Fehldiagnosen führen

der Kopplung zwischen den direkt erkennbaren Markerallelen auf. In dem Beispiel fände man nun die Markerallele A und b bzw. B und a zusammen auf einem Chromosom. In einem solchen Fall sind keine sicheren Rückschlüsse auf den Zustand des Genlocus möglich. Je nach Position der Rekombination könnte der neu entstandene Haplotyp A-N-b oder A-P-b sein. Stehen noch weitere Markerloci zwischen den Loci 1 und 2 bzw. zwischen 2 und 3 zur Verfügung, so ist es evtl. möglich zu entscheiden, auf welcher Seite des Genlocus die Rekombination stattgefunden hat, und so noch zu einer sicheren Diagnose zu kommen. Anderenfalls ist eine sichere Diagnose ausgeschlossen.

Zu einer Fehldiagnose durch Kopplungsanalyse kommt es jetzt nur dann, wenn 2 voneinander unabhängige Rekombinationsereignisse zwischen Locus 1 und 2 sowie zwischen 1 und 3, d.h. beidseits des Gens entstehen. Die Kopplung zwischen den Markerloci bleibt nun bestehen. Der gesamte Haplotyp ändert sich allerdings zu A-N-a bzw. zu B-P-b. Mit anderen Worten, der vorher mit dem gesunden Allel des Genlocus gekoppelte Markerhaplotyp B-b ist nun mit dem pathologischen Allel gekoppelt und umgekehrt.

Wenn jedes der Rekombinationsereignisse eine Wahrscheinlichkeit von etwa 1% hat, so ist nur in 0,01% der Fälle zu erwarten, daß beide Crossing-over bei derselben Meiose ablaufen. Die diagnostische Sicherheit steigt bei der Verwendung von Markerloci auf beiden Seiten des Genlocus damit von 99% auf 99,99%.

Aus den hier dargestellten Überlegungen ergibt sich, daß sich diagnostische Aussagen nur dann treffen lassen, wenn die Vaterschaft im individuellen Fall gesichert ist. Dies läßt sich prinzipiell entweder anamnestisch oder molekulargenetisch durch Zuhilfenahme des genetischen Fingerabdrucks (s. unten) klären. Außerdem müssen verschiedene Allele des Markerlocus jeweils an das gesunde bzw. an das pathologische Gen gekoppelt sein. Findet sich in der betroffenen Familie nur ein Allel des Markers, so lassen sich daraus keine indirekten Rückschlüsse auf den Zustand des Gens ziehen. Die Familie ist bezüglich dieses Markers nicht *informativ*. Für eine sinnvolle Erweiterung der indirekten molekulargenetischen Diagnostik vererbter Erkrankungen sind also Markerloci am besten geeignet, die bei möglichst vielen Überträgern in heterozygoter Form vorliegen.

Hypervariable Regionen (HVR)

Die oben beschriebenen einfachen RFLPs kommen in 2 allelen Formen vor, die durch das Vorhandensein bzw. durch das Fehlen einer Restriktionsstelle bestimmt werden. Wegen ihrer geringen allelen Vielfalt liefert ein solches dimorphes Markersystem in vielen Fällen keine informative Konstellation, so daß für spezifische diagnostische Zwecke mehrere einfache RFLPs bestimmt werden müssen. Darüber hinaus assoziieren sich nahe beieinander liegende RFLPs in einer Population oft zu einer geringen Zahl von Haplotypen, was die allele Vielfalt auch komplexerer polymorpher Systeme einschränkt. Aus diesem Grunde sind einzelne polymorphe Loci mit mehreren Allelen genetisch meist weitaus informativer und auch diagnostisch besser nutzbar.

3.2 Untersuchung von DNA

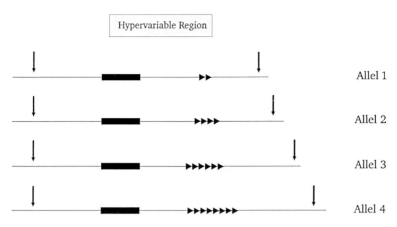

Abb. 3.20. Schematische Darstellung einer Hypervariablen Region (HVR). Das verwendete Restriktionsenzym spaltet die DNA an konstanten Stellen (↓). Dazwischen befinden sich jedoch repetitive Elemente (▶), die unterschiedlich oft hintereinandergeschaltet sein können und somit den Abstand zwischen den konstanten Restriktionsstellen und die Länge der entstehenden Fragmente verändern

Es gibt im menschlichen Genom Sequenzabschnitte, die sich aus kurzen Einzelelementen von wenigen Basenpaaren zusammensetzen. Diese Einzelelemente sind individuell unterschiedlich oft aneinandergereiht. Ihre Anzahl variiert oftmals stark, so daß es in einer Population nicht nur 2, sondern eine Vielzahl von Allelen dieses Locus gibt (Abb. 3.20). Ein Mensch ist darum nur selten homozygot für eines dieser Allele, sondern meist heterozygot für 2 verschiedene. Daher bezeichnet man diese Strukturen als *hypervariable Regionen* (HVR) oder auch als *variable number tandem repeats* (VNTR).

Das methodische und konzeptionelle Vorgehen unterscheidet sich hier nicht sehr von Analysen mit einfachen RFLPs. Man spaltet die DNA mittels Restriktionsenzymen an beiden Seiten der HVR, trennt die Fragmente der Größe nach in einem Agarosegel auf, fixiert die DNA im Gel nach Southern-Blot-Transfer auf einer Nylonmembran und hybridisiert mit der rekombinanten HVR als Gensonde. Anders als bei den einfachen RFLPs hängt die Länge des markierten Fragmentes aus der genomischen DNA dabei allerdings nicht von der Präsenz einer Restriktionsstelle, sondern von der Anzahl der repetitiven Elemente in der HVR zwischen 2 konstanten Restriktionsstellen ab. Es gibt somit nicht nur 2 Allele, wie bei den einfachen RFLPs, sondern so viele wie die unterschiedliche Anzahl der repetitiven Elemente. Viele HVRs haben mehrere 100 verschiedene Allele, so daß der limitierende diagnostische Faktor nicht so sehr die biologische allele Vielfalt des Locus, sondern eher das Auflösungsvermögen der Southern-Blot-Analyse ist. Praktisch ergibt sich daraus, daß in so gut wie jeder Familie mit einer HVR in der Nähe des pathogenetisch relevanten Genlocus das pathologische vom normalen Gen durch die Verwendung eines einzelnen polymorphen Markers unterschieden werden kann.

DNA-„Fingerabdruck"

Eine Variation bzw. Erweiterung der HVRs stellen Gensonden dar, mit denen sich eine Vielfalt von hypervariablen Markern unterschiedlicher genomischer Lokalisation gleichzeitig darstellen lassen. Gedanklich und auch experimentell geht das Konzept des *DNA-Fingerabdrucks* auf A. Jeffreys zurück. Das humane Myoglobingen enthält eine HVR, die sich aus verschieden oft wiederholten 33 bp langen Kerneinheiten zusammensetzt. Zwei Kopien dieser Kerneinheiten, Kopf-an-Schwanz aneinander ligiert, dienten Jeffreys als Sonden zur genomischen Klonierung verwandter repetitiver Sequenzen anderer genomischer Lokalisation. Zwei dieser Klone identifizieren im Southern Blot verdauter menschlicher DNA jeweils etwa 15 hochpolymorphe Banden zwischen 4 und 20 kb. Das so entstehende komplexe Bandierungsmuster wird nach den Mendelschen Regeln vererbt, d.h. jeweils die Hälfte der Banden stammt vom Vater bzw. von der Mutter (Abb. 3.21). Die Wahrscheinlichkeit, daß zwei Individuen ein identisches Bandierungsmuster besitzen, liegt hier rechnerisch bei weniger als 4×10^{-11}, wenn die beiden nicht verwandt sind, und anderenfalls bei $<4 \times 10^{-5}$. Zu bedenken ist jedoch, daß Abweichungen von dieser errechneten Wahrscheinlichkeit durch nichtzufällige Verteilungen der verschiedenen Allele in einer Population auftreten können. Die wichtigste praktische medizinische Anwendung dieser Methode liegt vermutlich in der Forensik. Das individuelle Bandierungsmuster ist derart spezifisch, daß der

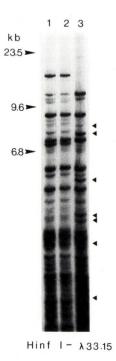

Abb. 3.21. Autoradiographie eines genetischen Fingerabdruckes von DNA nach Knochenmarkstransplantation. Spur 1 und Spur 2 enthält HinfI verdaute DNA isoliert aus dem Knochenmark eines Patienten mit akuter lymphatischer Leukämie vor bzw. nach der Transplantation. Spur 3 enthält die DNA des Knochenmarkspenders, eines HLA identischen Bruders des Patienten. Die Hybridisierung erfolgte mit einer der von A. Jeffreys entwickelten Gensonden (33.15). Die Pfeilspitzen auf der linken Seite zeigen die Position der auf dem Gel mitgeführten Größenmarker (siehe Abb. 3.12). Die Markierungen auf der rechten Seite (◄) zeigen die für den Spender spezifischen Banden, die beim Empfänger auch nach der Transplantation nicht zu finden sind. Das transplantierte Mark ist in diesem Fall somit nicht angegangen. (Freundlicherweise zur Verfügung gestellt von Dr. S. L. Thein, Institute for Molecular Medicine, University of Oxford, England.)

genetische Fingerabdruck den konventionellen um Größenordnungen an Spezifität übertrifft. Vaterschaftsnachweise oder Täteridentifizierungen sind insofern praktisch eindeutig möglich, da identische Bandierungsmuster rechnerisch nur einmal in 10^{11} Menschen, d. h. nur einmal in etwa 50mal der Zahl aller Bewohner der Erde vorkommen. Das methodische Instrumentarium zur Klärung verwandtschaftlicher Verhältnisse oder zur Personenidentifikation wurde damit revolutioniert. In manchen Ländern ist der genetische Fingerabdruck bereits als gerichtlich verwertbares Beweismittel zugelassen, obwohl dies wegen der im Detail noch nicht bekannten populationsgenetischen Verteilung der verschiedenen Allele noch kontrovers ist.

Außer für forensische Applikationen ist der genetische Fingerabdruck z. B. nach Knochenmarktransplantationen verwertbar, wenn es darum geht, das anwachsende Mark als das des Spenders oder als das des Empfängers zu identifizieren und somit einen frühen Anhalt für den Erfolg der Behandlung zu gewinnen (Abb. 3.21).

3.2.3 Puls-Feld-Gel-Elektrophorese (PFGE)

Zytogenetische, lichtmikroskopische Untersuchungen menschlicher DNA eignen sich zur Beurteilung numerischer und auch größerer struktureller Chromosomenaberrationen. Das Auflösungsvermögen liegt hier bei ca. 10000 kb, so daß kleinere Deletionen, Inversionen, Translokationen usw. nicht nachweisbar sind. Eine DNA-Analyse durch Southern Blotting erreicht ein Auflösungsvermögen von weniger als 1 kb. Der Nachteil dieser molekulargenetischen Diagnostik liegt jedoch in dem eingeschränkten beurteilbaren Ausschnitt. Die normale Agarose-Gelelektrophorese kann DNA-Fragmente mit einer Länge von über etwa 25 kb nämlich nicht mehr sicher voneinander trennen. Auch produzieren die meisten gebräuchlichen Restriktionsenzyme DNA-Fragmente mit einer Länge von weniger als 1 kb bis zu 20–30 kb. Die mittlere Länge liegt je nach Erkennungssequenz bei 0,5–4 kb. Mit einer einzelnen Gensonde läßt sich also nur die DNA-Anatomie in einem Bereich von maximal etwa 50 kb erfassen. Es ergibt sich daher auch bei einer Kombination zytogenetischer und molekulargenetischer Methoden der Genomanalyse ein großer Bereich, der unterhalb des Auflösungsvermögens der Chromosomenuntersuchung, aber oberhalb des erfaßbaren Ausschnitts des Southern Blotting liegt (Abb. 3.22). Die *PFGE* soll hier kurz beschrieben werden, da sie diesen nur schwer zugänglichen Bereich verkleinert.

Im Prinzip unterscheidet sich die PFGE nicht sehr vom Southern Blotting: Die DNA wird mit Restriktionsenzymen verdaut, die entstehenden DNA Fragmente durch Gelelektrophorese voneinander getrennt, auf einer Membran fixiert und mit einer Gensonde hybridisiert. Der Unterschied besteht in den verwendeten Restriktionsenzymen und in der Methode der Gelelektrophorese mit dem Ergebnis, daß DNA-Fragmente von mehr als 2000 kb identifiziert und aufgelöst werden können.

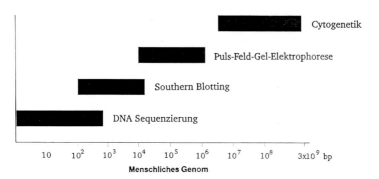

Abb. 3.22. Schematische Darstellung des Auflösungsvermögens zytogenetischer Methoden, der Puls-Feld-Gel-Elektrophorese, des Southern Blottings und der DNA Sequenzierung

Die hier verwendeten Restriktionsenzyme (z. B. NotI) haben lange Signalsequenzen von z. B. 8 Nukleotiden. Sie schneiden daher im Durchschnitt nur alle $4^8 \approx 65\,000$ bp, d.h. viel seltener als die sonst geläufigen Enzyme mit 6 Nukleotiden als Erkennungssequenz ($4^6 \approx 4000$ bp). Mit einer konventionellen Elektrophoresetechnik sind derart große Fragmente allerdings nicht mehr auflösbar.

Besondere elektrophoretische Bedingungen, bei denen der Strom pulsartig in verschiedene Richtungen läuft, dabei die Nettorichtung aber beibehalten wird, führen zu einem erheblich verbesserten Auflösungsvermögen großer DNA-Fragmente. Anwendungen der PFGE finden sich im Grenzbereich der molekulargenetischen und zytogenetischen anatomischen Genomuntersuchung, z. B. bei der revers genetischen Analyse der Mukoviszidose und der Muskeldystrophie vom Typ Duchenne (Kapitel 4.2).

3.2.4 Polymerase-Kettenreaktion (PCR)

Das in Kapitel 3.1 angeführte Rechenbeispiel demonstriert das allgegenwärtige Problem der DNA-Analyse: auch die größten Gene machen nur einen verschwindend kleinen Teil des gesamten Genoms aus. Die meisten molekulargenetischen Methoden erfordern daher einen nicht unerheblichen analytischen Aufwand. So ist die DNA-Klonierung bei allen bis hierher beschriebenen Methoden zur Anreicherung und Isolation bestimmter Sequenzen unabdingbar nötig. Die *Polymerase-Kettenreaktion* (*PCR* für polymerase chain reaction) führt enzymatisch und in vitro, d.h. ohne einen Zwischenschritt in Bakterien, zu einer exponentiellen *Amplifikation* eines definierten DNA-Fragmentes (Abb. 3.23). Die Potenz dieser Methode ist derart, daß sie die konventionelle DNA-Klonierung bei einer Reihe von Anwendungen bereits verdrängt hat. Die PCR ist eine der diagnostisch bedeutsamsten Neuerungen der molekulargenetischen Methodik der letzten Jahre.

Als Startmaterial benötigt man geringste Mengen humaner bzw. auch viraler genomischer DNA oder RNA, die nicht einmal unbedingt durch kon-

3.2 Untersuchung von DNA

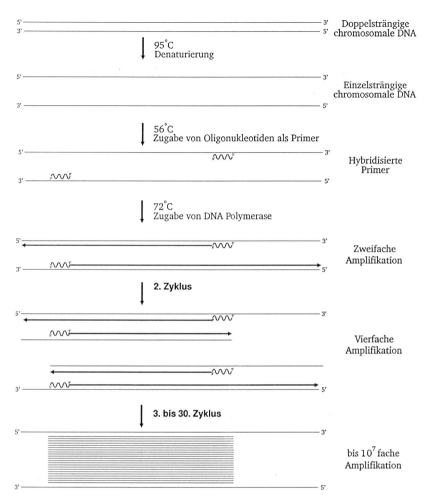

Abb. 3.23. Schematische Darstellung des Prinzips der Polymerase-Ketten-Reaktion (PCR). Ausgehend von der chromosomalen DNA kann unter Verwendung geeigneter Oligonukleotide als Primer und hitzestabiler DNA Polymerase in wenigen Stunden eine bis zu 10^7fache Amplifikation eines DNA Fragmentes erreicht werden, das sich auf dem Chromosom zwischen den beiden Primern befindet

ventionelle Methoden gereinigt werden müssen, sondern in Zellysaten enthalten sein können. Zur genomischen DNA werden kurze synthetische Oligonukleotide, etwa 20mere, zusammen mit einer hitzestabilen DNA-Polymerase (isoliert aus *Thermus aquaticus*, Taq-Polymerase) zugegeben. Die Sequenz der Oligonukleotide ist so gewählt, daß sich ihre jeweiligen komplementären Sequenzen in der Ziel-DNA auf den gegenüberliegenden Strängen der Doppelhelix in einer Entfernung von einigen 100 oder auch wenigen 1 000 Basenpaaren befindet. Als Vorinformation muß also die Nukleotidsequenz des zu amplifizierenden Fragmentes bzw. seiner unmittelbaren Nachbarschaft bekannt sein.

Die PCR ist ein sich wiederholender Dreischrittprozeß (Abb. 3.23). Im 1. Schritt wird die DNA durch Hitze denaturiert, d. h. einzelsträngig gemacht. Im 2. Schritt läßt man die im Überschuß vorliegenden Oligonukleotide durch Temperatursenkung an ihre komplementären Sequenzen hybridisieren, so daß die DNA an diesen Stellen nun wieder doppelsträngig vorliegt. Im 3. Schritt der Reaktion erkennt die DNA-Polymerase diese kurzen doppelsträngigen Elemente als Startsignale und beginnt, die benachbarte einzelsträngige DNA komplementär zum Doppelstrang in der $5'\rightarrow 3'$-Richtung zu ergänzen. Am Ende des 3. Schrittes, und damit des ersten Zyklus der PCR, ist die DNA dieser Region also verdoppelt worden. Durch Wiederholung dieser Zyklen läßt sich somit eine exponentielle Amplifikation der DNA zwischen den Oligonukleotiden erreichen.

Eine gewöhnlich ohne weiteres erreichbare 10^7fache Amplifikation eines 1 000 bp langen humanen genomischen DNA-Fragmentes bedingt, daß dies statt eines Anteils von weniger als einem Millionstel der Ausgangs-DNA nun mehr als 90% der Gesamt-DNA im amplifizierten Material ausmacht. Die PCR führt somit fast zu einer DNA-Klonierung in vitro und erlaubt die Anwendung molekulargenetischer diagnostischer Methoden, die sonst nur an rekombinanter DNA durchgeführt werden können. Dies schließt die direkte Sequenzierung (Kapitel 3.2.5) amplifizierter DNA ein. Außerdem erlaubt die PCR eine Untersuchung geringster Mengen biologischen Materials bis zu Einzelzellen. Auch müssen die untersuchten Proben nicht in exzellentem biochemischen Zustand sein: PCR-Analysen sind schon an jahrzehntealten paraffinfixierten histologischen Präparaten und am Gewebe ägyptischer Mumien erfolgreich durchgeführt worden.

Eine Beschränkung der PCR liegt in der maximalen Länge des amplifizierbaren Fragmentes, die in der Größenordnung von wenigen kb liegt. Außerdem erschwert die exponentielle Natur der Reaktion eine Quantifizierung der amplifizierten Sequenzen im Ausgangsmaterial. Die enorme Sensitivität und das exponentielle Prinzip der enzymatischen Reaktion ist einerseits der große Vorteil der Methode, macht sie andererseits aber auch ganz besonders empfindlich für Kontaminationen nur geringsten Ausmaßes. Wird die PCR z. B. eingesetzt, um DNA etwa von HIV oder Hepatitisviren in klinischen Proben zu entdecken, so reicht eine Kontamination eines einzigen Viruspartikels aus, um ein falsch positives Ergebnis zu produzieren. Sowohl bei der Probenentnahme als auch im Labor sind daher sorgfältige Vorkehrungen nötig, um derartige Fehler zu vermeiden.

Im folgenden sind 2 diagnostisch besonders wichtige und gut etablierte Methoden näher erläutert, die von PCR-amplifizierter genomischer DNA ausgehen.

3.2.4.1 Allel-spezifische Oligonukleotid-Hybridisierung (ASO)

Die DNA wird durch Wasserstoffbrückenbindungen zwischen den gegenüberliegenden Nukleotiden G und C bzw. A und T in ihrer charakteristischen doppelsträngigen Konfiguration gehalten (Kapitel 2.1.2). Dies gilt sowohl für

3.2 Untersuchung von DNA

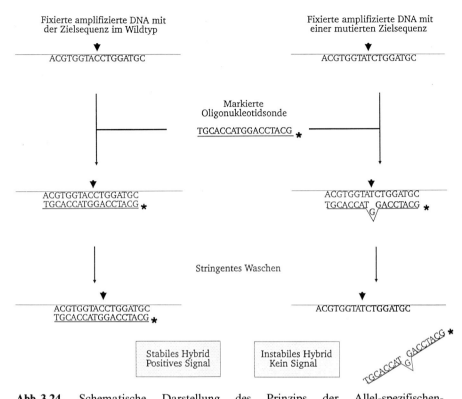

Abb. 3.24. Schematische Darstellung des Prinzips der Allel-spezifischen-Oligonukleotidhybridisierung. Eine einzige Punktmutation (Pfeilspitze) genügt, um die Hybridisierung einer markierten (*) Oligonukleotidsonde soweit zu destabilisieren, daß sie duch stringentes Waschen gelöst werden kann. Das vollständig zueinander passende DNA-Hybrid bleibt dagegen stabil und kann autoradiographisch sichtbar gemacht werden

die Situation in vivo als auch in vitro für an die Ziel-DNA hybridisierte Gensonden. Der Doppelstrang ist dabei um so stabiler, je besser die beiden Hybridisierungspartner zueinander passen. Bei Verwendung von radioaktiv markierten Oligonukleotidsonden führen einzelne, nicht paarbare gegenüberliegende Nukleotide zu einer deutlichen Destabilisierung des Hybrids. So können stringente experimentelle Bedingungen gefunden werden, die das Oligonukleotid mit dieser einzelnen Fehlpaarung von der Ziel-DNA lösen, ein vollständig komplementäres Hybrid jedoch doppelsträngig belassen. Diese differenzierten physiko-chemischen Eigenschaften der DNA macht man sich bei der *Allel-spezifischen Oligonukleotid-Hybridisierung* zunutze, um Punktmutationen in pathophysiologisch interessanten Genen eindeutig zu identifizieren (Kapitel 4.1 und 4.3). Abbildung 3.24 zeigt das Prinzip dieser Methode. Zunächst wird ein genomisches DNA-Fragment durch PCR amplifiziert, dann durch Hitze denaturiert und auf eine Nylonmembran aufgetragen (Dot Blotting). Die amplifizierte DNA wird so in einzelsträngiger Form auf der Membran fixiert und kann mit komplementären einzelsträngigen Sequenzen als Gensonden hybridisiert werden. Als Sonden dienen chemisch synthetisierte Oligonukleotide, die in 20 Nukleotiden Länge die Position der gesuchten Mutation und deren unmittelbare Nachbarschaft enthalten. Eines dieser Oligonukleotide entspricht dabei der normalen und ein anderes der mutierten Sequenz. Die beiden Oligonukleotide unterscheiden sich also an einer einzigen Stelle. Beide werden nun durch Anhängen eines radioaktiven Phosphatrestes (^{32}P) an ihrer 5'-Seite markiert und mit der fixierten Ziel-DNA hybridisiert. Anschließend werden die Membranen unter definierten Bedingungen bezüglich Temperatur und Salzkonzentration gewaschen, so daß nur solche Hybride stabil und auf der Membran fixiert bleiben, die 100%ig zueinander passen. Eine einzige Fehlpaarung führt dazu, daß die Sonde von der Membran abschwimmt. Eine Autoradiographie der Membran kann somit diejenigen Proben identifizieren, die mit der Sonde identische bzw. voll komplementäre Sequenzen enthalten. Ein Oligonukleotid mit der Normalsequenz wird also ein Signal mit homozygot normalen oder mit heterozygoten DNA-Proben geben. Analog gibt das mutierte Oligonukleotid mit einer homozygot mutierten sowie ebenfalls mit einer heterozygoten Probe ein Signal. Eine parallele Hybridisierung mit beiden Sonden erlaubt also eine eindeutige Bestimmung des Genotyps an dieser Stelle. Die diagnostische Sicherheit für die Identifikation einer bestimmten Mutation liegt also bei nahezu 100%.

Zu bedenken ist jedoch, daß eine solche Analyse nur eine Aussage über eine bestimmte Mutation an einer genau definierten Stelle erlaubt. Eine Mutation nur wenige Basenpaare entfernt oder eine andere Mutation an derselben Stelle wird nicht erkannt. Eine gewisse Vorsicht ist weiterhin noch bei der pränataldiagnostischen Anwendung dieser Methode geboten. Auch bei einer sauberen Präparation der Chorionzotte können kleine Mengen mütterlichen Gewebes erhalten bleiben. Sollte sich die mütterliche DNA im Verlauf der exponentiell ablaufenden PCR überproportional amplifizieren lassen, so sind Fehldiagnosen denkbar. Allerdings ist eine solche überproportionale Amplifizierung bisher noch nicht beschrieben worden.

Mögliche Anwendungen der Allel-spezifischen Oligonukleotid-Hybridisierung finden sich z. B. bei der Diagnostik ererbter Krankheiten bzw. deren Überträgerschaft, bei der Diagnostik von Infektionskrankheiten und auch bei der Untersuchung von somatischen Mutationen etwa im Rahmen der Tumorigenese (Kapitel 4.3 und 4.4).

3.2.4.2 Restriktionsanalyse PCR-amplizierter DNA

Analog der Southern-Blot-Analyse genomischer DNA kann auch amplifizierte DNA einer Restriktionsanalyse unterzogen werden, um Punktmutationen oder DNA-Polymorphismen zu erkennen. Dazu wird die DNA um die relevante Stelle herum durch die PCR amplifiziert, mit der gewünschten Restriktionsendonuklease verdaut und elektrophoretisch aufgetrennt (Abb. 3.25). Im Gegensatz zur Southern-Blot-Analyse genomischer DNA können die Frag-

3.2 Untersuchung von DNA 115

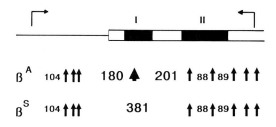

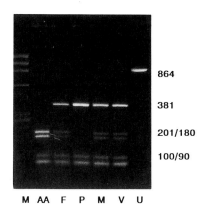

Abb. 3.25. Restriktionsanalyse PCR amplifizierter DNA am Beispiel der Sichelzellmutation. Das Schema zeigt den relevanten Teil des β Globingens (I und II: Exon 1 und Exon 2) mit den als Winkelpfeilen dargestellten Amplifizierprimern und den Restriktionsstellen des Enzyms DdeI mit der Erkennungssequenz CTNAG (↑). Die Sichelzellmutation zerstört die normale DdeI Restriktionsstelle im Codon 6 des normalen β Globin gens ($β^A$, dicker Pfeil). Das Ethidiumbromid gefärbte Agarosegel zeigt eine Pränataldiagnose zum Ausschluß der homozygoten Sichelzellanämie. Spur „U" enthält das unverdaute Amplifikationsprodukt mit 864 bp Länge, Spur „V" die DdeI verdaute DNA des heterozygoten Vaters, Spur „M" die der ebenso heterozygoten Mutter, Spur „P" die DNA des homozygoten Indexpatienten und Spur „F" die des Fetus. Spur „AA" zeigt die DdeI verdaute DNA einer normalen Kontrolle und „M" die Fragmente eines Größenmarkers. Bei der normalen Kontrolle (AA) sieht man nur die $β^A$-spezifischen Fragmente mit einer Länge von 201 und 180 bp sowie drei Fragmente von 104, 89, 88 bp. Einige noch kleinere Fragmente sind auf dem Agarosegel nicht mehr dargestellt. Beim homozygoten Indexpatienten (P) sieht man außer den konstanten Fragmenten um 100 bp nur das abnorme 381 bp Fragment. Bei den Eltern (V und M) und auch dem Fetus (F) finden sich sowohl das 381 bp als auch die 201/180 bp Fragmente. Der Fetus ist somit, wie seine Eltern, heterozygoter Überträger der Sichelzellmutation

mente nach der starken Amplifizierung direkt, d. h. ohne Hybridisierung mit radioaktiv markierten Gensonden, auf einem Ethidiumbromid-gefärbten Agarosegel sichtbar gemacht werden. Dadurch sinken Zeit- und Kostenaufwand erheblich. Außerdem wird eine klinische Routineanwendung einer Restriktionsanalyse grundsätzlich leichter, da keine Radioaktivität verwendet werden muß.

3.2.5 DNA-Sequenzierung

Die höchste Auflösung der DNA-Primärstruktur ergibt die Bestimmung der Reihenfolge der Nukleotide, die *DNA-Sequenzierung*. Nur nach einer Sequenzierung z. B. einer cDNA können Rückschlüsse auf die Aminosäuresequenz und die Sekundärstruktur des kodierten Proteins gezogen werden. Sie eröffnet damit nicht nur detaillierte Einblicke in die molekulare Anatomie, Physiologie und Pathophysiologie des menschlichen Genoms, sondern ist vor allem seit Einführung der PCR auch klinisch-diagnostisch nutzbar.

Obschon verschiedene Strategien zur Verfügung stehen, hat sich die *enzymatische Methode nach Sanger* fast universell durchgesetzt (Abb. 3.26). Diese soll hier in ihrem Prinzip beschrieben werden. Der konzeptionelle Kern liegt in der Fähigkeit der DNA-Polymerase, einzelsträngige DNA von einen doppelsträngigen Startpunkt (*Primer*) aus durch einen getrennten komplementären Strang zu einem Doppelstrang zu ergänzen. Die Syntheserichtung ist dabei von 5' nach 3' orientiert. Die DNA-Polymerase katalysiert also die Bildung des Phosphodiesters zwischen der 5'-Phosphat- und der 3'-OH-Gruppe der desoxy-Nukleotide (*dNTP*). Weiterhin ist die Fähigkeit der DNA-Polymerase entscheidend, auch natürlicherweise nicht vorkommende *di*desoxy-Nukleotidtriphosphate (*ddNTP*) als Substrat verwenden zu können. Diese sind nicht nur an der 2'-, sondern auch an der 3'-Position der Ribose desoxygeniert. Daher können sie zwar via ihres 5'-Phosphatrestes in eine wachsende DNA-Kette eingebaut werden, führen aber zum Abbruch der Kettenverlängerung, da ihnen die 3'-OH-Gruppe als Bindeglied zum Phosphat des nächsten Nukleotids fehlt.

Als Startmaterial benötigt man recht große Mengen, d. h. 2–3 µg isolierter und gereinigter DNA von einigen 100 bis wenigen 1 000 Basenpaaren, die entweder durch DNA-Klonierung oder durch die PCR gewonnen wird. Diese wird denaturiert und ein Primer in Form eines Oligonukleotids in unmittelbarer Nachbarschaft der zu bestimmenden Sequenzen angelagert. Bei rekombinanter DNA kann der Primer im Vektor direkt neben der Insertionsstelle der exogenen DNA liegen. Bei PCR-amplifizierter DNA kann eines der Oligonukleotide benutzt werden, das schon zur Amplifizierung diente. Diese DNA wird dann in 4 verschiedene Gefäße aufgeteilt, die jeweils alle 4 desoxy-Nukleotide, eines davon radioaktiv markiert, eine geringe Konzentration eines der 4 didesoxy-Nukleotide, ddATP, ddCTP, ddGTP oder ddTTP, und die DNA-Polymerase enthalten. Im Reaktionsgemisch mit ddATP entstehen so radioaktiv markierte DNA-Ketten unterschiedlicher Länge, deren Synthese jeweils beim Einbau eines ddATPs abgebrochen wurde und somit den Abstand vom Primer zu jedem eingebauten Adenosin anzeigen. Entsprechendes gilt für die anderen 3 Reaktionen mit ddCTP, ddGTP und ddTTP. Bei hochauflösender elektrophoretischer Trennung der in den 4 Reaktionen entstandenen Moleküle kann man nach Autoradiographie über die unterschiedliche Kettenlänge die relative Position der 4 Nukleotide zueinander in ihrer Sequenz bestimmen. Von einem Primer ausgehend kann man ca. 350–400 Basenpaare sequenzieren, manchmal auch mehr. Zur Sequenzierung weiter entfernt

3.2 Untersuchung von DNA

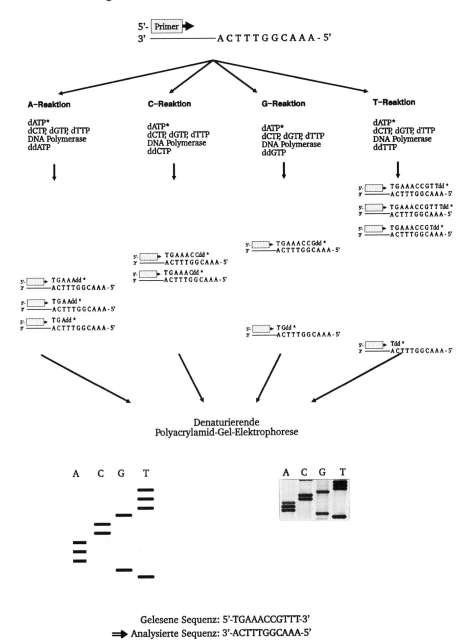

Abb. 3.26. Schematische Darstellung und Autoradiographie einer DNA Sequenzierung. Ein etwa 20 bp langes Oligonukleotid (Primer) wird in unmittelbarer Nachbarschaft zur interessierenden DNA hybridisiert, so daß ein Ansatzpunkt für die DNA Polymerase entsteht. Das dATP ist radioaktiv markiert (*)

liegender DNA muß man entweder die neugewonnene Information zur Synthese neuer Primer-Oligonukleotide verwenden oder verschiedene, sich in ihrer exogenen DNA überlappende Rekombinante schaffen, die vom selben Primer aus sequenziert werden.

3.3 Untersuchung von RNA

Will man über die molekulare Anatomie hinaus die Funktion von Genen untersuchen, so benötigt man Informationen über die Art und Menge der gebildeten RNA in einem bestimmten Gewebe. Die medizinisch relevanten Anwendungen der *RNA-Analyse* erstrecken sich zur Zeit auf Untersuchungen der Genphysiologie bzw. -pathophysiologie. So vermitteln Genexpressionstudien z. B. Einblicke in die Rolle von Onkogenaktivierungen bei der Tumorigenese, in die Mechanismen der Medikamentenresistenz maligner Tumore, der Eisenhomöostase, der Auswirkungen von Punktmutationen bei vererbten Erkrankungen oder der Wirkung viraler Integration auf die Wirtszelle.

3.3.1 Northern Blotting

Das Prinzip des *Northern Blotting* unterscheidet sich nicht sehr von dem des Southern Blotting. Die Analogie dieser beiden Methoden drückt sich mit einem gewissen Humor auch in der Namensgebung aus. Ziel des Northern Blotting ist es, die Länge und auch die Menge einer RNA zu bestimmen, die Homologien mit einer bestimmten Gensonde aufweist.

Dazu wird die RNA zunächst aus dem Gewebe isoliert. Methodisch ist dies aufwendiger und störanfälliger als die Isolation von DNA. Dies liegt einmal daran, daß die einzelsträngige RNA in besonderem Maße nukleaseempfindlich ist. Das heißt, die Integrität des RNA-Moleküls wird durch eine einzige Hydrolyse einer Phosphodiester-Bindung unmittelbar zerstört, während ein einzelsträngiger Bruch der DNA zunächst durch den intakten gegenüberliegenden Strang „geschient" wird. Weiterhin ist die Ribonuklease ein überaus stabiles Enzym und nur sehr schwer zu inaktivieren, während die Desoxy-Ribonuklease sehr empfindlich ist.

Die isolierte RNA wird dann, ähnlich wie die verdaute DNA beim Southern Blotting, ihrer Größe nach elektrophoretisch aufgetrennt, nach kapillärem Transfer vom Gel auf einer mechanisch stabilen Membran fixiert, mit einer markierten Gensonde hybridisiert und nach stringentem Waschen autoradiographiert (Abb. 3.27). Das entstehende Signal gibt Aufschlüsse über die Länge und die Menge des Transkriptes in dem jeweiligen untersuchten Gewebe. Das Northern Blotting eignet sich somit als orientierende qualitative und quantitative Untersuchung der RNA-Expression (S. 49, 55, 183). Für spezielle Anwendungen stehen spezifischere Methoden, wie der *S1-Nuklease-* und der *RNase-Protektionsassay* zur Verfügung, die hier allerdings nur mit ihrem Namen genannt sein sollen.

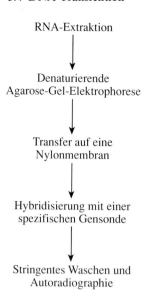

Abb. 3.27. Flußdiagramm des Northern Blotting

3.4 DNA-Transfektion

Manche wichtigen Aufschlüsse über die Genfunktion bzw. über die Auswirkung spezifischer anatomischer Veränderungen kann man nur dann gewinnen, wenn rekombinante DNA in *eukaryonten Fremdzellen*, wie kultivierten Zellinien oder Hefezellen, zur Expression gebracht wird. Dazu gehören die Untersuchung der Genregulation, bzw. die Identifikation von Steuerregionen, die Analyse der biochemischen Relevanz von Aminosäuresubstitutionen in pharmakologisch und auch physiologisch wichtigen Proteinen sowie Anwendungen in der Biotechnologie. Wenn natürlicherweise vorkommende Variationen, wie etwa die Punktmutationen bei vererbten Erkrankungen zur Lösung einer biologisch/medizinisch relevanten Fragestellung nicht herangezogen werden können, dann ist die Expression von Genen unter experimentellen Bedingungen das Verfahren, welches physiologischen Verhältnissen am nächsten kommt. Darüber hinaus bietet ein experimentelles System grundsätzlich den Vorteil, gezielt angebrachte Veränderungen einer Variablen unter konstanten sonstigen Bedingungen systematisch zu untersuchen.

Beispielsweise stammen die meisten Erkenntnisse über gewebespezifische und ontogenetische Genregulationsmechanismen aus solchen Experimenten. Auch bietet dieser Ansatz die Möglichkeit, die physiologische bzw. pathophysiologische Rolle einzelner Sequenzelemente, wie etwa in den Promotoren oder in den Spleißsignalen, zu beurteilen. In diesem Kapitel sollen einige methodische Prinzipien dieses experimentellen Ansatzes dargestellt werden.

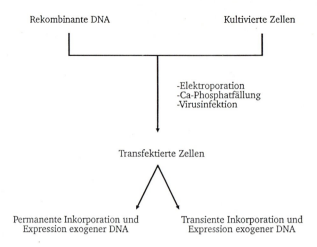

Abb. 3.28. Flußdiagramm der Expression exogener DNA nach Transfektion eukaryonter Zellen

Eine Grundvoraussetzung für die Expression fremder Gene in einer eukaryonten Zelle ist es, die exogene DNA in die kultivierte Zelle einschleusen zu können (Abb. 3.28). Den Begriff der *Transfektion* hat man gewählt, um diesen Vorgang auch sprachlich von der Transformation prokaryonter Zellen abzugrenzen (Kapitel 3.1.1).

Grundsätzlich unterscheidet man nun zwischen einer *transienten* Transfektion einerseits, bei der die exogenen Gene nur für einige Stunden in der Zelle verbleiben und exprimiert werden, und einer *permanenten* Transfektion andererseits, bei der die exogene DNA stabil in das Wirtsgenom integriert wird. Die Vorteile der Analyse transient inkorporierter und exprimierter exogener DNA liegen in der kurzen benötigten Zeit sowie der leichten experimentellen Reproduzierbarkeit. Außerdem entfallen nichtkontrollierbare Einflüsse, die von benachbart liegender endogener DNA ausgehen. Allerdings sind transiente Expressionsexperimente unbrauchbar, wenn das Verhalten von Genen über längere Zeit beobachtet werden soll. Auch fehlt bei der transienten Inkorporation die Einbindung der DNA in das Chromatin, so daß sicher nicht alle Ebenen der Genregulation experimentell erfaßt werden können.

Eine permanente Transfektion setzt in aller Regel voraus, daß ein Selektionsmarker an die exogene DNA gekoppelt wird. Das Prinzip ist dem der antibiotischen Selektion im Rahmen der bakteriellen Transformation ähnlich (Kapitel 3.1.1). Ein häufig verwendeter Marker ist das Neomycin-Acetyl-Transferase-Gen, dessen Aktivität eine eukaryonte Zelle gegen das Neomycinanalogon G418 resistent macht (Neomycinselektion). Wird die Kultur nun dem Selektionsdruck ausgesetzt, so überleben nur die Zellen, die den Selektionsmarker und die daran gekoppelte exogene DNA stabil inkorporiert haben. Die exogene DNA ist nach dem Selektionsvorgang in das Chromatin der Wirtszelle eingebaut und unterliegt damit einigen ihrer physiologischen Regu-

3.4 DNA-Transfektion

lationsmechanismen. Bisher verfügbare Standardmethoden führen allerdings zur zufällig verteilten Inkorporation in verschiedene Bereiche des Wirtsgenoms, so daß spezifische, nur lokal wirksame Regulationsebenen entweder nicht erfaßt werden oder unkontrolliert und unphysiologisch auf die exogene DNA wirken. Aufgrund dieser Beschränkungen der permanenten Transfektion bemühen sich einige Arbeitsgruppen, Methoden zu entwickeln, die zur gezielten Inkorporation der exogenen Gene an seine physiologische Stelle im Genom führen (*gene targeting*). Eine derart spezifische Transfektion würde die exogene DNA allen wesentlichen physiologischen Regulationsmechanismen der Wirtszelle unterwerfen. Die Entwicklung dieser Methoden befindet sich z.Z. noch im experimentellen Stadium und ist für die Bearbeitung vieler Fragestellungen zu aufwendig bzw. nicht geeignet.

Wenn exogenes Material in eine eukaryonte Zelle eingebracht werden soll, dann stellt die Plasmamembran die entscheidende Barriere dar (Abb. 3.28). Diese kann entweder durch Pino/Phagozytose oder auch durch eine transiente physikalische Schädigung überwunden werden. Methodisch sind heute je nach verwendetem Zelltyp eine der folgenden Verfahren der Transfektion am gebräuchlichsten. Bei der *Kalziumphosphat-Fällung* wird die exogene DNA mit dem Salz kopräzipitiert. Man läßt das $CaPO_4$-DNA Präzipitat sich auf einer adhärent wachsenden Zellinie absetzen, woraufhin es von einem Teil der Zellen durch Phagozytose inkorporiert wird.

Die *Elektroporation* verwendet man vorzugsweise bei Zellinien, die mittels $CaPO_4$-Fällung nicht effizient transfektierbar sind. Dabei handelt es sich meist um in Suspension wachsende Zellen. Hier wird die Zellmembran durch einen Elektroschock subletal geschädigt, so daß das umgebende Medium samt darin gelöster DNA passiv in die Zellen eindringt. Nach kurzer Zeit kommt es dann zur Reparation der Membrandefekte.

Sowohl die $CaPO_4$-Fällung als auch die Elektroporation erreichen eine Transfektionseffizienz von meist nicht mehr als 10^{-4}, d.h. nur etwa 1 in 10 000 Zellen nimmt die exogene DNA auf. Dies reicht für viele experimentelle Fragestellungen aus, zumal sehr empfindliche Methoden der RNA-Analyse zur Verfügung stehen. Diese Effizienz ist jedoch unzureichend, wenn es darauf ankommt, möglichst alle angebotenen Zellen zu transfektieren. Dies ist beispielsweise bei Versuchen der Fall, Knochenmarkzellen mit einem exogenen therapeutischen Gen zu rekonstituieren (Kapitel 5.3.1). Ein analoges Problem stellte sich bei der bakteriellen Transformation, bei der die passive Aufnahme von Plasmiden für einige Anwendungen nicht ausreicht. Dort macht man sich den aktiven Infektionsmechanismus von Bakteriophagen und hier von adaptierten Viren zu Nutze. Diese erreichen auch als Rekombinante eine Transfektionseffizienz von nahe 100 %. Einschränkungen der Anwendbarkeit vieler Viren als Transfektionsvektoren ergeben sich aus theoretischen Erwägungen über ihre biologische Sicherheit und aus ihrer oft geringen Kapazität für exogene DNA. Dagegen hat das in der Biotechnologie oft verwendete Vaccinia-Virus eine Kapazität von etwa 100 kb exogener DNA. Für viele Genexpressionsstudien ergibt sich allerdings das Problem, daß dieses Virus den Zellmetabolismus erheblich stört.

3.5 Transgene Tiere

Viele der komplexen ontogenetischen und gewebespezifischen Regulationsvorgänge der Genexpression können in Zellinien nicht ausreichend untersucht werden. Ein zur Zeit experimentell noch recht aufwendiger Ansatz besteht darin, exogene DNA in einzelne befruchtete Eizellen z. B. von Mäusen einzubringen (Abb. 3.29). Dabei bedient man sich mikrochirurgischer Verfahren: die Eizelle wird unter direkter mikroskopischer Sicht durch sanften Sog an einer Kapillare fixiert und die DNA durch eine andere Kapillare direkt in den Zellkern injiziert. Es kommt daraufhin zur stabilen Integration der exogenen DNA, des Transgens, in das Wirtszellgenom. Wird die manipulierte Gamete nun in den Uterus des Wirtstieres zurückverpflanzt, so läßt sich die Expression des fremden Gens nach Geweben getrennt zu verschiedenen Stadien der Ontogenese untersuchen. Experimenten dieser Art verdanken wir vieles von dem, was wir über die Abläufe der Genexpression während der Entwicklung wissen, weil sie den physiologischen Verhältnissen als Modell wohl am nächsten kommen. Einschränkend ist allerdings anzumerken, daß es auch hier zur zufälligen Lokalisation der DNA im Wirtsgenom kommt. Regulationsmechanismen, die von lokalen Faktoren, d. h. von der normalen bzw. neuen Nachbarschaft des untersuchten Gens abhängen, werden somit auch hier nicht erfaßt bzw. stören die Interpretation der gewonnenen Daten.

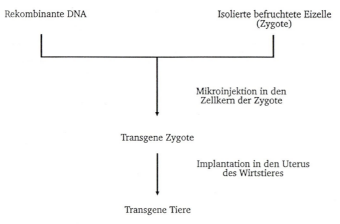

Abb. 3.29. Flußdiagramm zur Entstehung transgener Tiere

Eine wichtige Anwendung transgener Tiere in der medizinischen Forschung besteht in der Entwicklung von Tiermodellen für menschliche Erkrankungen. Die pathophysiologisch relevanten Gene werden dabei in das Wirtstier gebracht und dort ontogenetisch und gewebespezifisch korrekt exprimiert. In vielen Fällen prägt das Tier dann die menschliche Erkrankung aus und kann beispielsweise physiologisch, pathologisch oder pharmakologisch untersucht werden.

4 Klinische Molekularbiologie

4.1 Monogene Erkrankungen am Beispiel der Thalassämiesyndrome

Bei den *Thalassämien* handelt es sich um quantitative Störungen der Hämoglobinsynthese und weltweit wohl um die häufigsten Einzelgendefekte überhaupt. Der Name leitet sich vom griechischen „τηαιασσα" (thalassa), das Meer, ab und bezieht sich auf die weite Verbreitung der Thalassämiesyndrome im Mittelmeerraum. Außerdem kommen die Thalassämien häufig in Westafrika und in weiten Teilen Asiens vor. 3% der Weltbevölkerung, d.h. etwa 150 Millionen Menschen, tragen ein β-Thalassämiegen. Durch die Zuwanderung von Menschen aus diesen Gebieten nach Nordwesteuropa ist die klinische Bedeutung dieser Erkrankungen auch hier erheblich gestiegen. In der Bundesrepublik Deutschland ist die geschätzte Inzidenz der homozygoten β-Thalassämie der der Phenylketonurie vergleichbar. Die Thalassämiesyndrome werden hier aber auch deshalb so ausführlich beschrieben, weil sie als Modell für die molekulare Pathologie von Einzelgendefekten überhaupt dienen können. Der Weg vom Gen zum Protein (Kapitel 2.3) kann bei den Thalassämien auf allen Stufen gestört sein. Analogien zu den Thalassämiesyndromen könnten eine Suche nach klinisch wertvollen prognostischen Faktoren auch bei anderen Erkrankungen, wie etwa der Mukoviszidose, erleichtern.

4.1.1 Struktur und Ontogenese des Hämoglobins

Die *Hämoglobine* sind tetramere Proteine, die aus 2 Paaren von Globinketten bestehen (Tabelle 4.1). Im normalen adulten Hämoglobin sind dies die α-

Tabelle 4.1. Die physiologischen und einige pathologische menschliche Hämoglobine

Namenskürzel	Globinketten	Vorkommen
HbA	$\alpha_2\beta_2$	$\approx 97\%$ des normalen Hb beim Erwachsenen
HbA$_2$	$\alpha_2\delta_2$	$\approx 2,5\%$ des normalen Hb beim Erwachsenen
HbF	$\alpha_2\gamma_2$	Fetales Hb, $\approx 0,5\%$ beim Erwachsenen
Hb Gower-1	$\zeta_2\varepsilon_2$	Embryonales Hb
Hb Gower-2	$\alpha_2\varepsilon_2$	Embryonales Hb
Hb Portland	$\zeta_2\gamma_2$	Embryonales Hb
Hb Bart's	γ_4	Abnormes fetales Hb bei α Thalassämie
Hb H	β_4	Abnormes adultes Hb bei α Thalassämie

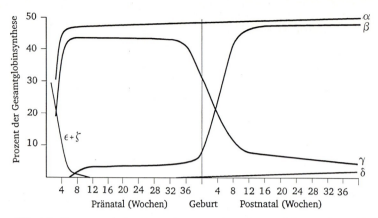

Abb. 4.1. Ontogenetische Veränderungen der Hämoglobinsynthese. Während der ersten sechs Schwangerschaftswochen kommt es zum Umschalten von der embryonalen zur fetalen und perinatal zum Umschalten von der fetalen zur adulten Globinsynthese

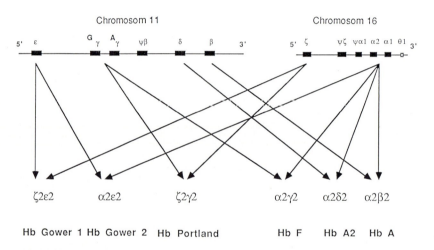

Abb. 4.2. Genetische Kontrolle der normalen Hämoglobinsynthese. Zwei α oder α-ähnliche Globinketten, kodiert auf dem kurzen Arm des Chromosoms 16, verbinden sich mit zwei β oder β-ähnlichen Ketten, die auf dem kurzen Arm des Chromosoms 11 kodiert sind. Hb Gower 1 und Hb Gower 2 sowie Hb Portland sind embryonale Hämoglobine. Das HbF findet sich in großen Mengen beim Feten und postnatal nur in Spuren. Hb A und HbA$_2$ machen >97% bzw. ≈2,5% des adulten Hämoglobins aus

Ketten mit je 141 und die β-Ketten mit je 146 Aminosäuren. Das kombinierte Molekulargewicht beträgt 64 000. Jede der 4 Untereinheiten ist jeweils mit einem Histidin an Position 87 bzw. 92 kovalent an das Ferroprotoporphyrin *Häm* als Ligand gebunden.

Die Kontrolle des Hämoglobingehalts im Blut erfolgt durch die Stimulation der Zellteilung von erythroiden Vorläuferzellen im Knochenmark durch

4.1 Thalassämiesyndrome als Beispiel monogener Erkrankungen

Erythropoetin, das seinerseits durch die Sauerstoffkonzentration im Blut geregelt wird.

Insgesamt erlaubt die detaillierte Kenntnis des Proteins weitreichende und klinisch höchst relevante Einblicke in die Physiologie des Sauerstofftransports und anderer Funktionen des Blutes. Beim Hämoglobin konnten die meisten biochemischen und physiologischen Erkenntnisse schon lange vor der Klonierung der Globingene gewonnen werden, da das Protein ohne weiteres und in großen Mengen isoliert werden konnte.

Für ein pathophysiologisches Verständnis der Thalassämiesyndrome benötigt man Kenntnisse über die Veränderungen der Hämoglobinsynthese während der Ontogenese (Abb. 4.1 und 4.2). Die embryonalen Hämoglobine werden von der 3.–8. Schwangerschaftswoche im Dottersack produziert. Um die 8. Woche wird die Leber der wichtigste Produktionsort für das dann fast ausschließlich gebildete *HbF*. Gegen Mitte der Schwangerschaft übernehmen zunächst die Milz und dann auch das Knochenmark zunehmend die Erythropoese, bis das Knochenmark etwa in der 6. Woche nach der Geburt das einzige normale Gewebe der Blutzellbildung ist. *HbA* wird in kleinen Mengen schon sehr früh in der Entwicklung gebildet. In der 6. Schwangerschaftswoche macht es etwa 7% des gesamten Hämoglobins aus. Die HbA-Synthese steigt danach allmählich bis zur Geburt an, bis es dann zu einem plötzlichen Umschalten von der bis dahin überwiegenden HbF- zur HbA-Synthese kommt. Nach der Geburt kommt es so zu einem exponentiellen Abfall des HbF im peripheren Blut, bis es im Alter von 4 Jahren gewöhnlich unter 1% liegt. Aus diesen ontogenetischen Veränderungen ergibt sich, daß eine β-Thalassämie, d. h. eine Störung der β-Globinkettensynthese sich erst nach der Geburt manifestiert, wenn die HbF-Synthese abgeschaltet wird und keine β-Ketten für die Synthese von HbA zur Verfügung stehen. Eine Störung der α-Kettensynthese beeinträchtigt dagegen die HbF-Synthese und damit die normale fetale Entwicklung. Bei völligem Fehlen von α-Ketten kommt es zu einer schweren intrauterinen Anämie und zum Hydrops fetalis.

4.1.2 Pathogenese der Thalassämiesyndrome

Auf zellulärer Ebene gibt es eine ganze Reihe von Ursachen, die bei der Thalassämie letztlich zur Anämie führen. Zunächst ergibt sich aus der verminderten Globinkettensynthese natürlich ein Mangel an Substrat für die normale Hämoglobinisierung der Erythrozyten. So finden wir auch bei heterozygoten Überträgern der β-Thalassämie die für die *Thalassaemia minor* typische mikrozytäre, hypochrome Anämie. Bei homozygot erkrankten Patienten kommt wesentlich hinzu, daß nicht nur die betroffene Kette zu wenig, sondern die nicht betroffene Kette relativ zu viel gebildet wird (Abb. 4.3). Bei der β-Thalassämie entsteht somit ein Überschuß an α-Ketten, die ohne ihren physiologischen Bindungspartner lichtmikroskopisch sichtbare, unlösliche Aggregate miteinander bilden und schon in den erythroiden Vorläuferzellen des Knochenmarks ausfallen. Sie schädigen die Zellmembran, führen zum vorzeitigen Untergang der Vorläuferzellen noch im Knochenmark und somit zur ineffek-

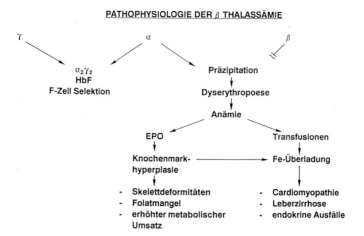

Abb. 4.3. Schematische Darstellung der Pathogenese der β Thalassämie

tiven Erythropoese und einer in der Regel transfusionsbedürftigen Anämie. Diese führt ihrerseits zu einer Knochenmarkshyperplasie und über noch ungeklärte Mechanismen zu einer erhöhten Eisenresorption im Dünndarm. Dadurch kommt es zur Eisenüberladung (Hämosiderose).

Bei der α-Thalassämie bilden die γ-Ketten im fetalen Blut physiologisch funktionslose Tetramere, das Hb Bart's. Bei der schwersten Form der α-*Thalassämie* finden sich große Mengen dieses Hämoglobins im Nabelvenenblut (*Hb Bart's Hydrops fetalis*). Auch bei den nicht so schwer verlaufenden α-Thalassämiesyndromen finden sich elektrophoretisch sichtbare Mengen von Hb Bart's, die diagnostisch verwendet wurden, bevor man über die eindeutigeren molekulargenetischen Methoden der α-Thalassämiediagnostik verfügte (s. unten).

Bei den milderen α-Thalassämieformen bilden die nach der Geburt gebildeten β-Ketten Tetramere, das *HbH*, die ebenfalls schlechter löslich sind als das normale HbA. HbH schädigt die Zellmembran allerdings nicht so stark, daß es schon im Knochenmark, sondern erst in der Peripherie zu einer Zellzerstörung kommt. Die HbH-Krankheit ist daher durch eine ausgeprägte hämolytische Anämie gekennzeichnet. Dyserythropoetische Veränderungen des Knochenmarks, wie bei der β-Thalassämie, finden sich hier nicht. Die primären Veränderungen der Thalassämiesyndrome sind also durch die gestörte Hämoglobinsynthese und insbesondere durch das Ungleichgewicht der Globinketten bestimmt. Dazu kommen sekundäre Faktoren, die zur Anämisierung des Thalassämiepatienten beitragen (Folsäuremangel, Hypersplenismus). Die logische Therapie der β-Thalassämie besteht in regelmäßigen Erythrozytentransfusionen. Die dadurch und durch die verstärkte Eisenresorption bedingte Siderose muß mit Eisenchelatbildnern behandelt werden. Die einzige kurative Möglichkeit besteht bei der Thalassämie in der Knochenmarkstransplantation. Allerdings ist die Mortalität bei diesem Therapiekonzept noch recht hoch, und es finden sich insbesondere nicht bei allen Patienten passende Spender.

Bei vielen Erkrankungen fehlt uns aufgrund mangelnder Kenntnis der pathophysiologischen Zusammenhänge ein durchgreifendes Therapiekonzept. Das Beispiel der Hämoglobinopathien zeigt aber auch, daß eine detaillierte Kenntnis der molekulargenetischen und pathogenetischen Zusammenhänge nicht unbedingt zu einer raschen Entwicklung einer kausalen Therapie des molekularen Defektes führen muß. Trotz aller Fortschritte läßt sich die Hämoglobinsynthese bei der Thalassämie selbst noch nicht positiv beeinflussen.

4.1.3 Molekulare Basis der Thalassämie

Die *molekulare Basis* der Thalassämiesyndrome soll hier detailliert geschildert werden, um Prinzipien der Genexpression an diesem gut untersuchten und relativ einfachen System zu erläutern. Man hat heute guten Grund für die Annahme, daß andere genetische Erkrankungen, deren molekulare Basis bislang noch nicht oder weniger gut bekannt sind, denselben Prinzipien folgen. Eine Kenntnis der Thalassämiesyndrome eröffnet daher wahrscheinlich den Zugang zu vielen anderen medizinisch relevanten Störungen der Genexpression. Insofern ist das molekulare Verständnis der Thalassämie auch für den nicht primär hämatologisch interessierten Arzt von Bedeutung.

Grundsätzlich resultieren alle Formen der Thalassämie aus einer Störung auf dem Weg von den Globingenen zum reifen Hämoglobin. Dabei kann die Transkription durch Deletion des Gens selbst oder durch Punktmutationen in den Steuerelementen, z. B. dem Promotor, betroffen sein. Spleiß- und Poly-A-Signalmutationen führen zur abnormen Reifung der mRNA. Vorzeitige Signale für den Abbruch der Translation (Nonsense-Mutationen) bedingen Störungen der Peptidsynthese und möglicherweise des nukleo-zytoplasmatischen mRNA-Transports. Letztlich können Punktmutationen in den kodierenden Bereichen zu Aminosäuresubstitutionen führen (Missense-Mutationen). Diese müssen nicht unbedingt pathologische Relevanz haben, können aber auch die Synthese funktionell abnormen (Beispiel Sichelzellmutation) oder sehr instabilen Proteins und damit die Thalassämie zur Folge haben.

4.1.3.1 α-Thalassämie

Die α-Globingene finden sich in einem Genkomplex auf dem kurzen Arm des Chromosoms 16 in Nachbarschaft des embryonalen, α-ähnlichen ζ-Globingens (Abb. 4.2). Wesentlich ist, daß es im Gegensatz zum β-Globingen 2 anatomisch eng benachbarte funktionelle α-Globingene gibt, die identische Globinketten von 141 Aminosäuren kodieren. Das diploide menschliche Genom enthält also 4 α-Globingene. Das klinische Bild der α-Thalassämie hängt im wesentlichen von der Anzahl der noch funktionierenden α-Globingene ab. Das Spektrum umfaßt den intrauterinen Fruchttod bei einer Inaktivierung aller 4 α-Globingene (Hb Bart's Hydrops fetalis), die *Thalassaemia intermedia* bei der Inaktivierung von 3 Genen (HbH-Krankheit), die *Thalassaemia minor* bei noch 2 funktionierenden α-Globingenen und eine klinisch und hämatologisch nicht faßbare Form bei erhaltener Funktion von 3 α-Globingenen. Die molekulare Pathologie der α-Thalassämie ist ähnlich der β-Thalassämie heterogen und umfaßt sowohl Deletionen als auch Punktmutationen.

Molekulare Anatomie des α-Globingenkomplexes

Die α-Globingene sind an der Spitze des kurzen Arms des Chromosoms 16 in der zytogenetisch definierten Region 16p13.1-pter lokalisiert. Der α-Globingenkomplex umfaßt 2 duplizierte α-Globingene (α2 und α1), ein embryonales α-ähnliches Globingen (ζ2), 3 Pseudogene ($\psi\alpha1$, $\psi\alpha2$, $\psi\zeta1$) und ein Gen mit noch nicht geklärter Funktion (θ1). Die Anordnung dieser Gene zueinander ist 5'-ζ2-$\psi\zeta1$-$\psi\alpha2$-$\psi\alpha1$-α2-α1-θ1-3' auf insgesamt etwa 30 kb DNA (Abb. 4.2).

Die Mitglieder der α-Globingenfamilie enthalten 3 Exons und 2 Introns, sind mit weniger als 2 kb ähnlich klein wie die Gene im β-Globingenkomplex und haben sich im Verlauf der Evolution wahrscheinlich aus einer Serie von Genduplikationen entwickelt. Die funktionellen ζ- und α-Globingene zeigen beim Menschen aber nur noch eine 58%ige Homologie in ihren 141 kodierten Aminosäuren. Die beiden α-Globingene ähneln sich allerdings so stark, daß sie identische Peptide kodieren und sich nur etwas in ihren nichtkodierenden Abschnitten unterscheiden. Bemerkenswert ist, daß das weitere 5' gelegene α2 etwa 70% und das α1-Globingen nur 30% der gesamten mRNA- und Protein-Expression dieser beiden Gene ausmacht. Das α2 Gen dominiert also über α1. Diese unterschiedliche Expression hängt wahrscheinlich von der Topologie der Gene in der dreidimensionalen Struktur des Chromatins oder von deren Verhältnis zu einem übergeordneten Steuerelement ab.

Molekulare Pathologie der α-Thalassämie

In den allermeisten Fällen wird die α-Thalassämie durch Deletionen eines oder beider α-Globingene verursacht. Manche Mechanismen der Deletionsentstehung leiten sich aus der molekularen Anatomie des Genkomplexes ab. Die beiden α-Globingene (αα) liegen jeweils innerhalb einer ca. 4 kb langen Sequenz, bei denen in der Evolution zwei verschiedene Sequenzelemente, die X- und die Z-box, bemerkenswert gut erhalten geblieben sind (Abb. 4.4). Zwischen diesen homologen Sequenzelementen können während der Meiose Rekombinationsereignisse auftreten. Je nach den Bruchpunkten dieser Rekombinationsereignisse kommt es zu einer Deletion von 3,7 kb ($-\alpha^{3,7}$) oder von 4,2 kb ($-\alpha^{4,2}$) (Abb. 4.4). Beide Läsionen führen zur Deletion nur eines der beiden gekoppelten α-Globingene (α^+-Thalassämie). Es ist bemerkenswert, daß die unterschiedlich hohe Expression der beiden α-Globingene im normalen αα-Genarrangement bei den Deletionen fast aufgehoben ist. Phänotypisch unterscheiden sich die $-\alpha^{3,7}$- und die $-\alpha^{4,2}$-Deletionen daher kaum.

Die heterozygote Vererbung einer α^+-Deletion beläßt der Zelle 3 funktionelle α-Globingene und ist für den Träger meist bedeutungslos und hämatologisch nicht sicher zu diagnostizieren. Eine homozygote α^+-Thalassämie mit 2 funktionellen α-Globingenen führt meist zu einer leichten, klinisch kompen-

4.1 Thalassämiesyndrome als Beispiel monogener Erkrankungen

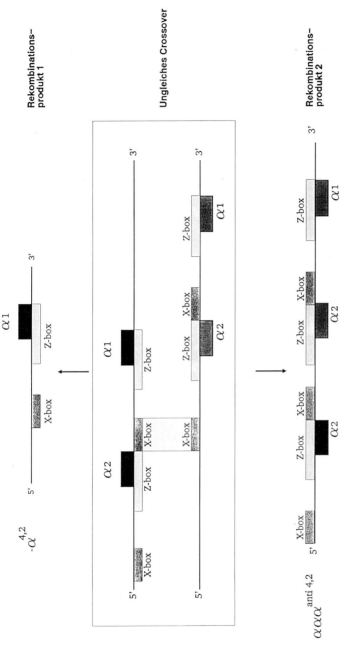

Abb. 4.4. Ungleiches Crossover bei der Entstehung der α^+ Thalassämie. Während der Meiose kann es zur Paarung eng benachbarter homologer Sequenzen (den sog. X- und Z-boxes) kommen. Ein Crossover zwischen den falsch aneinander gelegten Sequenzen führt dann zur ungleichen Rekombination. In dem gezeigten Beispiel rekombiniert die X-box 5' vom $\alpha 2$ Globingen mit der X-box zwischen den beiden α-Globingenen. Die Rekombinationsprodukte sind einerseits eine Deletion der Sequenzen zwischen den X-boxes, die das $\alpha 2$ Globingen mit umfaßt ($-\alpha^{4,2}$) und andererseits die reziproke Triplikation mit einem zusätzlichen $\alpha 2$ Globingen ($\alpha\alpha\alpha^{\text{anti } 4,2}$)

sierten hypochromen, mikrozytären Anämie ohne wesentlichen Krankheitswert. Sie hat jedoch differentialdiagnostische Bedeutung und kann durchaus den Krankheitsverlauf der β-Thalassämie oder der Sichelzellenerkrankung modifizieren.

Die ungleiche Rekombination zwischen den homologen Sequenzelementen führt allerdings nicht nur zur Deletion von α-Globingenen, sondern als Gegenprodukt auch zur Triplikation der α-Globingene auf dem anderen Chromosom ($\alpha\alpha\alpha^{anti\ 3,7}$, $\alpha\alpha\alpha^{anti\ 4,2}$, Abb. 4.4). Die zusätzlichen α-Globingene werden voll exprimiert, führen allein allerdings nicht zu einem wesentlichen Globinkettenungleichgewicht. Eine klinische Bedeutung erlangen diese $\alpha\alpha\alpha$-Genarrangements allerdings in Wechselwirkung mit der heterozygoten β-Thalassämie (s. unten).

Andere Deletionen entstehen durch nichthomologe Rekombinationsereignisse und betreffen meist beide α-Globingene (α°-Thalassämie). Interessanterweise ist das Vorkommen der α°-Deletionen geographisch sehr begrenzt. So kommt eine der häufigeren α°-Deletionen vornehmlich im Mittelmeerraum ($--^{MED}$) und eine andere in Südostasien ($--^{SEA}$) vor. Es gibt Hinweise dafür, daß die α°-Deletionen nur jeweils einmal durch ein ungewöhnliches Rekombinationsereignis mit unbekanntem Entstehungsmechanismus entstanden sind und sich dann durch den Selektionsdruck der Malaria in definierten Bevölkerungsgruppen verbreiten konnten. Dies kontrastiert mit den durch homologe Rekombination verursachten α^{+}-Deletionen, die weltweit wohl mehrmals, unabhängig voneinander entstanden sind. Die α^{+}-Deletionen, vor allem die $-\alpha^{3,7}$-Form, sind daher weltweit fast ubiquitär zu finden, wenn auch sehr viel häufiger in endemischen Gebieten für die Malaria.

Eine heterozygote α°-Deletion beläßt der diploiden Zelle noch 2 funktionelle α-Globingene und äußert sich klinisch/hämatologisch daher wie eine homozygote α^{+}-Deletion. Allerdings sind Personen mit einer heterozygoten α°-Thalassämie, je nach Partner, Überträger für das Hb Bart's Hydrops fetalis-Syndrom bzw. für die HbH-Krankheit. Aus dem geographisch beschränkten Vorkommen der α°-Deletionen ergibt sich, daß auch das Hb Bart's Hydrops fetalis-Syndrom und die HbH-Krankheit nur in einigen Gebieten der Erde vorkommen und nicht etwa überall dort, wo die α-Thalassämie zu finden ist. In manchen Gegenden Schwarzafrikas liegt die Genfrequenz der α^{+}-Deletionen bei 25–30%. Klinisch relevante α-Thalassämien gibt es dort jedoch so gut wie nicht, da α°-Deletionen extrem selten sind. Die Kenntnis der molekularen Pathologie der α-Thalassämiedeletionen erlaubt also eine Erklärung der vorher nur schwer verständlichen klinischen Variabilität dieser Erkrankung. Darüber hinaus erlaubt die molekulare Diagnose der α-Thalassämie eine Differenzierung zwischen der α^{+}- und der α°-Form und somit eine genetische Beratung der Familie.

Punktmutationen der α-Globingene (α^{T}) sind im Vergleich zu den Deletionen selten. Die gut 10 verschiedenen bekannten Mutationen betreffen, der β-Thalassämie vergleichbar, verschiedene Schritte der Genexpression und finden sich auffallenderweise vornehmlich im α2-Globingen. Der Grund dafür liegt wahrscheinlich in der untergeordneten Rolle des α1-Gens, dessen isolierte

4.1 Thalassämiesyndrome als Beispiel monogener Erkrankungen

Inaktivierung phänotypisch kaum auffällt. Interessanterweise kann das α1-Gen bei einer Inaktivierung von α2 nicht wie bei den Deletionsformen der α-Thalassämie kompensatorisch aufgewertet werden. Daher wirkt sich eine α^T-Thalassämie phänotypisch stärker aus als die $-\alpha^{3,7}$- und $-\alpha^{4,2}$-Deletionen. Vom mutierten Chromosom kommen hier nicht 50%, sondern nur etwa 30% der normalen Expression.

Diagnose der α-Thalassämie

Die schwereren Formen lassen sich durch konventionelle klinische und hämatologische Methoden diagnostizieren. Das Hb Bart's Hydrops fetalis-Syndrom kommt praktisch nur bei Patienten des Mittelmeerraumes oder Südostasiens vor. Die blassen und generalisiert ödematösen Kinder sterben entweder intrauterin oder in den ersten Tagen postnatal an den Folgen einer Anämie bzw. eines Herzversagens. Eine *Hb-Analyse* zeigt vornehmlich Hb Bart's, ein physiologisch funktionsloses γ-Globinkettentetramer. Außerdem finden sich Spuren von HbH. HbA und HbF fehlen völlig. *Molekulargenetisch* zeigen sich in der Southern-Blot-Analyse mit verschiedenen Genproben des α-Globingenkomplexes Deletionen beider α-Globingene. Überträger ($--/\alpha\alpha$) lassen sich klinisch/hämatologisch nicht sicher identifizieren. Eine eindeutige Diagnose läßt sich hier nur molekulargenetisch stellen.

Die HbH-Krankheit äußert sich durch eine Thalassaemia intermedia, d. h. einer symptomatischen, aber nicht regelmäßig transfusionsbedürftigen hämolytischen Anämie. In der Hb-Elektrophorese finden sich unterschiedliche Mengen HbH und gelegentlich Spuren von Hb Bart's. Die meisten Patienten kommen aus Ländern, in denen α°- und α^+-Thalassämiedeletionen vorkommen, d. h. aus dem Mittelmeerraum und aus Südostasien. Die molekulargenetische Diagnose kann auch hier durch Southern Blot-Analyse gestellt werden. Manche Patienten tragen allerdings α2-Globingenpunktmutationen ($\alpha^T\alpha/\alpha^T\alpha$) und kommen dann meist aus dem Mittleren Osten oder aus Nordafrika. Die molekulargenetische Diagnose erfordert hier eine der Methoden, die zur direkten Erkennung von Punktmutationen geeignet sind, d. h. die allelspezifische Oligonukleotid-Hybridisierung, die Veränderung von Spaltstellen von Restriktionsendonukleasen oder die DNA-Sequenzierung (Kapitel 3.2).

Die häufigen α^+-Deletionen können klinisch/hämatologisch bei individuellen Patienten nicht erkannt werden. Auch hier ist die Southern Blot-Analyse die einzig sichere diagnostische Methode.

4.1.3.2 β-Thalassämie

Die β-Thalassämie kommt häufig bei der Bevölkerung des Mittelmeerraumes, Westafrikas und weiter Teile Asiens vor. In Nordwesteuropa und auch in Deutschland hat der Zuzug von Menschen aus diesen Teilen der Welt zu einem erheblichen Anstieg der Inzidenz und wegen der komplexen und lebenslangen Behandlung (s. oben) auch zu einem erhöhten Bedarf an vor allem kinderärztlicher Betreuung geführt. Homozygote Patienten leiden in der Regel an einer lebenslang transfusionsbedürftigen Anämie und an Problemen der Eisenüberladung (*Thalassaemia major*).

Heterozygote Überträger sind meist asymptomatisch, haben jedoch eine leichte bis mäßige Anämie mit ausgeprägter Mikrozytose und Hypochromie (Thalassaemia minor). Schwierigkeiten in der klinischen Zuordnung ergeben sich bei Patienten, die symptomatisch aber nicht regelmäßig transfusionsabhängig sind (Thalassaemia intermedia). Bei diesen Fällen ist das Globinkettenungleichgewicht stärker ausgeprägt als bei der Thalassaemia minor, aber schwächer als bei der Major-Form. Diese klinische Variabilität kann in vielen Fällen durch den exakten molekularen Defekt oder durch genetische Interaktionen erklärt werden. Außerdem erlauben die molekularmedizinischen Methoden bei entsprechendem Wunsch der Eltern eine sichere pränatale Diagnostik der β-Thalassämie, was sich in vielen Fällen auf die Familienplanung auswirkt.

Molekulare Anatomie des β-Globingenkomplexes

Das β-Globingen ist ein strukturell einfaches Gen mit 3 Exons und 2 Introns, das die genetische Information für die 146 Aminosäuren lange β-Globinkette auf etwa 1,5 kb DNA enthält. Die Expression dieses Gens folgt den in Kapitel 2.3 detailliert beschriebenen Prinzipien eukaryonter Genexpression.

Das β-Globingen ist Teil eines auf ca. 60 kb untergebrachten Genkomplexes auf dem kurzen Arm des Chromosoms 11 in der Bande 11p15, der außer dem β-Globingen selbst in einer Anordnung $5'\text{-}\varepsilon\text{-}^a\gamma\text{-}^A\gamma\text{-}\psi\beta\text{-}\delta\text{-}\beta\text{-}3'$ die Gene für die embryonalen und fetalen β-Globin-ähnlichen ε- und γ-Globinketten und für die adulte δ-Kette enthält und außerdem ein Pseudogen ($\psi\beta$) (Abb. 4.2). Außerdem kennt man übergeordnete Steuerelemente auf der 5'-Seite des Genkomplexes, 6–18 kb vom ε-Globingen entfernt, die für die hohe spezifische Aktivität der Globingene in erythroiden Zellen verantwortlich sind.

Molekulare Pathologie der β-Thalassämie

Die meisten Formen der β-Thalassämie gehen auf Punktmutationen innerhalb des β-Globingens zurück. Deletionen sind die Ausnahme, spielen jedoch eine klinisch bedeutende Rolle, da sie oft zur hereditären, postnatal persistierenden Synthese von HbF führen (*HPFH*). Die HPFH kann eine fehlende HbA-Synthese klinisch kompensieren. Außerdem werfen die Deletionen Licht auf die Mechanismen der ontogenetischen Regulation des β-Globingenkomplexes.

Von den HPFH-Deletionen abgesehen, sind z. Z. mehr als 80 *verschiedene Mutationen* bekannt, die zur Inaktivierung des β-Globingens und so zur β-Thalassämie führen. Dabei kann jeder Schritt der Genexpression betroffen sein (Tabelle 4.2).

1. Gendeletionen sind hier im Gegensatz zur α-Thalassämie selten. In diesen Fällen kann natürlich kein normales Protein gebildet werden. Manche der Deletionen, vor allem die kleineren, führen nicht zur kompensatorischen γ-

4.1 Thalassämiesyndrome als Beispiel monogener Erkrankungen

Tabelle 4.2. Beispiele verschiedener β Thalassämiemutationen. Inaktivierung der Genexpression auf verschiedenen Ebenen. Als Referenz (+1) ist der Transkriptionsstart (CAP) gewählt. Negative Vorzeichen markieren 5′ davon gelegene Positionen im Gen. Positionsangaben innerhalb der Introns (IVS) beziehen sich auf das jeweils erste nicht mehr im Exon befindliche Nukleotid als Position 1

Ebene der Genexpression	Mutationsbeispiel	Phänotyp	Abb. 4.5
DNA			
Deletionen	619 bp	β^0	–
Transkription			
Promotormutationen	-28 A→C	β^{++}	A
Capping	ACA→CCA	?	B
Polyadenylierung	AATAAA→AACAAA	β^+	G
Spleißen			
Mutation normaler	IVS1 Pos. 1 G→A	β^0	C
Spleißsignale	IVS1 Pos. 6 T→C	β^{++}	C
Aktivierung verborgener	IVS1 Pos. 110 G→A	β^+	D
Spleißsignale	Codon 26 GAG→AAG	β^+/HbE	–
Translation			
Nonsense Mutationen	Codon 39 CAG→TAG	β^0	E
Frameshift Mutationen	Codon 8 AAG→ – –G	β^0	F
Proteinstabilität	Hb^{Indianapolis}	β instabil	–

Globingenexpression und daher nicht zur HPFH. Der Phänotyp dieser Läsionen ist der einer β°-Thalassämie, die sich in der homozygoten Form als Thalassaemia major äußert. Die HPFH-Deletionen sind in einem gesonderten Abschnitt detaillierter beschrieben (s. unten).

2. Die Transkription von DNA in RNA erfordert die Bindung des RNA-Polymerasekomplexes an den Promotor (Kapitel 2.3). Punktmutationen in der TATA-Box oder in der konservierten ACACCC-Sequenz nahe der CAAT-Box führen in aller Regel zu einer mäßig verminderten Transkriptionseffizienz mit einer Restaktivität von 10–40% (β^{++}, Abb. 4.5 A). Patienten mit einer homozygoten β-Thalassämie dieses Typs sind meist nicht regelmäßig transfusionsbedürftig und klinisch insgesamt relativ leicht betroffen. Auch wenn nur eines der β-Globingene eine Promotormutation, das andere jedoch eine der sich stärker auswirkenden Mutationen trägt, führt die hohe Restaktivität des Gens mit dem geschädigten Promotor oft zu einer relativ milden Ausprägung der homozygoten β-Thalassämie. Besonders häufig kommen Promotormutationen bei Westafrikanern, seltener aber auch bei anderen Patienten vor.

Überaus interessant sind Deletionen in Einzelfamilien, die die Steuerelemente auf der 5′-Seite des ε-Globingens entfernen und nur dadurch das mehr als 50 kb entfernte β-Globingen vollständig inaktivieren. Das β-Globingen selbst ist bei diesen Deletionen strukturell völlig normal. Diese Deletionen unterstreichen die vielschichtige Natur der regulativen Vorgänge, die letztlich zur normalen Expression eines Gens führen.

3. Das Primärtranskript unterliegt nach seiner Synthese mehreren obligaten Reifungsschritten. Am 5'-Ende wird ein methyliertes Guanosin, die sogenannte mRNA-Kappe, und am 3'-Ende eine Reihe von Adenosinresten, der sogenannte Poly-A-Schwanz angehängt (Kapitel 2.3). Diese Modifikationen dienen vermutlich der mRNA-Stabilität und auch der Effizienz der Translation. Sind die Signalsequenzen für diese Prozesse mutiert, so führt dies vermutlich zur Destabilisierung der mRNA, somit zur ineffizienten Genexpression und letztlich zur Thalassämie. Beispiele finden sich in einer ACA→CCA-Mutation der CAP-Stelle des β-Globingens und in einer AATAAA→AACAAA-Mutation des Polyadenylierungssignals (Abb. 4.5B und C).

4. Die normale Reifung der mRNA erfordert, daß aus der Vorläufer-RNA die nichtkodierenden Bereiche entfernt und die kodierenden Sequenzen aneinandergeheftet werden. Der Mechanismus dieses sogenannten Spleißens ist in Kapitel 2.3 detailliert beschrieben. Wesentlich ist hier, daß der Spleißapparat an definierten Signalsequenzen ansetzt, deren Mutation die Genexpression stören oder verhindern können. Außerdem können durch Mutationen neue Signalsequenzen entstehen, die zu abnormem Spleißen und zur gestörten Genexpression führen (Abb. 4.5C).

Betreffen Mutationen die essentiellen GT- bzw. AG-Dinukleotide am Beginn oder am Ende der Introns (Kapitel 2.3), so kann keine normale mRNA-Reifung mehr stattfinden. Das betroffene Gen hat keine Restaktivität (β°) und der homozygot erkrankte Patient eine schwere transfusionsbedürftige β-Thalassaemia major. Verändern Mutationen die wichtigen, aber nicht absolut essentiellen Konsensussequenzen in der unmittelbaren Umgebung der Spleißstelle, so wird die Effizienz der mRNA-Reifung vermindert. Die pathophysiologische Relevanz dieser Mutationen ist unterschiedlich. Die G→T- und G→C-Mutationen an der Position 5 des 1. Introns (IVS1-5) inaktivieren das Gen fast vollständig bis auf eine Restaktivität von <5% (β^+), was sich klinisch im Vergleich zu einer β° Form nicht bemerkbar macht. Die seltene G→A-Mutation an derselben Stelle erlaubt jedoch eine Restaktivität von etwa 20%, und homozygot betroffene Patienten sind nicht regelmäßig transfusionsbedürftig (Thalassaemia intermedia). Ähnlich ist die Situation bei der im Mittelmeerraum recht häufigen IVS1-6-T→C-Mutation. Auch wenn bei Patienten mit homozygoter β-Thalassämie nur eines der beiden β-Globingene diese Mutation trägt, ist das klinische Bild relativ mild. Diese Befunde untermauern, daß neben den absolut erforderlichen GT/AG-Dinukleotiden auch weitere Nukleotide in deren unmittelbarer Umgebung die Spleißeffizienz nachhaltig beeinflussen können (Abb. 4.5C).

Innerhalb der Introns gibt es normalerweise Sequenzen, die den Spleißsignalen stark ähneln, sogenannte *verborgene Spleißsignale*. Punktmutationen dieser Sequenzen können diese Ähnlichkeit noch verstärken und so zum Spleißen an abnormen Positionen führen. Die normale Genexpression wird so entweder vollständig (β°) oder nahezu vollständig (β^+) inaktiviert. Eine bei Pa-

4.1 Thalassämiesyndrome als Beispiel monogener Erkrankungen

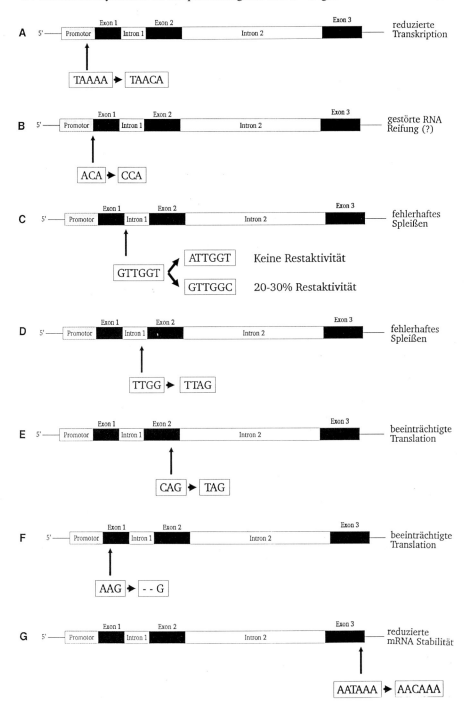

Abb. 4.5. Beispiele von β Thalassämiemutationen, die das β Globingen an verschiedenen Ebenen der Genexpression inaktivieren

tienten aus dem Mittelmeerraum und dem Nahen und Mittleren Osten besonders häufige Mutation an Position 110 des 1. Introns (IVS1-110 G→A) verändert die Sequenz in diesem Bereich vom normalen A*TTGG* zu A*TTAG*. Das normale Spleißsignal am 3'-Ende des 1. Introns hat die Sequenz C*TTAG*. Durch die Mutation ist somit das obligate AG-Dinukleotid in der Signalsequenz neu entstanden. Wegen der großen Ähnlichkeit der pathologischen Sequenz mit dem normalen Signal wird über 90% der Vorläufer-RNA falsch gespleißt. Die verbleibende Restaktivität macht sich im Vergleich zu den β°-Mutationen klinisch nicht bemerkbar. Homozygote Patienten sind im Sinne einer Thalassaemia major regelmäßig transfusionsbedürftig (Abb. 4.5 D).

Vergleichbare Mutationen können auch in den Protein-kodierenden Bereichen vorkommen. So ändert die in Südostasien häufige HbE-Mutation nicht nur die Aminosäuresequenz des β-Globins, sondern aktiviert auch ein verborgenes Spleißsignal, so daß die Hb-Variante auch im Sinne einer Thalassämie vermindert exprimiert wird.

5. Die Translation von Nukleinsäuresequenz in Aminosäuresequenz ist der letzte Schritt der Genexpression. Nach dem Translationsstart schreitet die Proteinsynthese fort, bis sie im Leseraster auf ein Stopcodon trifft.

Vorzeitige Stopcodons können direkt durch Punktmutationen entstehen (Nonsense-Mutationen, Abb. 4.5 E). Ein Beispiel ist die im Mittelmeerraum besonders häufige Codon 39-C→T-Mutation, die das normale CAG für die Aminosäure Gln in das Stopcodon TAG, bzw. UAG auf mRNA-Niveau, verwandelt.

Auch können kleine Deletionen von 1, 2 oder 4 bp das Leseraster der Translation verschieben (Frameshift-Mutationen, Abb. 4.5 F), so daß an sich normale Sequenzen an weiter 3' gelegenen Positionen als Stopcodons abgelesen werden. Ein Beispiel ist hier die bei Türken häufige Leserasterverschiebung um −2 durch eine Deletion des Dinukleotids AA im Codon 8. Am Ribosom wird daher jenseits des Codons 8 zunächst ein völlig falsches Peptid synthetisiert, bis die normale Sequenz der Codons 18/19 (G*TG/A*AC) durch die Rasterverschiebung als *TGA*- bzw. UGA-Stopcodon abgelesen wird.

Vorzeitige Stopcodons brechen die Translation ab. Es kommt dabei zur vollständigen Inaktivierung des Gens (β°) und daher bei Homozygoten klinisch zur Thalassaemia major.

Ein interessanter Aspekt der Nonsense- und Frameshift-Mutationen ergibt sich aus der Beobachtung, daß die meisten Mutationen dieser Art nicht nur die Translation abbrechen, sondern durch einen bislang unbekannten Mechanismus auch zur Verminderung der mRNA-Spiegel im Zytoplasma führen.

6. Manche Missense-Mutationen führen zu Hb-Varianten, wie etwa das Hb^{Indianapolis}, die die fertig synthetisierte β-Globinkette soweit destabilisieren, daß diese für die α-Ketten nicht mehr in ausreichender Menge als Partner zur Verfügung steht. Es ergibt sich so ein thalassämischer Phänotyp, obwohl die quantitative mRNA-Expression des Gens intakt ist.

Der molekularmedizinischen Diagnostik der β-Thalassämie kommt es sehr zugute, daß die Komplexität der molekularen Pathologie sich im praktisch-klinischen Bereich etwas auflöst. Obschon insgesamt etwa 80 verschiedene Punktmutationen bekannt sind, kommen viele davon nur selten vor. Außerdem dominieren in den verschiedenen ethnischen Gruppen bestimmte Mutationen, auf die man sich im diagnostischen Labor zunächst konzentrieren kann. Bei Sarden findet sich die Codon 39-C→T-Mutation bei 95%, eine −1-Frameshift-Mutation im Codon 6 bei weiteren 4% aller β-Thalassämiegene. Bei Mittelmeeranrainern verursachen nur 6 verschiedene Mutationen 92% aller β-Thalassämien. Bei Chinesen und anderen Südostasiaten liegen diese Zahlen bei 9 und 91%. Komplizierter ist die Situation allerdings bei Nordafrikanern und Patienten aus dem Mittleren Osten, bei denen sich außer den für den Mittelmeerraum charakteristischen zumindest eine der typisch indischen und 12 zusätzliche Mutationen mischen.

Insgesamt hat die molekulargenetische Analyse der β-Thalassämien wesentlich zu unserem Verständnis der Genexpression beigetragen. Aus der Sicht des Klinikers ist besonders interessant, daß die molekulare Pathologie in den allermeisten Fällen die Variabilität des Krankheitsbildes erklären kann. Unterschiedliche Restaktivitäten von pathophysiologisch bedeutsamen Genen spielen vermutlich auch bei der prognostischen Einschätzung anderer Erkrankungen eine wichtige Rolle. Das Beispiel der β-Thalassämie bietet sich als allgemeines Konzept für die molekularmedizinische Analyse von Einzelgendefekten an. In einigen Fällen, wie der Phenylketonurie oder der Hämophilie, konnte dieses Konzept schon erfolgreich angewendet werden.

Hereditäre Persistenz fetalen Hämoglobins (HPFH)

Hierbei handelt es sich um ein Modell für die klinisch relevante Modulation einer sogenannten *monogenen* Erkrankung durch andere genetische Einflüsse. Bei der β-Thalassämie ist der HbF-Spiegel leicht erhöht. Gewöhnlich ist die HbF-Synthese allerdings nicht gesteigert, sondern es kommt zu einer Selektion von auch normalerweise vorhandenen Zellen, die HbF enthalten (F-Zellen). Bei der β-Thalassämie ist in den F-Zellen das Globinkettenungleichgewicht weniger stark ausgeprägt, was eine effektivere Zellausreifung erlaubt.

Die *HPFH* unterscheidet sich von solchen Selektionsvorgängen, da hier die HbF-Synthese an sich gesteigert ist. Eine fehlende oder verminderte β-Globingenexpression kann in diesen Fällen teilweise oder ganz kompensiert werden, so daß eine homozygote β-Thalassämie klinisch als Intermedia-Form verläuft oder zur gänzlichen Symptomfreiheit abgemildert wird.

Bei einem Teil der Patienten mit HPFH findet man mittels Genkartierung zytogenetisch nicht erkennbare Deletionen unterschiedlicher Größe, die das β-Globingen samt umliegender Sequenzen 5' und 3' umfassen. All diese Deletionen führen über einen bislang unbekannten Mechanismus zur erhöhten Expression beider bzw. des verbleibenden γ-Globingens.

Bei einem anderen Teil der HPFH-Patienten finden sich keine größeren Strukturanomalien des β-Globingenkomplexes. Bei manchen dieser Patienten zeigen DNA-Sequenzanalysen jedoch Punktmutationen der γ-Globingenpromotoren in einem Bereich etwa 100–200 bp 5' von der Stelle des Transkriptionsbeginns (CAP; Abb. 4.6). Mutationen in dieser Region können

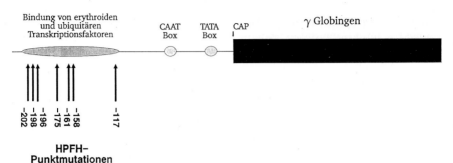

Abb. 4.6. Punktmutationen im γ-Globingenpromotor als Ursache für die hereditäre Persistenz fetalen Hämoglobins (HPFH). Der Referenzpunkt für das negative Vorzeichen der Positionsangaben ist der Transkriptionsstart (CAP)

also nicht nur, wie bei der β-Thalassämie, die Transkriptionseffizienz vermindern, sondern auch zur Funktionsverstärkung des Promotors und so zur gesteigerten Expression des nachgeschalteten Gens führen. Als mögliche Mechanismen werden Affinitätsänderungen zwischen DNA und Protein und sterische Veränderungen der DNA-Proteinkomplexe diskutiert. Interessanterweise ist die Expression des β-Globingens im selben Genkomplex reziprok zur erhöhten γ-Globingenexpression vermindert. Dies deutet auf ein kompetitives Verhältnis zwischen den fetalen und den adulten Globingenen hin. Es gibt inzwischen experimentelle Hinweise, daß ein solcher kompetitiver Effekt in zentraler Weise auch am perinatalen Hämoglobinschaltmechanismus beteiligt ist.

Die meisten der HPFH-Mutationen äußern sich phänotypisch schon im heterozygoten Zustand, ohne daß eine homozygote β-Thalassämie vorliegt. Das HbF ist im peripheren Blut stark erhöht. Die besondere klinische Bedeutung dieser Mutationen kommt aber zum Tragen, wenn sie zusammen mit einer homozygoten β-Thalassämie vorkommen. Bei Sarden findet sich z. B. die häufige Codon 39-C→T-Mutation nicht selten kombiniert mit einer C→T-Mutation an Position -196 des $^{A}\gamma$-Globingenpromotors (sardische δβ-Thalassämie). Heterozygote Träger dieser Doppelmutationen zeichnen sich durch ein HbF im peripheren Blut von 10–20% aus. Doppelt heterozygote Träger für die sardische δβ-Thalassämie und für die einfache Codon 39-C→T-Mutation sind trotz der fehlenden β-Globingenaktivität klinisch nur leicht betroffen.

Weiterhin sind 2 Mutationen an Position -158 bzw. -161 des $^{G}\gamma$-Globingenpromotors von besonderem klinischen Interesse. Bei Personen, die heterozygot für diese Mutationen und eine β-Thalassämiemutation sind, ist das $^{G}\gamma$-Globingen relativ zu $^{A}\gamma$ zwar gesteigert exprimiert. Das Gesamt-HbF ist aber nicht wesentlich erhöht. Insofern liegt damit auch keine typische HPFH vor. Bei der gesteigerten Erythropoese einer homozygoten β-Thalassämie oder auch einer Sichelzellerkrankung kommt es bei Patienten mit der -158-Mutation allerdings zu einer erhöhten HbF-Synthese mit überwiegendem $^{G}\gamma$-Globinkettenanteil und einem milden Krankheitsverlauf. Es gibt also genetische Determinanten, die erst unter einer gesteigerten Hämatopoese

zur vermehrten HbF-Synthese und zur klinischen Kompensation führen können.
   Eine logische Strategie zur therapeutischen Nutzung des klinisch günstigen Effektes hoher HbF-Spiegel bei der β-Thalassämie und auch bei der Sichelzellanämie ist der Versuch einer *pharmakologischen* Beeinflussung des Hb-Schaltvorgangs. Hoffnungsvoll schienen Ergebnisse von Versuchen mit anämischen Affen zu sein, bei denen 5-Azacytidin und Hydroxyharnstoff die HbF-Synthese steigerten. Diese stimulierende Wirkung fand sich auch mit einem gewissen positiven Einfluß bei Patienten mit β-Thalassämie und Sichelzellanämie. Inzwischen zeigte sich jedoch, daß die Wirkung dieser zytotoxischen Medikamente wahrscheinlich eher durch eine Störung der normalen Erythropoese als durch einen spezifischen Effekt auf die Globingenexpression bedingt ist. Außerdem ist die lebenslange Applikation von Zytostatika sicher kritisch zu bewerten.

Diagnose der β-Thalassämie
Eine typische homozygote β-Thalassämie fällt klinisch zunächst durch eine schwere Anämie auf, die bereits im 1. oder 2. Lebensjahr transfusionsbedürftig ist. Dabei haben die Kinder eine massive Hepatosplenomegalie (Thalassaemia major). *Diagnostisch* bedeutsam ist die Hämoglobinanalyse, die bei fehlendem oder stark vermindertem HbA eine relative Erhöhung des HbF und der F-Zellen zeigt. Eine direkte In-vitro-Messung der Globinkettensynthese in Retikulozyten oder in Knochenmarkzellen zeigt eine stark verminderte oder fehlende β-Kettensynthese.
   Eine einfache heterozygote β-Thalassämie verläuft meist asymptomatisch (Thalassaemia minor). Im Blutbild findet sich eine mäßige Anämie mit einer ausgeprägten Hypochromie und Mikrozytose. Ein normaler Eisenstatus und ein auf etwa 5% erhöhtes HbA_2 differenzieren die heterozygote β-Thalassämie vom Eisenmangel und anderen Ursachen einer hypochromen Anämie.
   Schwierigkeiten in der klinischen Zuordnung bereiten Thalassämiepatienten, die symptomatisch, nicht aber transfusionsabhängig sind (Thalassaemia intermedia). Bei diesen Fällen ist das Globinkettenungleichgewicht schwächer ausgeprägt als bei der Thalassaemia major, aber stärker als bei der Minor-Form.
   Diese klinische Variabilität der β-Thalassämie kann in vielen Fällen durch eine differenzierte molekulargenetische Analyse erklärt werden (Tabelle 4.3):
   1. Eine Bestimmung der β-Globingenmutation durch Restriktionsdau (Kapitel 3.2.2.1), allel-spezifische Oligonukleotid-Hybridisierung (Kapitel 3.2.4.1) oder DNA-Sequenzierung (Kapitel 3.2.5) ermöglicht bei vielen Patienten mit atypischen Krankheitsverläufen die Identifikation von $β^{++}$-Defekten im Promotor des Gens oder in den weniger essentiellen Bereichen der Spleißsignale (s. oben). Patienten mit diesen Mutationen haben aller Wahrscheinlichkeit nach eine erheblich bessere Prognose als Patienten mit $β^{\circ}$-Mutationen. Prospektive Studien müssen nun klären, ob die strenge Behandlung der β-Thalassämie bei solchen Patienten etwas gelockert werden kann.

Tabelle 4.3. Pathogenese der Thalassaemia intermedia

Homozygote β Thalassämie
   Vererbung einer oder zweier β^{++} Thalassämiemutationen
   Mitvererbung von HPFH Mutationen
   Mitvererbung von α Thalassämiemutationen ($-\alpha/-\alpha$; $--/\alpha\alpha$)
Heterozygote β Thalassämie
   Mitvererbung von zusätzlichen α Globingenen ($\alpha\alpha\alpha/\alpha\alpha$; $\alpha\alpha\alpha/\alpha\alpha\alpha$)
α Thalassämie
   HbH Krankheit ($--/-\alpha$)

2. Da das Globinkettenungleichgewicht der wichtigste pathogenetische Faktor der Anämie bei der Thalassämie ist, kann die thalassämische Dyserythropoese bei Patienten mit einem HPFH-Syndrom durch eine gesteigerte γ-Globinkettensynthese und vermehrte Bildung von HbF gemildert werden. Die Identifikation von HPFH-Deletionen oder Punktmutationen kann einen solchen Mechanismus bestätigen. Klinisch interessant sind hier vor allem die Punktmutationen im $^G\gamma$-Globingenpromotor, die im heterozygoten Zustand, also bei den Eltern, hämatologisch nicht eindeutig zu erkennen sind, bei Patienten unter dyserythropoetischer Belastung aber durchaus zu einer signifikanten HbF-Synthese führen können.

3. Die Mitvererbung einer homozygoten α^+- oder einer heterozygoten α°-Thalassämie (Kapitel 3.1.3.1) kann das Globinkettenungleichgewicht soweit reduzieren, daß eine homozygote β-Thalassämie zu einer Intermedia-Form abgemildert wird. Festzuhalten ist hier, daß diese Formen der α-Thalassämie hämatologisch im Individualfall nicht zu erfassen sind. Die molekulargenetische Diagnostik ist hier die einzige sichere diagnostische Methode. Für die *genetische Beratung* dieser Patienten bzw. ihrer Eltern ist es wichtig zu wissen, daß die α- und β-Globingene auf unterschiedlichen Chromosomen lokalisiert sind und daher unabhängig voneinander vererbt werden. So kann das gemeinsame Vorkommen einer α-Thalassämie und einer homozygoten β-Thalassämie unter Umständen einen atypischen Phänotyp erklären. Dieselben Eltern vererben eine solche Konstellation aber nicht unbedingt auf alle ihre Kinder.

Besondere Schwierigkeiten bereitet die Zuordnung von heterozygoten Patienten, deren Phänotyp sich als ungewöhnlich schweres Krankheitsbild im Sinne einer Thalassaemia intermedia darstellt. Hier kann das bei Heterozygoten typischerweise gut kompensierte Globinkettenungleichgewicht durch zusätzliche α-Globingene weiter belastet werden. Bei einer Genkartierung findet man statt der 4 normalen, 5 oder 6 α-Globingene (Abb. 4.7).

Pränatale Diagnostik der Hämoglobinopathien

Eine Domäne molekularmedizinischer Methoden liegt in der pränatalen Diagnostik von Einzelgendefekten wie z. B. den Hämoglobinopathien.

4.1 Thalassämiesyndrome als Beispiel monogener Erkrankungen   141

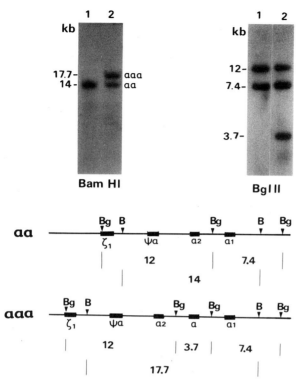

Abb. 4.7. Schema und Autoradiographie eines ααα Globingenarrangements. Die Genkarte zeigt die Größe der normalen BamHI (B) und BglII (Bg) Fragmente beim normalen (αα) bzw. beim α Globingenkomplex mit drei α Globingenen (ααα). Das hier gezeigte Beispiel entstand nach ungleichen Crossover zwischen den Z-boxes im α Globingenkomplex (ααα$^{\text{anti 3,7}}$, siehe Abb. 4.4). Eine Southern Blot Analyse BamHI und BglII verdauter DNA stellt den αα-Genkomplex nach Hybridisierung mit einer α Globingensonde durch Fragmente von 14 kb bzw. 12; 7,4 kb und den ααα-Genkomplex durch 17,7 kb bzw. eine Extrabande bei 3,7 kb dar. Die Spuren 1 enthalten DNA einer normalen Kontolle (αα/αα) und die Spuren 2 die einer Person mit 5 α Globingenen (ααα/αα)

Grundsätzlich gibt es für die Eltern eines homozygot betroffenen Kindes bzw. für 2 Überträger der β-Thalassämie oder einer anderen schweren Erbkrankheit folgende Optionen:

1. Sie akzeptieren das Risiko, weitere kranke Kinder zur Welt zu bringen, und lassen sich in ihrer Familienplanung dadurch nicht beeinflussen. Es ist wichtig, daß die Gesellschaft und insbesondere der Arzt eine solche Entscheidung respektiert und der Familie eine optimale Unterstützung zur Bewältigung gegebenenfalls auf sie zukommender Probleme gewährleistet. Die Erfahrung zeigt jedoch, daß diese Option wegen der Natur der Erkrankung nur von wenigen Eltern gewählt wird.

2. Alternativ entscheiden sich viele Eltern aus Sorge, die Familie durch weitere kranke Kinder zu belasten, überhaupt auf weitere Kinder zu verzich-

ten. Diese Haltung findet sich häufig bei Eltern, die von der Möglichkeit der pränatalen Diagnostik nicht wissen. Man trifft sie aber auch bei Personen, für die aus verschiedenen Gründen eine selektive Schwangerschaftsunterbrechung nicht in Frage kommt.

3. Seit der Einführung von Methoden zur pränatalen Diagnose entscheiden sich die meisten Eltern dafür, dieses Angebot anzunehmen und das 25%ige Risiko einzugehen, zur Vermeidung der Geburt eines homozygot betroffenen Kindes eine Schwangerschaftsunterbrechung durchführen zu müssen. Andererseits erlaubt dieses Vorgehen den Eltern eine Familienplanung mit der 75%igen Chance, gesunde Kinder zur Welt zu bringen.

Methodisch bieten sich 2 grundsätzlich unterschiedliche Verfahren an. Einmal gibt es die Möglichkeit, im 2. Trimenon der Schwangerschaft eine *fetale Blutentnahme* vorzunehmen und die Globinkettensynthese in den fetalen Retikulozyten in vitro zu messen. Diese Methode hat eine relativ hohe Komplikationsrate, ist technisch schwierig und nicht immer leicht zu interpretieren. Seit der Einführung der DNA-Diagnostik ist diese Methode bis auf Ausnahmefälle ganz in den Hintergrund getreten.

Zur molekulargenetischen Diagnostik der Hämoglobinopathien oder auch jeder anderen Erkrankung benötigt man fetale kernhaltige Zellen. Diese lassen sich gut durch *Amniozentese* im 2. Trimenon der Schwangerschaft gewinnen. Der Vorteil dieser Methode ist ihre hohe Sicherheit. Die iatrogen induzierte Abortrate beträgt <0,3%. Der Nachteil ist, daß die Ergebnisse einer zytogenetischen, biochemischen oder konventionellen molekulargenetischen Diagnostik erst um die 20. Schwangerschaftswoche verfügbar sind. Zu diesem Zeitpunkt hat die Mutter meist schon Kindsbewegungen verspürt. Außerdem ist die Schwangerschaft dem Umfeld der Mutter nicht mehr verborgen geblieben. Sehr viel schneller sind *PCR-Methoden*, bei denen diagnostische Aussagen schon wenige Tage nach der Entnahme der Probe etwa in der 16.–17. Schwangerschaftswoche möglich sind. Aber auch zu diesem relativ frühen Zeitpunkt im 2. Trimenon ist eine selektive Schwangerschaftsunterbrechung gynäkologisch schwieriger als im 1. Trimenon.

Alternativ lassen sich Zellen fetalen Ursprungs durch eine *Chorionbiopsie* gewinnen. Der Vorteil dieser Methode liegt darin, daß man sie schon in der 10. Schwangerschaftswoche anwenden kann. Außerdem kann gewöhnlich genügend DNA isoliert werden, um alle gebräuchlichen molekulargenetischen Analysen direkt durchführen zu können. Die Ergebnisse der Diagnostik sind also meist schon am Ende des 1. Trimenons oder sehr bald danach verfügbar. Der Nachteil dieser Methode liegt in ihrem höheren Risiko, das bei einer geschätzten Abortrate von ca. 2% liegt. Allerdings ist es schwierig, zu diesem frühen Zeitpunkt spontane von iatrogen induzierten Aborten zu unterscheiden.

Bei der molekulargenetischen Pränataldiagnostik der Hämoglobinopathien gibt es 2 grundsätzlich verschiedene Strategien. Die eine zielt auf die direkte Erkennung der Mutation im β-Globingen, während die andere über die Kopplung von DNA-Polymorphismen in deren unmittelbarer Umgebung die Mutation auf indirektem Wege identifiziert.

Identifikation von Mutationen im β-Globingen

Einige der Mutationen verändern Signalsequenzen von Restriktionsendonukleasen (Kapitel 3.2.2.1). So sind z. B. die Sichelzellmutation, aber auch einige andere der Mutationen des β-Globingens durch Southern-Blot-Analyse direkt zu erkennen (Abb. 3.15). Dies gilt allerdings leider nur für die wenigsten der verschiedenen Thalassämiemutationen, so daß dieses Verfahren nicht universell angewendet werden kann. Außerdem erfordert diese Methode einen Zeitaufwand von etwa 10 Tagen. Als Alternative bietet sich eine Restriktionsanalyse von DNA an, die vorher durch die Polymerase-Kettenreaktion (PCR; Kapitel 3.2.4.2) amplifiziert wurde. Diese Methode kommt von der Probenentnahme bis zur Diagnosestellung mit nur etwa 2 Tagen aus und spart etwa die Hälfte der Materialkosten.

Alternativ bietet sich die Allel-spezifische Oligonukleotid-Hybridisierung (*ASO*) an (Kapitel 3.2.4.1). Hier verwendet man spezifische Oligonukleotidsonden, die bestimmte Mutationen entweder in der genomischen DNA oder heute eher in der PCR-amplifizierten DNA direkt ausmachen können (Abb. 3.24, 4.8). Allerdings findet man bei diesem Verfahren nur solche Muta-

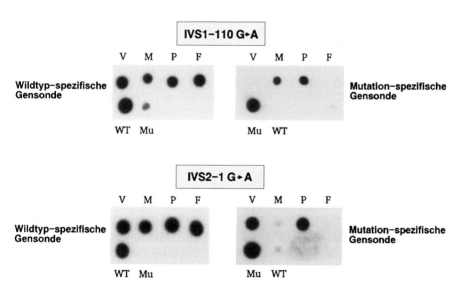

Abb. 4.8. Allel-spezifische Oligonukleotid-Hybridisierung zur pränatalen Ausschlußdiagnose einer homozygoten β Thalassämie. PCR amplifizierte β Globingenfragmente der Mitglieder einer Familie mit β Thalassämie wurden als Dot Blot auf einer Nylonmembran fixiert und mit Allel-spezifischen Oligonukleotidsonden hybridisiert. Das väterliche (V) und das mütterliche (M) β Thalassämiegen tragen eine IVS2-1 G→A bzw. eine IVS1-110 G→A Mutation. Der Propositus (P) ist doppelt heterozygot für diese Mutationen und leidet an einer Thalassaemia maior. Die DNA des Fetus (F) trägt weder die eine noch die andere Mutation, und er wird somit nicht an einer homozygoten β Thalassaemia maior erkranken. Auch wird er kein Übertrager der β Thalassämie sein. Bei „WT" und „Mu" handelt es sich um Kontrollproben mit den jeweiligen Wildtypsequenzen oder Mutationen

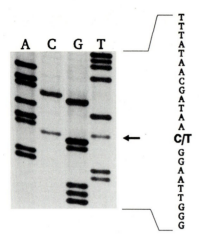

IVS2–654 C→T/ IVS2–654 WT

Abb. 4.9. Direkte Sequenzierung PCR amplifizierter DNA zur direkten Diagnose einer β Thalassämie. Durch eine C→T Mutation an Position 654 des 2. Introns des β Globingens (β IVS2 654 C→T) kommt es zur Aktivierung einer verborgenen Spleißstelle und zur β Thalassämie. Die Sequenzierung PCR-amplifizierter DNA zeigt hier sowohl das normale C (β IVS2 654 WT) als auch die Mutation (Pfeil), die sich somit nur auf einem Allel findet. In diesem Fall ist das andere Allel durch eine Codon 39 C→T Nonsense Mutation inaktiviert (nachgewiesen durch Allel-spezifische Oligonukleotid Hybridisierung; hier nicht gezeigt). Der Patient ist also doppelt heterozygot für zwei verschiedene β° Thalassämiemutationen und imponiert klinisch als homozygote β Thalassaemia maior

tionen, nach denen man spezifisch sucht. Diagnostische Probleme verursacht hier die Vielfalt der verschiedenen β-Thalassämiemutationen. Praktikabel ist dieses Vorgehen in den meisten Fällen aber dennoch, weil die Anzahl der verschiedenen Mutationen in vielen ethnischen Gruppen beschränkt ist (s. oben).

Einen Durchbruch in der Diagnostik auch der Thalassämiesyndrome brachte die Entwicklung der direkten Sequenzierung PCR-amplifizierter DNA. Noch vor 2 Jahren war die DNA-Sequenzierung speziellen wissenschaftlichen Fragen vorbehalten, da sie eine zeitaufwendige DNA Klonierung erforderte. Es ist nun möglich, die ca. 1500 bp des β-Globingens in einem so kurzen Zeitraum zu sequenzieren, daß diese Methode klinisch-diagnostisch einsetzbar geworden ist. Der Vorteil dieser Methode liegt darin, daß sie jede Mutation, also auch die bei der ASO gewöhnlich nicht abgedeckten Veränderungen, erfaßt und damit das diagnostische Problem der molekularen Vielfalt der β-Thalassämie löst (Abb. 4.9). Außerdem ist die DNA-Sequenzierung automatisierbar. Der Nachteil ist, daß die direkte Sequenzierung amplifizierter DNA ein größeres Maß an technischer Expertise erfordert als die anderen verfügbaren Methoden.

Darüber hinaus bietet eine Kopplungsanalyse (Kapitel 3.2.2.2) mit den Allelen polymorpher DNA-Marker im β-Globingenkomplex die Möglichkeit einer indirekten Identifikation der β-Thalassämiemutation.

4.1 Thalassämiesyndrome als Beispiel monogener Erkrankungen

Tabelle 4.4. Eine Auswahl von Erbkrankheiten, die einer molekulargenetischen Analyse zugänglich sind. Bei den mit ? versehenen Genen ist nur die chromosomale Lokalisation bekannt

Erkrankung	Betroffenes Gen
β Thalassämie	β Globin
Sichelzellanämie	β Globin
α Thalassämie	α Globin
Hämophilie A	Gerinnungsfaktor VIII
Hämophilie B	Gerinnungsfaktor IX
Sphärocytose	α Spektrin
Elliptocytose	α Spektrin, Protein 4.1
Phenylketonurie	Phenylalaninhydroxylase
α_1 Antitrypsindefizienz	α_1 Antitrypsin
Familiäre Hypercholesterinämie	LDL-Rezeptor
Einige Fälle von frühzeitiger Koronarer Herzkrankheit	Apolipoproteine
Morbus Gaucher	Glukocerbrosidase
Muskeldystrophie vom Typ Duchenne und Becker	Dystrophin
Mukoviszidose	CFTR
Retinoblastom	Rb
Adulte Polycystische Nierendegeneration	?
X-gekoppelte Retinitis pigmentosa	?
Chorea Huntington	?
Mentale Retardierung bei Fragilem X Syndrom	?
Myotone Dystrophie	?
Friedreich'sche Ataxie	?
Neurofibromatose	?

Insgesamt bieten molekulargenetische Methoden eine fast 100%ige diagnostische Sicherheit bei der pränatalen Erkennung der β-Thalassämie. Ähnliches gilt für eine Reihe anderer Einzelgendefekte (Tabelle 4.4). Den Eltern kann somit eine rationale Basis für ihre Entscheidungen bei der Familienplanung an die Hand gegeben werden.

Sicher kann und darf die Pränataldiagnostik, mittels welcher Methoden auch immer, nicht Instrument einer neuen Eugenik sein. Es geht hier nicht um „Volksgesundheit", sondern um Entscheidungen und Probleme einer Familie, die in jedem Einzelfall neu getroffen und erwogen werden müssen. Die fast 100%ige diagnostische Sicherheit der beschriebenen Methoden ersetzt keineswegs eine möglichst wenig direktive genetische Beratung mit einer sorgfältigen Abwägung aller Aspekte der komplexen Problematik.

Noch einmal möchten wir in aller Deutlichkeit darauf hinweisen, daß ein gesellschaftlicher Prozeß vermieden werden muß, der kranke Kinder als vermeidbare Unfälle und die betroffenen Eltern als dafür Schuldige sieht. Damit hängt zusammen, daß eine noch so gute Pränataldiagnostik kein Ersatz für die gesellschaftlichen Anstrengungen für eine optimale Pflege behinderter Kinder sein darf.

4.2 Reverse Genetik am Beispiel der Mukoviszidose und der Muskeldystrophie vom Typ Duchenne

Bei der begrifflichen Definition grenzt man die *Reverse Genetik* von der konventionellen *„Vorwärts"-Genetik* ab. Bei letzterer ist zunächst das Genprodukt bekannt, und man gelangt über eine der diversen DNA-Klonierstrategien zum Gen und zum näheren Verständnis seiner pathologischen Veränderungen (Kapitel 3). Ungleich komplizierter gestaltet sich die detaillierte pathophysiologische und auch molekulargenetische Analyse einer Erkrankung, wenn nur der klinische Phänotyp, nicht aber das pathologisch veränderte Genprodukt bekannt ist. Die Reverse Genetik zielt in einem solchen Fall zunächst auf die Identifikation des Gens, daraus abgeleitet des Genprodukts, dessen physiologischer bzw. biochemischer Funktionen sowie der beteiligten pathophysiologischen Mechanismen und letztlich auf die Erarbeitung therapeutischer Möglichkeiten (Abb. 4.10).

Konzeptionell geht die Reverse Genetik auf D. Botstein zurück, der 1980 postulierte, daß es möglich sein sollte, ein unbekanntes Gen über die Kopplung des Phänotyps mit DNA-Polymorphismen (Kapitel 3.2.2.2) bekannter Lokalisation zu identifizieren. Seitdem arbeiten eine Reihe von Arbeitsgruppen an der revers-genetischen Identifikation von defekten Genen unterschiedlicher Erkrankungen, wie der Chorea Huntington, dem hereditären Retinoblastom, dem Wilms Tumor, der adulten polyzystischen Nierendegeneration oder der genetischen Prädisposition für endogene Psychosen. Als Beispiele für

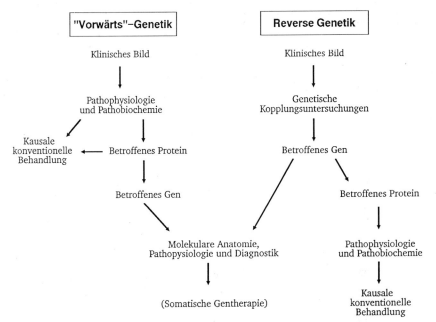

Abb. 4.10. Flußdiagramm der Strategie der Reversen Genetik im Vergleich zur konventionellen „Vorwärts"-Genetik

4.2 Reverse Genetik am Beispiel der Mukoviszidose

2 verschiedene Strategien der Reversen Genetik sollen hier die Suche nach den Genen für die Mukoviszidose sowie für die Muskeldystrophien vom Typ Duchenne und Becker detaillierter beschrieben werden.

4.2.1 Mukoviszidose

Bei der *Mukoviszidose* (CF; engl. *Cystic Fibrosis*) handelt es sich um eine der häufigsten angeborenen Erkrankungen mit einer Prävalenz von etwa 1/1 500–2 000 und einer geschätzten Überträgerfrequenz von 1/20 bei Menschen nordwesteuropäischer Herkunft. Pathogenetisch zeichnet sie sich durch eine erhöhte Viskosität exokriner muköser Drüsensekrete und daraus folgender Obstruktion der Ausführungsgänge mit zystisch-fibrösen Umwandlungen aus. Es scheint, daß die autonome Kontrolle des Ionentransportes und der Proteinsekretion durch einen im Detail bislang noch unbekannten Mechanismus gestört ist. Bei den meisten Patienten stehen eine ausgeprägte Gedeihstörung durch Malabsorption, rezidivierende Bronchitiden/Pneumonien und chronische Sinusitiden im Vordergrund. Das klinische Erscheinungsbild ist jedoch variabel. Etwa 10% der Patienten haben als Neugeborene einen Mekoniumileus, etwa 10% haben überwiegend gastrointestinale und etwa 10% hauptsächlich pulmonale Symptome. Der prognostisch limitierende Faktor ist in der Regel die Destruktion des Lungenparenchyms und die damit einhergehende kardiopulmonale Symptomatik. Es gibt zur Zeit keine kausale Therapie. Die symptomatischen Maßnahmen haben zu einer beachtlichen Verbesserung der Prognose geführt und umfassen eine sorgfältige Physiotherapie, die Substitution mit Verdauungsenzymen und Vitaminen, die Mukolyse und die antibiotische Prophylaxe. Die mittlere Lebenserwartung beträgt z. Z. etwa 20 Jahre.

Der derzeit zuverlässigste diagnostische Test beruht auf der bei CF-Patienten stark reduzierten Permeabilität des Schweißdrüsenepithels für Chloridionen bzw. auf der Unfähigkeit, in den Ausführungsgängen NaCl zu reabsorbieren. Nach epikutaner Pilocarpinstimulation wird die bei CF-Patienten erhöhte Chloridionenkonzentration im gebildeten Schweiß gemessen. Einen klinischen oder biochemischen Überträgertest gibt es nicht.

Bei Beginn der revers-genetischen Suche nach dem CF-Gen war aus Stammbaumanalysen lediglich bekannt, daß es sich um eine autosomal rezessiv vererbte Erkrankung handelt (Kapitel 2.4.1). Auf welchem Chromosom das CF-Gen lokalisiert ist, wußte man nicht.

Zur Lokalisation des CF-Genlocus mußte zunächst die Kopplung des CF-Phänotyps an einen genetischen Marker bekannter Lokalisation bestimmt werden. Die dazu nötige Kopplungsanalyse soll in ihren Grundzügen kurz erläutert werden: Die gesamte genetische Information, also jeder Genlocus, liegt in der Zelle in doppelter Ausfertigung, den beiden Allelen vor (Kapitel 2.1 und 2.2). Wenn in der Meiose die homologen Chromosomen voneinander getrennt werden, kommt es zur Segregation der beiden Allele in unterschiedliche Keimzellen. Die Wahrscheinlichkeit der Vererbung jedes einzelnen Allels an die Nachkommen ist somit 0,5. Betrachtet man also einen beliebigen Genlocus I mit seinen beiden Allelen A und a, so werden an je 50% der Nachkommen die Allele A bzw. a vererbt. Bezieht man in diese Betrachtungen nun einen zweiten Genlocus II mit den Allelen B und b mit ein, so ergeben sich unterschiedliche Möglichkeiten für deren Weitergabe. Befinden sich die Loci I und II auf unterschiedlichen Chromosomen, so werden die Allele dem Zufall gemäß auf die Keimzellen aufgeteilt. Die verschiedenen Allelkombinationen AB, Ab, aB und ab treten bei den Nachkommen dann in einem Verhältnis von 1:1:1:1 auf. Liegen die Loci I und II aber auf dem gleichen Chromosom, so gibt es Abweichungen von dieser Verteilung. Angenommen, die Allele A und B sind auf dem einen und die Allele a und b auf dem anderen homologen Chromosom benachbart, so werden sie auch präferenziell gemeinsam, d. h. gekoppelt weitervererbt. Es werden sich bei den Nachkommen also zumeist die Allelkombinationen AB oder ab finden. Die Kombinationen Ab und aB kommen nicht oder selten vor. Die Einschränkung ergibt sich aus der Möglichkeit der Rekombination zwischen den homologen Chromosomen während der Meiose (Kapitel 2.4.1), die um so wahrscheinlicher ist, je weiter die beiden Genloci auf dem Chromosom voneinander entfernt sind. Die Häufigkeit beobachteter meiotischer Rekombinationen ist somit ein Maßstab für die Entfernung verschiedener Genloci voneinander. Die Rekombinationsfraktion (θ) ist bei zufälliger Verteilung der Allele also maximal 0,5 oder 50%. In diesem Falle werden die beiden Loci unabhängig voneinander vererbt und liegen vermutlich auf unterschiedlichen Chromosomen. Sie sind nicht gekoppelt. Bei entsprechender statistischer Bearbeitung der beobachteten Rekombinationen in einem oder mehreren Stammbäumen läßt sich die Wahrscheinlichkeit der Kopplung zweier Loci bei einer bestimmten Rekombinationsfraktion errechnen. Es hat sich aus Gründen der mathematischen Übersichtlichkeit eingebürgert, diese Wahrscheinlichkeit im dezimalen Logarithmus relativ zum dezimalen Logarithmus der Wahrscheinlichkeit ihrer unabhängigen, nicht gekoppelten Vererbung, dem sogenannten *lod score* (engl. logarithmic likelihood odds ratio) auszudrücken. Bei einem lod score von 3 ist eine Kopplung zweier Loci 10^3 mal wahrscheinlicher als ihre Lokalisation auf unterschiedlichen Chromosomen. Dieser lod score von 3 gilt als statistische Grenze für die Annahme einer Kopplung. Wichtig ist, daß ein lod score immer im Zusammenhang mit der zugehörigen Rekombinationsfraktion angegeben wird, so daß man über die Kopplungswahrscheinlichkeit hinaus auch einen ungefähren Anhalt über den Abstand der beiden gekoppelten Loci erhält. Die Einheit für die rekombinationsfraktion benannte man nach dem amerikanischen Genetiker T. Morgan. Ein Centimorgan (1 cM) entspricht einer Rekombinationsfraktion von 0,01 oder 1%. Als Faustregel gilt, daß 1 cM etwa einem anatomischen Abstand von 1 000 kb entspricht.

Als Basisgrößen für eine Kopplungsanalyse benötigt man zunächst eine eindeutige klinische Diagnose des untersuchten Phänotyps. Bei der Mukoviszidose ist dies kein allzu großes Problem. Bei Untersuchungen z. B. der genetischen Prädisposition zu endogenen Psychosen kann die Definition des Phänotyps allerdings zum limitierenden Faktor werden. Außerdem muß man eine mögliche Kopplung in möglichst vielen Meiosen, d. h. in möglichst vielen und

4.2 Reverse Genetik am Beispiel der Mukoviszidose

großen Stammbäumen verfolgen können. Schließlich benötigt man einen polymorphen Markerlocus, dessen Allele möglichst häufig heterozygot vorliegen (Kapitel 3.2.2). Dies ist nötig, um bei möglichst vielen Individuen die gekoppelte bzw. ungekoppelte Vererbung des untersuchten Phänotyps mit einem Markerallel beobachten zu können. Findet man bei einem Polymorphismus das seltenere Allel z.B. nur auf 5% der Chromosomen, so sind nur etwa 10% aller Individuen heterozygot für diesen Marker. 90% aller beobachteten Meiosen sind für die Fragestellung somit nicht informativ. Idealerweise sollten alle Individuen heterozygot für die allelen Formen des Markerlocus sein. Dies ist bei Polymorphismen mit nur zwei Allelen kaum möglich, da auch bei der dann optimalen Konstellation mit zwei gleich häufigen Allelen nur 50% aller Individuen heterozygot sein können. Daher sind multiallele polymorphe Loci bei Kopplungsanalysen vorzuziehen (Kapitel 3.2.2.2). Sind z.B. 10 Allele eines Genlocus in einer Population gleich häufig verteilt, so sind nur 10% der Individuen homozygot für eines der Allele und somit 90% der Meiosen informativ. Aus diesem Grunde wird man, wenn möglich, für molekulargenetische Kopplungsanalysen eher hypervariable Regionen als einfache RFLP verwenden (Kapitel 3.2.2.2). Grundsätzlich können für Kopplungsanalysen auch polymorphe Proteinmarker verwendet werden. Der Vorteil der DNA-Polymorphismen liegt allerdings in ihrer, verglichen mit vielen Enzymassays, einfacheren methodischen Zugänglichkeit und ihres um Größenordnungen häufigeren Vorkommens.

Angewandt auf das CF-Gen, wurden zunächst viele der bekannten polymorphen Loci in den Familien auf ihre Kopplung an den CF-Phänotyp überprüft. Dies schloß sowohl Proteinmarker, wie HLA und die Blutgruppenantigene, als auch DNA-Polymorphismen ein. Obschon zunächst keine Kopplung gefunden wurde, führten diese frühen Untersuchungen doch zum Ausschluß der CF-Genlokalisation von 40% des gesamten menschlichen Genoms. Der

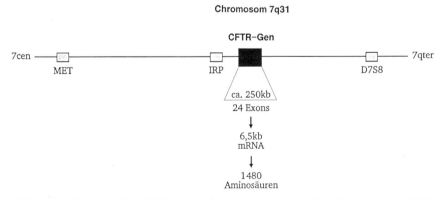

Abb. 4.11. Genkarte des CF-Locus auf dem langen Arm des Chromosoms 7. Das CFTR Gen befindet sich etwa in der Mitte zwischen dem Met Onkogen und dem anonymen Markerlocus D7S8 nahe dem IRP Gen. Das CFTR Gen ist etwa 250 kb groß und enthält 24 Exons. Das Primärtranskript wird zu einer 6,5 kb langen mRNA prozessiert. Das Protein besteht aus 1 480 Aminosäuren

erste positive Anhaltspunkt kam von biochemischen Untersuchungen, die in einigen Familien eine Kopplung der Allele des polymorphen Serumenzyms Paraoxonase an den CF-Phänotyp nahelegte. Leider war die chromosomale Lokalisation des Paraoxonasegens nicht bekannt, so daß dieser Befund zunächst nicht weiter führte. Bald darauf zeigte sich allerdings eine Kopplung des CF-Locus mit 15 cM an einen von 200 zufällig ausgewählten polymorphen DNA-Loci, der auf dem Chromosom 7 lokalisiert ist. Außerdem war dieser Locus nicht nur an das CF-Gen, sondern auch an das Paraoxonasegen gekoppelt. Diese Information führte dann rasch zur Identifikation enger gekoppelter DNA-Loci mit bekannter Lokalisation etwa in der Mitte des langen Arms des Chromosoms 7 (7q22-7q31.1; Abb. 4.11). Einer davon ist das Onkogen met und der andere der anonyme Locus D7S8, der mit der Sonde pJ3.11 erkannt wird. Für diese beiden Gensonden ergab sich bei den ersten Analysen eine statistisch sehr wahrscheinliche und überdies sehr enge Kopplung an das CF-Gen mit einem lod score von 8,85 bzw. 5,24 bei einer Rekombinationsfraktion von 0. Im weiteren Verlauf der Untersuchungen einer Vielzahl von CF-Familien bestätigte sich die hohe Wahrscheinlichkeit der Kopplung an die beschriebenen Marker. Die Rekombinationsfraktion mußte jedoch auf ca. 2 cM korrigiert werden.

Diese molekulargenetische Sublokalisation des CF-Gens hatte bereits weitreichende Konsequenzen für die genetische Beratung der betroffenen Familien. Während vorher lediglich eine CF Diagnostik bei homozygot betroffenen Patienten möglich war, gab es nun durch Kopplungsanalysen zwischen RFLPs und dem nahen, im Detail aber noch unbekannten CF-Gen einen Test für heterozygote Verwandte der Patienten und für die pränatale Diagnostik (Kapitel 3.2.2.2). Außerdem konnte man nun zeigen, daß das CF-Gen in >95% der Familien an die Marker des Chromosoms 7 gekoppelt ist. Dies bedeutet, daß die Mukoviszidose wahrscheinlich in der weit überwiegenden Zahl der Fälle, wenn nicht immer, durch einen Defekt desselben oder sehr eng benachbarter Gene verursacht wird. Dennoch war man bei einer Rekombinationsfraktion zu den Markern von ca. 2 cM, d.h. ca. 2000 kb, noch weit davon entfernt, das CF-Gen in Händen zu halten.

Einen Sprung in diese Richtung erlaubte jedoch der glückliche Umstand, daß das met-Onkogen dem CF-Gen benachbart ist. So war es möglich, aus einer Zellinie mit einem aktivierten met-Onkogen größere Chromosomenbruchstücke in eine Mäuse-Zellinie zu inkorporieren und die wachstumstransformierenden Eigenschaften des aktivierten Onkogens zur Selektion transfektierter Zellklone auszunutzen (Kapitel 4.3). Wegen der engen Nachbarschaft von met und dem CF-Gen erhielt man so eine Population von murinen Zellinien, die neben dem aktivierten humanen met-Gen auch das CF-Gen innerhalb relativ überschaubarer Fragmente menschlicher DNA enthielt. Eine dieser Zellinien mit insgesamt 4000 kb menschlicher DNA einschließlich der flankierenden Loci D7S8 und met wurde für die weitere Analyse benutzt. Die DNA dieser Zellinie wurde im nächsten Schritt dazu benutzt, Cosmidgenbänke anzufertigen (Kapitel 3.1.4.2) und mittels markierter totaler menschlicher DNA die Rekombinanten mit humaner DNA, d.h. mit DNA in der Nähe des CF-

4.2 Reverse Genetik am Beispiel der Mukoviszidose

Tabelle 4.5. Strategien zur Identifikation Protein-kodierender DNA

Identifikation von in der Evolution konservierten Sequenzen (Zoo Blots)
Identifikation von HpaII-Tiny-Fragment islands (HTF-islands)
Nachweis von Genexpression (Northern Blots, cDNA Klonierung)
Nachweis von Genfunktion (Transfektionsassays, Transgene Tiere)

Gens zu isolieren. Durch die Identifikation sich teilweise überlappender Rekombinanten gelang es, einen weiten Bereich des humanen Komplements der transfektierten Zellinie in eine zusammenhängende Genkarte zu ordnen. Dies erhöhte weiter die Übersichtlichkeit der humanen DNA in diesem Bereich. Das noch ungelöste Problem war jedoch, diejenigen DNA-Abschnitte in den 4000 kb zu identifizieren, die für Proteine kodieren und somit grundsätzlich als Kandidaten für das CF-Gen in Frage kommen (Tabelle 4.5). Geht man von einer durchschnittlichen Gendichte im menschlichen Genom von 3×10^4 in 3×10^6 kb, d.h. von einem Gen auf 100 kb aus, so dürften in den 4000 kb etwa 40 Gene liegen. Eines davon sollte das CF-Gen sein. Zur Identifikation transkribierter Bereiche versuchte man, sich den Umstand zu Nutze zu machen, daß in der 5'-flankierenden Region vieler Gene kurze Abschnitte mit einer relativ großen Häufigkeit von nichtmethylierten CG-Dinukleotiden zu finden sind, die an anderer Stelle erstens seltener und zweitens meist am 5'-C des Cytosins methyliert sind (Kapitel 2.3). Nun gibt es Restriktionsenzyme, die in ihrer Erkennungssequenz CG-Dinukleotide enthalten und außerdem methylierungsempfindlich sind. Sie schneiden also nicht, wenn das das Cytosin in ihrer Erkennungssequenz methyliert ist. Aus diesem Grunde schneiden solche Enzyme, wie z.B. HpaII, mit der Erkennungssequenz CCGG, die DNA selten, erzeugen aber in untermethylierten Abschnitten des Genoms, vor allem im 5'-Bereich von Genen, auffällig kleine Restriktionsfragmente und identifizieren dadurch sogenannte *HpaII-Tiny-Fragment-Islands* oder *HTF-Islands*. HTF-islands sind also mit transkribierten Bereichen des Genoms assoziiert. Der Umkehrschluß gilt allerdings nicht: es gibt durchaus Gene ohne HTF-islands. Es war nun möglich, eine Genbank aus rekombinanten DNA-Fragmenten herzustellen, die durch Verdau mit einem methylierungsempfindlichen Restriktionsenzym entstanden waren. Die Genbank war somit angereichert für Rekombinante aus transkribierten Bereichen der 4000 kb humaner DNA, die das CF-Gen enthalten sollten. Ein nur 1,5 kb großes Subfragment eines dieser Rekombinanten enthielt besonders viele Restriktionsstellen für methylierungsempfindliche Restriktionsenzyme. Der so identifizierte Locus enthielt auch tatsächlich eine transkribierte Sequenz. Es stellte sich aber heraus, daß es sich bei diesem Gen nicht um das gesuchte CF-Gen, sondern um ein Gen mit Ähnlichkeit zum Onkogen int handelt (IRP für int related protein; Kapitel 4.3). Dennoch war es gelungen, sich um einige 100 kb an das CF-Gen anzunähern und sehr nützliche diagnostische Gensonden zu isolieren.

Die letztlich erfolgreiche Strategie zur Identifikation des CF-Gens basierte zunächst auf der Kenntnis der relativen Position der verschiedenen Markerloci zueinander und zum CF-Gen. Diese Information ergab sich aus der Analyse von Familien, bei denen es zu Rekombinationen zwischen den Markern und dem CF-Gen gekommen war. Bei einigen Familien fand man eine Rekombination zwischen met und dem CF-Gen, während die Kopplung zwischen dem CF-Gen und D7S8 erhalten blieb. Ebenso gab es den umgekehrten Fall. Met und D7S8 rahmen das CF-Gens daher von beiden Seiten ein (Abb. 4.11).

Vergleichbare Familien lokalisierten den IRP-Locus auf die met-Seite des CF-Gens. Der Abstand zwischen met und D7S8 wurde durch Puls-Feld-Gel-Elektrophorese (Kapitel 3.2.3) auf etwa 1 500 kb bestimmt. IRP liegt etwa in der Mitte dieser 1 500 kb. In einer enormen Fleißarbeit gelang es, eine weitere Gensonde zwischen den beiden bekannten flankierenden Markern met und D7S8 zu identifizieren. Diese Gensonde konnte als Startpunkt für eine neue Methode zur zielgerichteten Chromosomenkartierung, dem sogenannten Chromosome Jumping verwendet werden. Diese in Kapitel 3.1.4.3 näher beschriebene Methode erlaubt, DNA-Sequenzen mit mehreren 100 kb Abstand voneinander zu ordnen und so eine Genkarte größerer Ausschnitte eines Chromosoms zu erstellen und zu klonieren. Das Problem war, wie auch schon bei der Identifikation des IRP-Gens, Protein-kodierende Bereiche, also Gene, und damit Kandidaten für das CF-Gen zu erkennen. Die hier gewählte Strategie ging von der oft erheblichen Homologie funktionell bedeutsamer Strukturen zwischen den Arten aus. In der Evolution konservierte Sequenzen können durch Hybridisierung der fraglichen DNA mit der genomischen DNA verschiedener Tiere in einer Southern Blot-Analyse (Kapitel 3.2.1) erkannt werden. Durch solche „Zoo-Blots" konnte letztlich eine Gensonde identifiziert werden, die spezifische Signale sowohl mit der menschlichen DNA als auch mit der von Rindern ergab. Mit dieser Sonde konnte ein Klon aus einer cDNA-Genbank isoliert werden (Kapitel 3.1.4.1), die aus der mRNA menschlicher Schweißdrüsenzellen erstellt wurde. Dieser cDNA-Klon enthielt das 5'-Ende eines bald vollständig klonierten 250 kb großen Gens mit 24 Exons, das als 6,5 kb großes mRNA-Transkript außer in Schweißdrüsenzellen in relativ großen Mengen im Pankreas und in Nasenpolypen, sowie in kleineren Mengen auch in der Lunge, im Kolon, in der Plazenta, in der Leber und in der Parotis exprimiert wird. Keine Expression fand sich in der Nebenniere, in Hautfibroblasten oder in lymphoblastoiden Zellinien. Dieses Expressionsmuster entspricht in etwa der Erwartung eines kausal an der Entstehung der Mukoviszidose beteiligten Gens.

Aus der nun bekannten cDNA-Sequenz konnte die entsprechende Aminosäuresequenz abgeleitet werden. Das 1480 Aminosäuren lange Protein ähnelt mehreren anderen Membrantransport-Proteinen (Abb. 4.12). Es enthält 4 Domänen. Eine davon ist sehr hydrophob und kann die Zellmembran fünf- oder sechsmal überbrücken. Die 3 anderen sind hydrophil und auf der zytoplasmatischen Seite der Membran lokalisiert. Zwei von diesen Proteinregionen enthalten Sequenzelemente, die bei ähnlichen Proteinen als ATP-Bindungsstellen fungieren. Die 4. Region enthält viele potentielle Angriffspunkte für Proteinkinasen, so daß die Aktivität dieses Proteins möglicherweise durch Phosphorylierung und Dephosphorylierung reguliert werden könnte. Dieses Modell

4.2 Reverse Genetik am Beispiel der Mukoviszidose 153

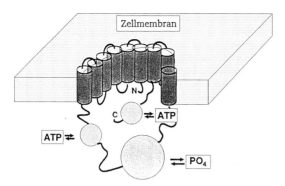

Abb. 4.12. Schematische Darstellung des CF-Genproduktes. Das Protein besteht vermutlich aus vier Funktionseinheiten: ein hydrophober Anteil überspannt die Zellmembran, zwei hydrophile Anteile ähneln ATP-Bindungsstellen anderer Proteine, und ein weiterer hydrophiler Anteil enthält viele phosphorylierbare Aminosäuren

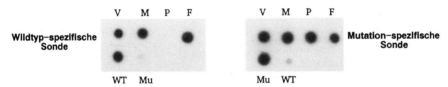

Abb. 4.13. Pränataldiagnose zum Ausschluß einer Mukoviszidose durch Allel-spezifische Oligonukleotid-Hybridisierung. Die PCR-amplifizierte DNA beider Eltern (V und M) hybridisiert sowohl mit der Oligonukleotidsonde mit der Wildtyp- als auch mit der Mutation-spezifischen Sequenz, während der Propositus (P) nur mit der Mutation-spezifischen Sonde hybridisiert. Die DNA des Fetus (F) hybridisiert, wie die der Eltern, mit beiden Sonden. Der Fetus wird somit Überträger einer Mukoviszidose ohne klinische Zeichen dieser Erkrankung sein. Bei WT und Mu handelt es sich um Kontroll DNA, die die Normalsequenz (Wildtyp) bzw. die 3 bp Deletion des CFTR-Codons 508 enthalten

legt eine Funktion des Genproduktes bei transmembranösen Prozessen, wie etwa beim Ionentransport, nahe. Auch dieser Befund paßte gut zu einem Protein, das für die Pathogenese der Mukoviszidose verantwortlich sein könnte.

Eine Analyse des neu gefundenen Gens bei Normalpersonen und bei CF-Patienten ergab, daß dieses Gen bei ca. 70% der Patienten, aber nie bei Normalpersonen, durch eine Deletion der 3 Nukleotide des Codons 508 verändert ist (Abb. 4.13). Im Protein fehlt damit ein Phenylalaninrest an Position 508, d. h. im Verbindungsstück zwischen den beiden möglicherweise ATP-bindenden Untereinheiten. Diese Beobachtung bestärkt den dringenden Verdacht, daß es sich bei dem neu identifizierten Gen um das CF-Gen handelt. Tatsächlich gilt dieser Zusammenhang damit als quasi erwiesen. Der letzte noch ausstehende Beweis besteht in der Korrektur des Chloridionentransportdefektes in kultivierten Schweißdrüsenepithelzellen von CF-Patienten durch Transfektion der cDNA des CF-Gens.

Da die Struktur des revers-genetisch abgeleiteten Proteins so gut zur vorher vermuteten Pathophysiologie der Mukoviszidose paßt, schlugen die Entdecker des CF-Gens für dessen Produkt den Namen *cystic fibrosis transmembrane regulator* (*CFTR*) vor.

Interessanterweise unterscheidet sich die Menge an exprimierter CFTR-mRNA zwischen Normalpersonen und CF-Patienten nicht. Die Deletion des Codons 508 führt damit nicht zum Expressionsblock, sondern wahrscheinlich zu einem fehlerhaft funktionierenden Protein. Diese Vermutung paßt zu der Beobachtung, daß der Chloridionentransport bei CF-Patienten gestört ist und nicht völlig fehlt. Wegen der Nähe der Position 508 zu den vermuteten ATP-Bindungsstellen liegt der Verdacht auf der Hand, daß diese Mutation die ATP-Bindung oder die daraus möglicherweise resultierenden sterischen Veränderungen behindern könnte. Bei ca. 30% der CF-Gene findet sich keine Codon 508-Deletion. Diese Patienten tragen bisher nichtidentifizierte Mutationen.

Aus der Isolation des CF-Gens ergeben sich eine Reihe medizinisch relevanter Konsequenzen. Derzeit behandelt der Kliniker die Symptome der Mukoviszidose, d. h. vornehmlich die Pankreasinsuffizienz sowie die rezidivierenden Bronchitiden und Pneumonien. Möglicherweise kann ein normaler Chloridionentransport durch den CFTR-Tunnel medikamentös wiederhergestellt werden. Sollte das überhaupt möglich sein, wird dies sicherlich eine langwierige Entwicklung benötigen. Man hat nun allerdings einen rationalen Ausgangspunkt für eine entsprechende zielgerichtete Forschung.

Eine verbesserte Identifikation von Überträgern ist eine sehr viel unmittelbarere Aussicht für die Betroffenen und den praktizierenden Arzt. Durch die in Kapitel 3.2.2.2 beschriebenen Methoden der Kopplungsanalyse in betroffenen Familien konnte man bisher in vielen Fällen heterozygote Verwandte homozygoter Patienten identifizieren. Auch waren gewisse Risikomodifikationen bei Personen nicht betroffener Familien möglich. Seitdem aber das Gen bekannt ist, sind schon jetzt ca. 70% aller molekularen CF-Defekte direkt, also unabhängig von Familienuntersuchungen erkennbar. Sobald die molekulare Pathologie der anderen 30% geklärt ist, wird man einen spezifischen molekulargenetischen Überträgertest für die Mukoviszidose in der Hand haben. Es ist vorstellbar, daß viele Betroffene das Angebot einer pränatalen Diagnostik für ihre individuelle Familienplanung annehmen möchten (Abb. 4.13). Außerdem wird man die beobachtete klinische Variabilität der Mukoviszidose vielleicht durch verschiedene Mechanismen der CFTR-Geninaktivierung erklären können. Möglicherweise erlaubt dies prospektive prognostische Aussagen beim individuellen Patienten.

4.2.2 Muskeldystrophie vom Typ Duchenne und Becker

Bei der Muskeldystrophie vom *Typ Duchenne* (*DMD* für *Duchenne muscular dystrophy*) handelt es sich um die häufigste, bei ca. 1/3 500 lebendgeborenen Knaben vorkommende und klinisch ernsthafteste Form der Muskeldystrophie. Das Verbungsmuster ist X-chromosomal rezessiv mit häufig vorkommenden Neumutationen, die etwa 30% der Fälle ausmachen. Weibliche Überträger sind asymptomatisch, können sich jedoch durch eine Erhöhung der

4.2 Reverse Genetik am Beispiel der Mukoviszidose

Kreatin-Phosphokinase (CK) im Serum auszeichnen. Betroffene Jungen werden meist in den ersten 5 Lebensjahren symptomatisch. Ein frühes Zeichen ist die Pseudohypertrophie der Wadenmuskulatur. Die Patienten entwickeln Gangunsicherheiten und Muskelschwäche, die sie meist im Alter von etwa 10 Jahren an den Rollstuhl bindet. Im Adoleszentenalter kommen sie dann meist durch Atemwegsinfektionen ad exitum. Eine effektive Behandlung gibt es bisher nicht. Die Diagnose wird durch die stark erhöhte Serum-CK, durch myopathische Veränderungen bei der Elektromyographie sowie durch charakteristische, histologisch erkennbare Degenerations-/Regenerationsveränderungen des Muskels gestellt. Die Messung der CK-Aktivität im Serum war vor Einführung molekulargenetischer Methoden der einzige verfügbare Überträgertest. Allerdings gibt es einen weiten Bereich der Überschneidung, der bei Normalpersonen und obligaten Überträgerinnen gemessenen Werte, so daß dieser Test wegen der hohen Zahl falsch negativer Ergebnisse unzuverlässig ist. Der seltenere *Typ Becker* wird wie der Typ Duchenne vererbt, verläuft jedoch milder, so daß es hier zu einer fast normalen Lebenserwartung mit relativ geringer Beeinträchtigung kommen kann.

Das Vererbungsmuster lokalisierte das Gen für die Muskeldystrophie vom Typ Duchenne, das DMD-Gen, bereits vor dem Beginn molekulargenetischer Analysen auf das X-Chromosom. Zytogenetisch gelang die Sublokalisation des DMD-Gens auf die Bande Xp21. Von den wenigen Patient*innen* mit der Muskeldystrophie vom Typ Duchenne gibt es nämlich eine kleine Gruppe mit Translokationen zwischen dem X-Chromosom, mit Bruchpunkten immer in dieser Bande, und unterschiedlichen Autosomen. Besonders aufschlußreich war eine Patientin mit einer solchen Translokation, deren autosomaler Bruchpunkt auf dem kurzen Arm des Chromosoms 21 innerhalb eines rRNA-Genkomplexes lokalisiert war (Abb. 4.14). Das bedeutete, daß das zerstörte DMD-Gen, vermutlich in der Xp21-Bande lokalisiert, nun in unmittelbarer Nachbarschaft von rRNA-Genen des Chromosoms 21 lag. Es war deshalb möglich, eine spezifische rRNA-Gensonde zu konstruieren, die homolog zu Sequenzen direkt am Translokationsbruchpunkt im Chromosom 21 war. Mit dieser Gensonde sollten aus einer genomischen Genbank (Kapitel 3.1.4.2) der Patientin eine Rekombinante isoliert werden, die neben den der Gensonde homologen rRNA-Gensequenzen auch Teile des vermuteten DMD-Gens enthalten. Das menschliche Genom enthält jedoch 300–400 Kopien der rRNA-Gene, die in insgesamt 10 Genkomplexen auf den 5 akrozentrischen Chromosomenpaaren angeordnet sind (Kapitel 2.2). Es war damit nahezu unmöglich, mit einer rRNA-Gensonde spezifisch das eine Verbindungsfragment zwischen dem X-Chromosom und dem Chromosom 21 zu isolieren. Die Lösung dieses Problems lag in der Herstellung einer Maus × Mensch-Hybridzellinie, die als einzig menschliches Chromosom das translozierte X;21 enthielt.

Damit sank die Anzahl der menschlichen rRNA-Gene auf die 3–5 Gene, die auf dem translozierten Teil des Chromosoms 21 lokalisiert waren. Die rRNA-Gensonde konnte nun eingesetzt werden, um aus einer genomischen Genbank der Hybridzellinie ein spezifisches Fragment zu isolieren, das den Translokationsbruchpunkt überspannte und somit sowohl X-chromosomale

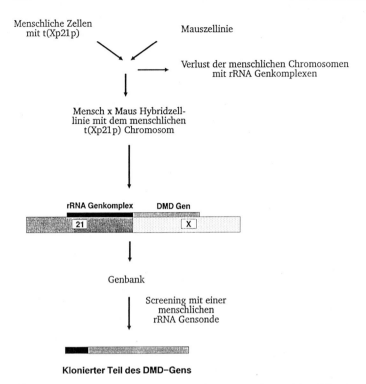

Abb. 4.14. Schematische Darstellung einer Strategie zur Identifikation des DMD-Gens unter Nutzung einer Translokation zwischen dem X-Chromosom und dem Chromosom 21 [t(Xp21p)] bei einer Patientin mit Muskeldystrophie vom Typ Duchenne

als auch Sequenzen des Chromosoms 21 enthielt. Die X-chromosomalen Sequenzen wurden nun weiter subkloniert und als Gensonden für die Southern Blot-Analyse (Kapitel 3.2.1) genomischer DNA von Patienten mit Muskeldystrophie Duchenne und deren Verwandten benutzt. Diese Untersuchungen ergaben, daß die dieser Sonde homologen Sequenzen bei einigen Patienten fehlten. Außerdem identifiziert diese Sonde einen RFLP mit dem Restriktionsenzym TaqI, der bei allen untersuchten Familien so eng an das DMD-Gen gekoppelt ist, daß es in keiner der erfaßten Meiosen zu einer Rekombination kam. Diese Daten legten den Schluß nahe, daß die klonierten Sequenzen Teil des Gens oder sehr nahe mit diesem benachbart sind. Im weiteren Verlauf der Untersuchungen erwies sich die erste Alternative als richtig.

Unabhängig von der oben beschriebenen Strategie führte ein zweiter Weg zur Klonierung eines anderen Abschnittes des DMD-Gens. Der Indexpatient war hier ein junger Mann mit Muskeldystrophie Duchenne, chronischer Granulomatose und Retinitis pigmentosa. Zytogenetisch zeigte sich eine Deletion der Bande Xp21. Auch hier soll das experimentelle Vorgehen wegen seines Modellcharakters detailliert beschrieben werden (Abb. 4.15). Als Ausgangsmaterial diente eine große Menge der genomischen DNA des Patienten, die

4.2 Reverse Genetik am Beispiel der Mukoviszidose

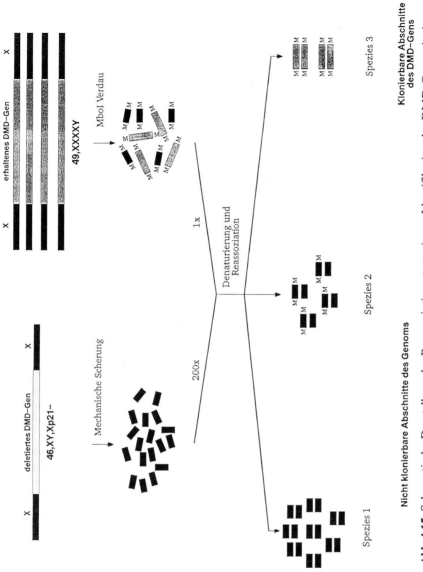

Abb. 4.15. Schematische Darstellung der Reassoziationsstrategie zur Identifikation des DMD-Gens mit einem Überschuß an X-Chromosomen

durch mechanische Scherung in kleine Bruchstücke zerkleinert wurde. Die Sequenzen an den Enden der entstandenen Fragmente waren damit dem Zufall überlassen. Außerdem wurde die genomische DNA eines Patienten mit dem Karyotyp 49,XXXXY mit dem Restriktionsenzym MboI verdaut, das DNA-Fragmente mit definierten Sequenzen an den Enden entstehen läßt. Die mechanisch gescherte DNA des Duchenne-Patienten wurde in 200facher Überschuß mit der MboI-verdauten DNA des 49,XXXXY-Patienten gemischt und beide zusammen durch Hitze denaturiert, d. h. einzelsträngig gemacht. Bei der darauffolgenden Reassoziation dieses Gemisches entstanden 3 verschiedene Spezies doppelsträngiger DNA. Die eine enthielt die wieder mit sich selbst rehybridisierte gescherte DNA des Duchenne-Patienten, die 2. die gescherte DNA dieses Patienten im Hybrid mit homologen MboI-verdauten Sequenzen des 49,XXXXY-Patienten und die 3. mit sich selbst rehybridisierte MboI-verdaute DNA des 49,XXXXY-Patienten. In der Spezies 3 entstanden daher vorwiegend Hybride aus Sequenzen des 49,XXXXY-Patienten, die in der DNA des Duchenne-Patienten fehlten. Die so reassoziierte DNA wurde mit einem geeigneten Vektor ligiert und zur bakteriellen Transformation benutzt (Kapitel 3.1.1). Dabei ist wichtig, daß nur diejenigen Hybride ligierbar und so klonierbar sind, bei denen beide DNA-Stränge an ihren Enden spezifisch durch MboI-Verdau entstandene Sequenzen tragen. Klonierbar war also nur die DNA der Spezies 3 und nicht der Spezies 1 und 2. Die entstandene Genbank war daher mit rekombinanter DNA angereichert, die aus den beim Patienten mit Muskeldystrophie Duchenne deletierten Sequenzen von den X-Chromosomen des 49,XXXXY-Patienten stammten. Die Genbank sollte somit Teile des DMD-Gens enthalten.

Einer der so isolierten Klone enthielt tatsächlich rekombinante DNA, die eine Deletion bei 6,5% aller untersuchten Patienten mit Muskeldystrophie Duchenne erkannte. Dieser Klon wurde dann als Sonde für weitere konventionelle DNA-Klonierungen im Sinne des Chromosome Walkings verwendet (Kapitel 3.1.4.3), was zur Charakterisierung und teilweisen Sequenzierung von 220 kb in diesem Bereich des X-Chromosoms führte. Durch Southern Blot-Analysen von DNA verschiedener Spezies im Sinne von Zoo Blots (Kapitel 4.2.1 und Tabelle 4.5) mit der rekombinanten X-chromosomalen DNA als Sonde konnten diejenigen Sequenzen identifiziert werden, die im Verlauf der Evolution konserviert worden waren und daher vermutlich Protein kodieren. Diese Sequenzen konnten dann für eine Northern Blot-Analyse der RNA aus Muskelgewebe eingesetzt werden (Kapitel 3.3.1). Diese identifizierte ein etwa 14 kb langes Transkript, das per cDNA-Klonierung (Kapitel 3.1.4.1) isoliert wurde. Die cDNA-Klone konnten dann zur Kartierung des genomischen Genlocus eingesetzt werden, dessen minimale Größe heute auf 2 300 kb mit mindestens 75 Exons geschätzt wird. Das DMD-Gen nimmt somit knapp 0,1% des gesamten menschlichen Genoms ein und ist etwa 12mal so groß wie das Gerinnungsfaktor VIII-Gen als eines der größten vorher bekannten Gene oder 1 500mal so groß wie das kleine β-Globingen.

Ein Vergleich der humanen und murinen cDNA-Sequenz ergab eine bemerkenswerte Homologie von über 90%. Zur Identifikation des kodierten

4.2 Reverse Genetik am Beispiel der Mukoviszidose

Genproduktes wurden Teile der murinen cDNA in einem Expressionsvektor exprimiert (Kapitel 3.1.4.1) und die entstandenen rekombinanten Proteine zur Produktion spezifischer Antikörper verwendet. Diese Antikörper identifizierten ein 400 kd großes Protein in normalem Skelett- und Herzmuskel, wo es 0,0002% des Gesamtproteins ausmacht. In noch kleineren Mengen findet es sich auch in glatter Muskulatur und im Gehirn. Es fehlt jedoch im Muskel von Patienten mit Muskeldystrophie Duchenne. Aus der cDNA-Sequenz abgeleitet ergab sich ein bisher unbekanntes Protein mit 3 685 Aminosäuren, das wegen der pathophysiologischen Beziehung zur Muskeldystrophie vom Typ Duchenne den Namen *Dystrophin* und das DMD-Gen den Namen Dystrophin-Gen erhielt. Die Sekundärstruktur scheint aus 4 Funktionseinheiten zu bestehen, je 2 davon erinnern an die Aktin-bindende Domäne des α-Aktinins bzw. an die α-Helices von α- und β-Spektrin.

Innerhalb der Zelle ist Dystrophin fest an die Innenseite des Sarkolemmas und an die sogenannten T-Tubuli gebunden. Letztere sind die tunnelähnlichen Ausstülpungen der Zellmembran, die die kontraktilen Muskelfibrillen umgeben. Diese subzelluläre Lokalisation sowie die vermutete Sekundärstruktur deuten beim Dystrophin auf eine Funktion als zelluläres Strukturprotein. Sein Fehlen könnte zur Destabilisierung der Membran, über einen Einstrom von Ca^{++} zur Aktivierung proteolytischer Enzyme und schließlich zur Zellnekrose führen.

Interessant ist die unterschiedliche Struktur von Dystrophin in Muskelgewebe und Gehirn. Das Dystrophin-Gen wird im Gehirn von einem weiter 5'-gelegenen Promotor aus transkribiert und schließt ein im Muskeltranskript fehlendes Exon mit ein. Die 5'-nicht-translatierte Region des Gehirn-, nicht aber des Muskeltranskriptes, ist in der Evolution streng konserviert, was auf eine wichtige physiologische Funktion des Gehirntranskriptes hinweist. Weiterhin wird das Gehirntranskript in seinem 3'-Ende alternativ gespleißt (Kapitel 2.3). Dadurch entsteht eine gehirnspezifische Isoform des Dystrophins, die sich von der Muskelform sowohl am Amino- als auch am Carboxyterminus unterscheidet. Möglicherweise führt dies im Gehirn zu Wechselwirkungen mit anderen Proteinen als im Muskel. Ob dies damit zusammenhängt, daß einige Patienten mit Muskeldystrophie Duchenne geistig retardiert sind, ist noch unbekannt.

Nachdem die komplette cDNA als Gensonde für genomische Southern Blot-Analysen verfügbar war, wurde schnell klar, daß mindestens 2/3 aller Patienten mit Muskeldystrophien vom Typ Duchenne oder Becker Deletionen des Dystrophin-Gens tragen. Die Größe der Deletion korreliert allerdings nicht mit dem klinischen Schweregrad der Erkrankung. Vielmehr gibt es offenbar auch große Deletionen, die funktionell nicht so wichtige Anteile zerstören und den Rest des Gens in seinem korrekten Leserahmen belassen. Andererseits gibt es kleine Deletionen, die an ihren Bruchpunkten so „verheilt" sind, daß das Leseraster des weiter 3'-liegenden Genteils verändert und das Gen durch einen Frameshift völlig inaktiviert sind. Prognostisch wichtig ist auch nicht so sehr die Länge des Proteins als seine produzierte Menge. Bei Patienten mit dem Typ Duchenne findet sich in Muskelbiopsien mit den nun verfügbaren Antikörpern kein Dystrophin, bei Patienten mit einem klinisch relativ schwer verlaufenden Typ Becker findet sich im Vergleich zu normalem Muskel etwa 3–10% Dystrophin und bei milde verlaufenden Becker-Formen mehr als 20%. Immunologische Messungen des Dystrophins erlauben somit eine prognostische Beurteilung, ohne daß betroffene Familienmitglieder zum Vergleich herangezogen werden müssen. Dies ist vor allem bei den relativ häufigen Patienten mit Neumutationen von Bedeutung. Außerdem können auf dieser Grundlage bei künftigen Therapieversuchen homogene Patientengruppen gebildet werden. Darüber hinaus erlaubt ein Dystrophinassay den eindeutigen Ausschluß einer Duchenne/Becker-Diagnose sowie in unklaren Fällen die eindeutige Zuordnung in diese Erkrankungsgruppe.

Bei der pränatalen Diagnose und bei der Identifikation von weiblichen Überträgern kann der immunologische Dystrophinassay nicht angewandt werden, da Muskelbiopsien beim Feten nicht durchführbar sind und asymptomatische Überträgerinnen nach bisherigen Erkenntnissen normale Dystrophinmengen produzieren. In diesen Fällen muß eine diagnostische DNA-Analyse durchgeführt werden. Bei ca. 2/3 aller Patienten finden sich mit den verschiedenen cDNA-Sonden Deletionen unterschiedlicher Länge und Position. Als weiteres praktisch-klinisches Ergebnis der revers-genetischen Identifikation des Dystrophin-Gens ist somit bei dieser größeren Patientengruppe ein eindeutiger molekulargenetischer Test verfügbar, der sowohl zur Identifikation von Überträgerinnen als auch pränatal diagnostisch eingesetzt werden kann. Bei den restlichen 1/3 muß die Mutation in der individuellen Familie indirekt durch Kopplung an RFLPs innerhalb des Dystrophin-Gens identifiziert werden. Nicht alle Familien zeigen jedoch eine informative Konstellation im Stammbaum. Außerdem kann es zu Rekombinationen zwischen Markerallel und Mutation kommen, so daß diese Strategie nicht in allen Fällen anwendbar ist und nicht die gleiche diagnostische Sicherheit wie die direkte Erkennung von Deletionen bietet.

Von besonderem klinisch-genetischen Interesse waren die Ergebnisse der molekulargenetischen Analyse von Familien, bei denen anscheinend mehrmals Neumutationen aufgetreten waren. Beide Eltern waren hier weder klinisch noch biochemisch auffällig und trugen auch keine Deletion des Dystrophin-Gens. Dennoch fand sich bei mindestens 2 Kindern eine identische Deletion des Dystrophin-Gens. Es ist extrem unwahrscheinlich, daß bei beiden Kindern zufällig dieselbe Deletion de novo entstanden sein könnte. Alternativ erscheint wahrscheinlicher, daß während der Entwicklung der Keimzellen eine Deletion entstanden ist, die an die Nachkommenschaft weitergegeben werden kann, ohne daß sie sich phänotypisch ausprägt oder bei einer Untersuchung von Körperzellen, z. B. Lymphozyten, gefunden werden kann. Es liegt somit ein sogenanntes *Keimzellmosaik* vor. Molekulargenetische Analysen deuteten bei diesen Familien darauf hin, daß ein asymptomatischer Vater dieselbe Dystrophingendeletion an mehrere seiner Kinder vererbt hat bzw. bei denen eine Mutter mit 2 nachgewiesen normalen X-Chromosomen identische Deletionen an ihre 2 Töchter weitergegeben hat. Möglicherweise hängt das empirisch erhöhte Wiederholungsrisiko bei Familien mit einmaligen Neumutationen z. T. mit dem Vorkommen nicht erkannter Keimzellmosaike zusammen. Ein solcher Mechanismus für die Entstehung von Neumutationen wäre natürlich nicht auf das Dystrophin-Gen beschränkt, sondern kann prinzipiell alle Gene betreffen.

Therapeutische Möglichkeiten werden z. Z. am Tiermodell exploriert. Es gibt einen Mäusestamm mit X-chromosomal vererbter Muskeldystrophie, die sogenannte *mdx-Maus*. Diese Mäuse prägen eine der Muskeldystrophie vom Typ Duchenne genetisch und biochemisch vergleichbare Erkrankung aus. Histologisch sieht das Bild zunächst ähnlich aus. Später ist die Muskelnekrose allerdings viel schwächer ausgeprägt als beim Menschen. „Klinisch" zeigen mdx-Mäuse trotz fehlenden Dystrophins keine Muskelschwäche. Es ist unbekannt, was diese Kompensation bedingt.

Insgesamt hat die revers-genetische Strategie bei der Muskeldystrophie vom Typ Duchenne/Becker zu spektakulären Fortschritten bei der Aufklärung der Pathologie und der Pathophysiologie dieser Erkrankungen geführt. Außerdem sind dadurch schon heute diagnostische Möglichkeiten gegeben, an die man noch vor wenigen Jahren kaum denken konnte. Dennoch sind noch viele wichtige Fragen ungeklärt: Was ist die physiologische Funktion des Dystrophins? Wie verursacht dessen Fehlen die Muskeldystrophie? Warum kann die mdx-Maus das Fehlen von Dystrophin kompensieren? Gibt es praktikable Strategien für eine Substitutionsbehandlung?

4.3 Onkologie

Zu den medizinischen Teilgebieten, die von der Einführung molekulargenetischer Methoden besonders profitiert haben, zählt die Onkologie. Dies gilt nicht nur für die Grundlagenforschung, sondern gerade auch für die Entwicklung sensitiver diagnostischer Verfahren und prognostischer Parameter für die klinische Onkologie. Exemplarisch haben wir uns auf die Darstellung einiger Themenkomplexe beschränkt: die physiologische und pathophysiologische Bedeutung von *Onkogenen* und *Tumor-Suppressor-Genen*, den Nachweis von *Rearrangements* der *Immunglobulin-* bzw. *T-Zell-Rezeptor-Gene* zur Charakterisierung lymphoproliferativer Erkrankungen sowie *Klonalitätsanalysen* mittels polymorpher X-chromosomaler Genloci.

4.3.1 Onkogene

Die Erkenntnis, daß die Entwicklung eines Tumors auf Störungen im genetischen Programm einer Zelle zurückzuführen ist, wird durch eine Reihe von Beobachtungen gestützt: a) beim Menschen sind eine Reihe von Tumorformen bekannt, die nach den Mendelschen Gesetzen vererbt werden; b) viele Neoplasien weisen ganz spezifische Veränderungen ihres Chromosomensatzes auf; c) Patienten mit einem defekten DNA-Reparatursystem sind zur Tumorentwicklung prädisponiert; und schließlich d) induzieren die meisten Karzino-

Tabelle 4.6. Identifikation von Onkogenen beim Menschen

Strategie	Beispiele
1. Klonierung von zellulären Äquivalenten (c-onc) retroviraler Onkogene (v-onc)	c-myc, c-abl, c-sis, c-fms, c-Ha-ras, c-erbB
2. Identifikation von transformierenden Genen in DNA-Transfektionsassays	hst, trk, mas, met, neu, N-ras,
3. Klonierung von Bruchpunkten tumorspezifischer chromosomaler Aberrationen	bcl-2, lyl, tcl-5,
4. Klonierung von Genen, die durch Insertionsmutagenese aktiviert wurden	int-1, int-2, lck, pim-1
5. Suche nach Genen mit Sequenzhomologie zu bekannten Onkogenen	c-myc → N-myc, L-myc, R-myc

gene als Mutagene auch Veränderungen der DNA. Ende der 70er Jahre gelang dann in der Krebsforschung ein wesentlicher Durchbruch mit der Klonierung der ersten menschlichen Gene, die im komplexen Prozeß der Karzinogenese eine wesentliche Rolle zu spielen scheinen. Sie werden aus historischen Gründen (s. unten) als *Onkogene* bezeichnet. Dieser plakative Name ist aus heutiger Sicht jedoch recht unglücklich gewählt. Flugzeuge werden ja auch nicht „Abstürzer" genannt und damit über die schlimmstmögliche Komplikation definiert. Entsprechend kommt den Onkogenen eine wesentliche Rolle im Rahmen der physiologischen Zellproliferation und Gewebedifferenzierung zu. Sie kodieren Wachstumsfaktoren bzw. deren Rezeptoren, Moleküle der intrazellulären Signalvermittlung und nukleäre Transkriptionsfaktoren. Es läßt sich leicht vorstellen, daß eine Fehlregulation bzw. strukturelle Veränderung dieser Proteine unkontrollierte Wachstums- und Differenzierungsprozesse zur Folge hat, die man als Teilschritte einer Tumorentwicklung auffassen kann. Erst für diese fehlerhaften Genprodukte wäre eigentlich der Begriff Onkoprotein zutreffend. Mit gleicher Berechtigung könnte man aber auch alle Gene, welche Hormone, Wachstumsfaktoren oder deren Rezeptoren, die zahlreiche Proteinkinasen oder DNA-Bindungsproteine kodieren, ja letztendlich die Gene aller in den Zellmetabolismus eingreifenden Proteine als *potentielle* Onkogene bezeichnen; der inflationäre Gebrauch dieses Begriffes würde seine Fragwürdigkeit unterstreichen. Zur Gruppe der Onkogene im engeren Sinne werden jedoch nur solche Sequenzen gerechnet, deren tumorigene Potenz in Zellkulturen, Tiermodellen oder menschlichen Krebsformen nachgewiesen werden konnte. Dabei stehen 5 Strategien zur Isolation solcher Gene im Vordergrund (Tabelle 4.6). Bevor wir auf die physiologische bzw. pathophysiologische Bedeutung von Onkogenen ausführlicher eingehen, möchten wir kurz die Wege zu ihrer Identifikation skizzieren, um damit aufzuzeigen, welche Gene man, wie gesagt etwas willkürlich, zur Gruppe der ca. 80 heute bekannten Onkogene rechnet.

4.3.1.1 Identifikation von Onkogenen

Zelluläre Äquivalente von viralen Onkogenen

Historisch gesehen wurde man auf die Existenz von Onkogenen erstmals durch Befunde der Tumorvirologie aufmerksam. Es fanden sich Retroviren (Kapitel 4.4.1) mit der bemerkenswerten Eigenschaft, Tumoren in bestimmten Tierspezies zu erzeugen. Diese Viren weisen neben Genen zur eigenen Replikation noch weitere Sequenzen auf, die ihnen tumorigene Potenz verleihen und deshalb *virale Onkogene* (v-onc) genannt wurden. Das erste auf diese Weise identifizierte Onkogen war das v-src-Gen des *Rous Sarcoma Virus*, welches aus Hühner-Sarkomen isoliert wurde. Ungefähr 25 RNA-Tumorviren sind bekannt; die Kurzbezeichnung ihrer Onkogene leitet sich vom betreffenden Virusnamen ab (Tabelle 4.7). Später stellte sich heraus, daß diese Gene gar nicht viralen Ursprungs sind, sondern zellulären Sequenzen (c-onc) entsprechen, die über einen im Detail noch nicht verstandenen Mechanismus (Transduktion) aus dem jeweiligen Wirtsgenom entnommen und strukturell verändert in ein ursprünglich nicht tumorigenes Retrovirus eingebaut wurden. Prototypen (*Proto-Onkogene*) der meisten viralen Onkogene finden sich im Genom aller Wirbeltierspezies einschließlich des Menschen und lassen sich bis zu Vorläufersequenzen in Hefen und *Drosophila melanogaster* zurückverfolgen. Die Beteiligung einiger dieser Gene, wie z. B. c-abl, c-myc und die Mitglieder der ras-Familie, bei der Entstehung menschlicher Tumoren konnte in der Folgezeit nachgewiesen werden (Kapitel 4.3.1.2).

Identifikation von transformierenden Genen durch DNA-Transfektion

Einen anderen experimentellen Ansatz zur Identifikation von Tumorgenen stellen DNA-Transfektionsassays dar (Abb. 4.16). Hierbei geht man von der Überlegung aus, daß die für eine Tumorentwicklung relevanten Gene nach Einschleusung in geeignete Zellkulturen in der Lage sein könnten, diese Zellen hinsichtlich ihrer biologischen und morphologischen Eigenschaften zu verändern. Zunächst isoliert man DNA aus einem Tumor und bringt sie in Form von Kalziumphosphatpräzipitaten in die Testzellen ein (Kapitel 3.4); häufig

Tabelle 4.7. Beispiele für retrovirale Onkogene

Kurzform	Virusstamm	Isolationsquelle
v-abl	*Abel*son Murine Leukemia V.	Maus
v-fos	*F*BJ *O*steo*s*arcoma V.	Maus
v-myb	Avian *My*elo*b*lastosis V.	Huhn
v-myc	Avian *My*elo*c*ytomatosis V.	Huhn
v-Ha-ras	*Ha*rvey Murine *S*arcoma V.	*Ra*tte
v-Ki-ras	*Ki*rsten Murine *S*arcoma V.	*Ra*tte
v-sis	*Si*mian *S*arcoma V.	Affe
v-src	Rous *S*arcoma V.	Huhn

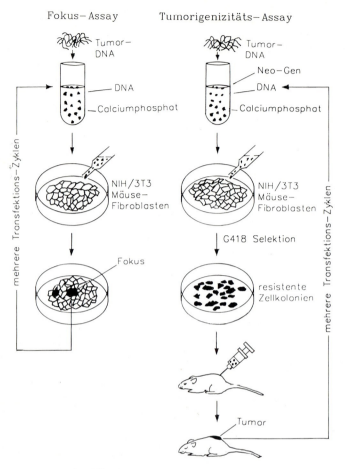

Abb. 4.16. Identifikation von Onkogenen durch DNA-Transfektion in vitro (Fokus-Assay) oder in vivo (Tumorigenizitäts-Assay)

werden hierfür immortalisierte Mäusefibroblasten (NIH/3T3-Linie) benutzt. Da diese Zellen jeweils nur einen Bruchteil ($<0,5\%$) des menschlichen Genoms aufnehmen können, wird auch das betreffende Tumorgen nur in wenige Fibroblasten gelangen. Befinden sich unter den von einer Zelle aufgenommenen DNA-Molekülen jedoch Sequenzen eines aktivierten Onkogens (s. unten), wird diese Zelle transformiert und bildet mit ihren Nachkommen einen morphologisch veränderten Zellverband (*Fokus*). Die DNA solcher Foci wird wiederum isoliert und erneut transfektiert. Hierbei entstehen sekundäre, bei einem weiteren Zyklus tertiäre Foci. Während dieser Transfektionsrunden gehen humane DNA-Sequenzen verloren, die nicht für die Zelltransformation bedeutsam sind; dies erleichtert die Klonierung des betreffenden menschlichen Onkogens aus dem Kontext des Mausgenoms unter Nutzung repetitiver Alu-Sequenzen als mensch-spezifische Gensonden (S. 8, 93).

Da aber viele aktivierte Onkogene gar keine drastischen morphologischen Veränderungen in rezipienten Zellkulturen induzieren und somit auch nicht in dem eben skizzierten In-vitro-System nachgewiesen werden können, wurde ein analoger In-vivo-Assay entwickelt. Hierbei transfektiert man Tumor-DNA zusammen mit einem Selektionsmarker in Mäusefibroblasten; ein häufig verwendeter Marker ist das Neomycin-Acetyltransferase-Gen, welches eukaryonte Zellen resistent gegen Neomycin macht. Bei einer Selektion mit dem Neomycin-Analogon G418 überleben dann nur solche Zellen, die das Resistenzgen zusammen mit Molekülen der zu analysierenden Tumor-DNA aufgenommen haben. Anschließend werden diese Zellen in immundefiziente Mäuse (*nude mice*) injiziert. Befinden sich unter den eingespritzten Zellen auch solche, die durch Aufnahme eines aktivierten Onkogens tumorigene Potenz vermittelt bekommen haben, können diese Zellen den Ausgangspunkt einer Malignomentwicklung bilden. Der Vorteil einer In-vivo-Analyse liegt also in der Möglichkeit, Onkogene zu identifizieren, die den rezipienten Zellen neoplastische Eigenschaften verleihen, ohne daß dieses Ereignis an einem veränderten morphologischen Phänotyp in vitro ablesbar wäre, oder deren neoplastisches Potential sich erst in Gegenwart physiologischer Wachstumsfaktoren manifestiert, die in Zellkulturen nicht enthalten sind.

Einige der über diese Strategien isolierten Gene, wie etwa *Ha-ras* oder *Ki-ras*, waren bereits aus der Tumorvirologie bekannt. Darüber hinaus konnten aber bisher 30 weitere Tumorgene kloniert werden, die keine Homologie zu bekannten viralen Onkogenen aufweisen. Die Bezeichnung dieser Gene erfolgte nach mehr oder minder willkürlichen Gesichtspunkten; so kennzeichnet die Kurzform *hst* ein aus einem menschlichen Magenkarzinom (*h*uman *st*omach) isoliertes Gen, *trk* bezieht sich auf die Struktur des betreffenden Genproduktes (*t*ropomyosin-*r*eceptor-*k*inase), und *vav* ist der 6. Buchstabe des hebräischen Alphabets und bezeichnet das 6. im Labor der Autoren entdeckte Onkogen. Es sei darauf hingewiesen, daß einige dieser Gene erst während der DNA-Transfektion strukturell so verändert wurden, daß sie transformierende Eigenschaften erhielten. Solche „Transfektionsunfälle" identifizieren demnach Gene, die potentielle Onkogene darstellen, auch wenn sie für die Entwicklung des eigentlich getesteten Tumors keine Relevanz besitzen.

Klonieren von Bruchpunkten chromosomaler Translokation

Eine weitere Strategie zur Identifikation von Onkogenen geht von zytogenetischen Vorbefunden aus. Zahlreiche Krebsformen des Menschen weisen charakteristische Veränderungen des Chromosomensatzes auf. Bekannte Beispiele sind die *Philadelphia-Translokation*, t(9;22), bei chronisch-myeloischer Leukämie (CML) oder der Austausch von Regionen der Chromosomen 8 und 14, t(8;14), bei Burkitt-Lymphomen. Über die Klonierung von Bruchpunkten derartiger tumorspezifischer Chromosomenanomalien versucht man Gene zu isolieren, die im Rahmen der chromosomalen Rekombination strukturell verändert oder fehlreguliert werden und dadurch tumorigene Eigenschaften erhalten. Bisher konnten die Bruchpunkte von etwa 15 verschiedenen chromosomalen Translokationen kloniert werden. Den Ausgangspunkt solcher Untersuchungen bilden im Bereiche der jeweiligen Bruchpunkte gelegene DNA-Sonden. So erlaubte die Lokalisation des c-abl-Onkogens auf Chromosom 9q34 die Klonierung der t(9;22) (q34;q11) bei CML (S. 175), und der Einsatz von Immunglobulin- bzw. T-Zell-Rezeptor-Sequenzen gestattete die Charakterisierung einer größeren Zahl von Translokationen bei lymphatischen Neoplasien (Kapitel 4.3.3). Häufig basieren chromosomale Translokationen auf einer Rekombination von zwei Genloci. So kommt es bei der Philadelphia-Translokation zum Rearrangement des c-abl-Gens von Chromosom 9 mit dem BCR-Gen von Chromosom 22, bei den follikulären Lymphomen mit t(14;18) zur Rekombination von Immunglobulin-Sequenzen (Chromosom 14) mit dem bcl-2-Gen von Chromosom 18. Auch die Kurzbezeichnung dieser mit Chromosomenanomalien assoziierten Onkogene folgt keinen einheitlichen Kriterien. So meint *BCR* (*b*reakpoint *c*luster *r*egion) das Gen auf Chromosom 22, in dem die Bruchpunkte der CML-Patienten auftreten, und *bcl-2* (*B-c*ell *l*ymphoma) bezeichnet ein in der Bruchpunktregion von Chromosom 18 gelegenes Gen bei B-Zell-Neoplasien mit t(14;18).

Durch Insertionsmutagenese aktivierte Gene

Die meisten Retroviren enthalten keine Onkogensequenzen. Auch diese Viren können jedoch bei Tieren Tumoren erzeugen, wenn ihre provirale DNA zufällig in die unmittelbare Nachbarschaft eines Wirtsgens integriert wird und es dadurch aktiviert. Dieser Prozeß wird als *Insertionsmutagenese* bezeichnet. Molekulargenetische Analysen ergaben, daß es dabei in einigen Tumoren zu einer pathologischen Aktivierung von bekannten Wirtsgenen, wie den Onkogenen c-myc oder Ha-ras bzw. Genen der hämatopoetischen Wachstumsfaktoren IL-2 oder IL-3 gekommen ist. Bei der Klonierung von Integrationsorten anderer Tumoren gelang die Identifikation bislang unbekannter Gene. Da deren unphysiologische Aktivierung in Zusammenhang mit der Tumorentwicklung steht, werden auch diese Sequenzen als Onkogene bezeichnet. Hierzu zählen 2 Genloci, *int-1* und *int-2*, deren Aktivierung durch *Int*egration des *Mouse Mammary Tumor Virus* in Mäusen Mammakarzinome erzeugt, sowie das *lck* (*l*ymphoid *c*ell *k*inase)-Gen, das nach Insertion des *Molony Murine Leukemia Virus* T-Zell-Lymphome in Mäusen induziert. Homologe Sequenzen dieser Gene sind auch im menschlichen Genom nachweisbar.

Gene mit Sequenzhomologien zu bekannten Onkogenen

Schließlich wird eine ständig wachsende Zahl von Genen identifiziert, die über eine Sequenzhomologie zu bereits bekannten Onkogenen aus genomischen oder cDNA-Banken isoliert wurden. So konnten etwa über Sonden der v-myc- bzw. c-myc-Loci die verwandten N-myc-, L-myc- und R-myc-Gene des Menschen charakterisiert werden.

4.3.1.2 Physiologische Bedeutung von Proto-Onkogenen

Die Tatsache, daß die meisten Onkogene während der Evolution erhalten blieben und auf Vorläufersequenzen in so einfachen Lebensformen wie Hefen,

4.3 Onkologie

Tabelle 4.8. Funktionen von Proto-Onkogenen

Funktion	Onkogen	Beziehung	Protein
Wachstumsfaktor (WF)	c-sis	i	β-Kette des Thrombozyten WF (PGDF)
	hst, int-2	h	Fibroblasten WF (FGF)
WF-Rezeptor (R)	c-fms	i	CSF-1 R.
	mas	i	Angiotensin R.
	c-erbB, neu	h	Epidermaler WF (EGF) R.
	c-ros, met	h	Insulin R.
	c-erbA	i	Schilddrüsenhormon (T3) R.
Transkriptionsregulator	c-jun, c-fos c-myc, c-myb		
Intermediäres Filament	dbl	h	Vimentin
Intrazelluläre Signalvermittlung	c-src, c-abl	h	Tyrosin-spezifische Proteinkinase (PK)
	c-raf, pim-1	h	Serin/Threonin-spezifische PK
	c-ras Familie	h	G-Protein

i = identisch; h = homolog

Drosophila melanogaster oder Nematoden zurückgeführt werden können, macht es wahrscheinlich, daß ihren Produkten eine zentrale Rolle im normalen Zellmetabolismus zukommt. Diese Vermutung wird auch durch alle bisher erhobenen Daten gestützt, allerdings besteht nur für recht wenige Onkogene eine präzise Kenntnis ihrer physiologischen Funktion (Tabelle 4.8). Ausnahmen bilden Gene, wie c-sis, c-fms oder mas, deren Produkte mit bereits bekannten und in ihrer biologischen Bedeutung ausführlich studierten Wachstumsfaktoren oder deren Rezeptoren identisch sind. Eine größere Zahl von Onkogenen kodiert Proteine, die aufgrund ihrer strukturellen oder biochemischen Eigenschaften den Familien solcher Faktoren und Rezeptoren zugeordnet werden können.

Die physiologische Bedeutung der meisten Onkogene kann man derzeit nur über strukturelle bzw. funktionelle Teilkomponenten ihrer Proteine abschätzen, etwa über eine assoziierte Proteinkinase-Aktivität. Mehr als 100 verschiedene Proteinkinasen sind bisher bei Säugern bekannt; sie stellen ein Netzwerk von Schaltelementen zur Signalvermittlung innerhalb einer Zelle dar. Man unterscheidet Proteinkinasen, die entweder die Aminosäuren Tyrosin oder Serin und Threonin als Substrat zur Phosphorylierung benutzen. Onkogene mit Proteinkinase-Aktivität werden zu eigenen Familien zusammengefaßt. Die für das funktionelle Verständnis dieser Gene wesentliche Frage, welche nachgeschalteten Proteine phosphoryliert werden, und was diese katalytische Reaktion für den Zellmetabolismus bedeutet, kann bisher jedoch nur in sehr wenigen Fällen beantwortet werden. So ermöglicht etwa das zur src-Familie gerechnete lck-Protein die spezifische Effektorfunktion von T-Zellen

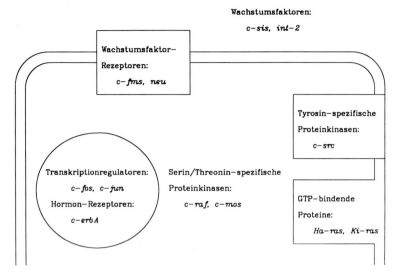

Abb. 4.17. Subzelluläre Lokalisation einiger Onkoproteine

dadurch, daß es das CD4- bzw. CD8-Antigen mit dem T-Zell-Rezeptor/CD3-Komplex verknüpft.

Eine andere Gruppe von Onkoproteinen ist im Zellkern lokalisiert, bindet sich an DNA und stellt Transkriptionsregulatoren dar (Kapitel 2.3.1.3). Recht genaue Vorstellungen hat man hierbei von der Funktion der c-jun- und c-fos-Proteine, die untereinander oder mit anderen Kernproteinen Dimere über einen Leucine-Zipper (S. 34) bilden und, abhängig vom jeweiligen Partnermolekül, die Aktivität von Genen spezifisch modulieren können.

Ein weiterer interessanter, wenngleich indirekter Hinweis zur möglichen biologischen Bedeutung von Onkogenen ergibt sich aus der Sequenzhomologie zu Genen, die die Morphogenese bei *Drosophila* oder der Maus regulieren. Genannt seien die Homologie zwischen den Onkogenen c-rel, int-1 bzw. gli zu den Morphogenen „dorsal", „wingless" und „Krüppel" bei *Drosophila* oder c-kit und „dominant-white (W)" bei der Maus. Derartige Sequenzhomologien legen den Schluß nahe, daß entsprechende Onkogene auch bei der interzellulären Kommunikation zwischen sich differenzierenden Geweben höherer Lebewesen eine Rolle spielen.

Ihren heterogenen Funktionen entsprechend werden Onkoproteine in verschiedenen Zellkompartimenten nachgewiesen (Abb. 4.17). Extrazelluläre Wachstumsfaktoren können sich an transmembranöse Rezeptoren binden. Tyrosin-spezifische Proteinkinasen sind mit der äußeren Zellmembran verbunden, während die G-Protein-ähnlichen Produkte der ras-Genfamilie mit der Membraninnenseite assoziiert sind. Zu den zytoplasmatischen Onkoproteinen zählen Serin/Threonin-spezifische Proteinkinasen. Im Zellkern schließlich finden sich von Onkogenen kodierte Transkriptionsregulatoren und Hormonrezeptoren.

Alle genannten Befunde sind mit der Vorstellung vereinbar, daß Proto-Onkogene eine wesentliche Funktion bei der komplexen Regulation von Zellproliferation und Gewebedifferenzierung innehaben und Störungen ihrer normalen Funktion Teilschritte einer Tumorentstehung begründen. In Zukunft wäre eine an der physiologischen Funktion dieser Gene orientierte Nomenklatur vorzuziehen.

4.3.1.3 Aktivierung von Onkogenen

Der Begriff *Onkogen-Aktivierung* ist mißverständlich. Er bezeichnet die Freisetzung von tumorigenen Eigenschaften dieser Gene und bezieht sich nicht auf deren physiologischen Aktivitätszustand. Die Umwandlung eines Proto-Onkogens in ein Tumorgen sensu stricto kann über verschiedene Mechanismen erfolgen (Tabelle 4.9). Strukturelle Defekte reichen dabei von subtilen Punktmutationen bis hin zu drastischen Genrekombinationen im Rahmen von chromosomalen Translokationen. In jedem Fall entsteht dabei ein qualitativ verändertes Genprodukt mit einer eigenständigen biologischen Funktion. Andererseits kann auch die zu hohe bzw. unzeitgemäße Synthese eines normalen Onkogenproduktes zu einer Störung im Zellmetabolismus führen. Solche quantitativen Veränderungen treten etwa im Rahmen von Genamplifikationen auf, wobei bis zu 1 000 Genkopien in einer Zelle vorhanden sind und exprimiert werden. Ein anderer Mechanismus ist die Entkoppelung eines Gens von seinen eigenen Regulatorsequenzen. Ein Beispiel hierfür wäre die unphysiologische Expression des c-myc-Gens unter dem Einfluß von Regulatorsequenzen der Immunglobulin-Loci infolge chromosomaler Translokationen bei Burkitt-Lymphomen.

Die Entwicklung eines Tumors vollzieht sich in mehreren Schritten. Somit kann auch die pathologische Aktivierung *eines* Onkogens nur einen Teilschritt in diesem komplexen Prozeß darstellen. Tatsächlich gibt es bereits eine Reihe von Hinweisen auf eine Kooperation verschiedener Onkogene im Rahmen der Karzinogenese. Aus der Virologie ist eine gesteigerte tumorigene Potenz von Retroviren bekannt, die 2 unterschiedliche Onkogene enthalten; Beispiele wä-

Tabelle 4.9. Mechanismen der Onkogen-Aktivierung

Qualitative Veränderung		
Punktmutation	Ki-ras	Pankreaskarzinom
	N-ras	AML
Rekombination zweier Gene		
t(9;22)	c-abl/BCR	CML
t(14;18)	bcl-2/IgH	follikuläre Lymphome
Quantitative Veränderung		
Genamplifikation	N-myc	Neuroblastom
	neu	Mammakarzinom
Austausch von Regulatorsequenzen		
t(8;14)	c-myc	Burkitt-Lymphom

ren das *Avian Erythroblastosis Virus* mit den Onkogenen v-erbA und v-erbB sowie das *MH2 Avian Carcinoma Virus*, welches die beiden Gene v-myc und v-mil enthält. Einen experimentellen Zugang zu diesem Problemkreis bietet der Versuch, embryonale Rattenfibroblasten über die Transfektion von Onkogensequenzen zu transformieren. Während bei den bereits immortalisierten NIH/3T3-Mäusefibroblasten ein einzelnes aktiviertes Onkogen ausreicht, um einen neoplastischen Phänotyp zu induzieren, werden hierzu bei den Rattenzellen 2 sich gegenseitig komplementierende Onkogene wie etwa myc und ras benötigt.

Schließlich konnte in den letzten Jahren mit Hilfe von transgenen Mäusen (S.122) der synergistische Effekt verschiedener Onkogene auch in vivo studiert werden. In diesen Experimenten werden Konstrukte aus gewebespezifischen Regulatorsequenzen und Onkogenen in befruchtete Eizellen von Tieren eingeschleust, so daß in deren Nachkommen alle Körperzellen die fremde Onkogen-DNA enthalten. Vereinfacht ausgedrückt bestimmen dabei die mit dem Onkogen verknüpften Promotor- bzw. Enhancer-Elemente den Gewebetyp, in dem sich in den Tieren Tumoren entwickeln, während die transgenen Onkogensequenzen für die Tumorart und deren Aggressivität entscheidende Bedeutung haben. So entstehen beispielsweise unter dem Einfluß des Immunglobulin-(Ig) Enhancers lymphatische Neoplasien, während der Insulin-Genpromotor die Entwicklung von β-Zell-Tumoren des Pankreas und der MMTV-Promotor des *Mouse Mammary Tumor Virus* das Auftreten von Brusttumoren induziert. Eine Kooperation von Onkogenen zeigt sich in derartigen In-vivo-Modellen etwa daran, daß, vermittelt durch den MMTV-Promotor, sowohl nach Einschleusung von myc- als auch ras-Genen in einem Teil der transgenen Mäuse Mammatumore entstehen, dieser Effekt aber durch das gleichzeitige Einbringen beider Onkogene drastisch verstärkt wird. Analoge Beobachtungen gelten auch für die Entstehung von B-Zell- oder T-Zell-Lymphomen unter Verwendung von Ig-Enhancer-gesteuerten myc/Ha-ras- bzw. myc/pim-1-Konstrukten.

Bisher wurde erst in wenigen menschlichen Tumoren eine gleichzeitige Aktivierung von unterschiedlichen Onkogenen beobachtet. Beispiele sind die Rekombination der c-abl- und BCR-Gene zusammen mit ras-Mutationen bei CML-Patienten oder die Amplifikation des neu-Gens in Verbindung mit Ki-ras-Mutationen bei Kolonkarzinomen. Eine vollständige Kaskade relevanter genetischer Veränderungen läßt sich bisher für keine Tumorentwicklung beim Menschen oder im Tiermodell nachvollziehen.

Die verschiedenen Onkogene haben eine sehr unterschiedliche Wertigkeit bei der Entstehung einzelner Tumorformen. So ist eine somatische Rekombination des c-abl-Gens das molekulargenetische Charakteristikum von mehr als 95% der CML-Patienten. Ras-Genmutationen hingegen finden sich mit unterschiedlicher Frequenz bei einem breiten Spektrum von Malignomen. Diese Daten machen es wahrscheinlich, daß eine ras-Mutation einer Zelle generelle Wachstumsvorteile verschafft, diese jedoch nicht auf eine spezifische Tumorform festlegt. Andere Onkogene werden erst im Gefolge einer Tumormanifestation aktiviert und tragen dann zu seiner Progression und Aggressivität bei. Zu nennen wäre hier die Amplifikation von Onkogenen in Neuroblastomen oder Mammakarzinomen.

Es stellt sich nun die Frage, inwieweit die bisher vorliegenden Erkenntnisse Relevanz für die klinische Onkologie besitzen. Wir möchten die praktische Bedeutung der oben diskutierten Daten anhand von 3 unterschiedlichen Formen der Onkogen-Aktivierung diskutieren, die in menschlichen Neoplasien eine Rolle spielen: Punktmutation in ras-Genen, die chromosomale Rekombination der c-abl- und BCR-Gene sowie die Amplifikation des N-myc-Onkogens.

Punktmutationen der ras-Gene

Zur ras-Familie gehören die Gene *Ha-ras*, *Ki-ras* und *N-ras*. Sie kodieren funktionell und strukturell sehr ähnliche Proteine mit einem Molekulargewicht von 21 000, die an der Innenseite der Zellmembran verankert sind. Da ras-Proteine Guanin-Nukleotide binden und GTPase-Aktivität besitzen, werden sie zur Gruppe der regulatorischen G-Proteine gerechnet. Nach heutiger Vorstellung stimulieren externe Wachstums- oder Differenzierungssignale die Umwandlung der ras-Proteine von einer inaktiven, GDP-bindenden in eine aktive, GTP-bindende Form (Abb. 4.18). Bei der weiteren Signalübertragung scheint das zytoplasmatische Protein GAP (*G*TPase *a*ctivating *p*rotein) eine wesentliche Rolle zu spielen. Durch seine Bindung an ras-p21-GTP induziert es die interne GTPase-Aktivität der ras-Proteine. Über diese Reaktion wird einerseits das Signal an zytoplasmatische Effektormoleküle, zu denen beispielsweise auch die Phospholipase C gehört, weitergegeben, andererseits das ras-Protein wieder in seine inaktive Form überführt.

Spezifische *Punktmutationen* bzw. die daraus resultierenden Aminosäuresubstitutionen sind mit stereochemischen Konfigurationsänderungen der ras-Proteine verbunden, die dadurch keiner GAP-vermittelten Regulation mehr zugänglich sind; sie können quasi nicht mehr abgeschaltet werden und senden ein anhaltendes Proliferationssignal aus. In menschlichen Tumoren ließen sich bisher entsprechende Mutationen in Codon 12, 13 oder 61 nachweisen.

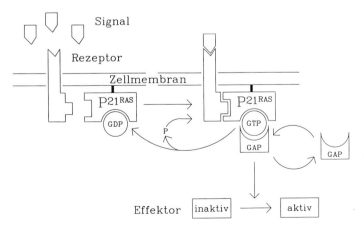

Abb. 4.18. Modell der Funktion von ras-Proteinen als Signalüberträger

Zum Nachweis von ras-Mutationen eignen sich mehrere Methoden, von denen sich 2 besonders bewährt haben. Dies sind zum einen die weiter oben beschriebenen DNA-Transfektionsassays, da aktivierte ras-Gene drastische morphologische Veränderungen in rezipienten Zellkulturen hervorrufen. Diese Techniken sind jedoch recht zeit- und arbeitsintensiv, so daß zur Untersuchung einer größeren Zahl von Tumoren meist eine andere Methode benutzt wird. Dabei vermehrt man mit Hilfe der PCR-Technik (Kapitel 3.2.4) jeweils gezielt die für die Aktivierung der ras-Gene relevanten Regionen um Codon 12/13 bzw. 61 der Tumor-DNA. Der Nachweis mutierter ras-Allele erfolgt dann entweder über direkte Sequenzierung der amplifizierten DNA-Fragmente oder durch eine Dot-Blot-Analyse unter Verwendung synthetischer Oligonukleotid-Sonden, die jeweils eine bestimmte Punktmutation erkennen (S. 112). In Abb. 4.19 ist eine solche Analyse von Codon 61 des N-ras-Gens bei 16 Patienten mit akuter myeloischer Leukämie (AML) gezeigt. Die amplifizierte DNA aller Fälle hybridisiert mit einer Oligonukleotid-Sonde, die die normale Sequenz von Codon 61 (CAA) enthält. Da Veränderungen von Onkogenen meist nur ein Allel betreffen, kann diese Hybridisierung als interne Kontrolle dafür dienen, ob die Amplifikation der jeweiligen N-ras-Region tatsächlich erfolgreich verlaufen ist. Eine Analyse desselben Filters mit 3 weiteren Sonden identifiziert dann bei 4 Patienten Mutationen des Codon 61 auf dem 2. Allel von N-ras. Diese Mutationen führen im betreffenden N-ras-Protein zu einer Substitution der normalen Aminosäure Glutaminsäure (CAA) durch Lysin (AAA), Leucin (CTA) bzw. Arginin (CGA).

Für eine immunologische Identifikation von Einzelzellen mit mutierten ras-Onkogenen in der zytologischen und histologischen Diagnostik werden derzeit spezifische monoklonale Antikörper entwickelt.

Mutationen von ras-Genen finden sich in zahlreichen Tumorformen des Menschen, allerdings mit recht unterschiedlicher Frequenz. Neoplasien, bei denen mehr als 20% der Fälle eine ras-Mutation aufweisen, sind in Tabelle 4.10 zusammengestellt. Bisher ist noch unklar, weshalb in einigen Tumoren vorwiegend ein bestimmtes Mitglied der ras-Familie von den Veränderungen betroffen ist, während eine solche Präferenz in anderen Fällen nicht beobachtet wird. Das Pankreaskarzinom nimmt insofern eine Sonderstellung ein, als

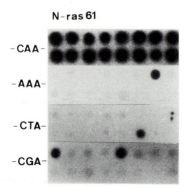

Abb. 4.19. Nachweis von Mutationen in Codon 61 des N-ras-Gens. Amplifizierte DNA des N-ras-Gens aus Leukämiezellen von 16 AML-Patienten wurde auf einen Nitrozellulosefilter aufgetragen und mit Oligonukleotid-Sonden hybridisiert, welche die normale Sequenz des Codon (CAA) sowie Mutationen in der 1. oder 2. Position repräsentieren. Punktmutationen finden sich bei 4 Patienten

4.3 Onkologie

Tabelle 4.10. Menschliche Tumoren mit hohem Prozentsatz an ras-Mutationen

Tumor	Überwiegend mutiertes Gen	Frequenz
Maligne:		
Pankreaskarzinom	Ki-ras 12	85%
Kolonkarzinom	Ki-ras	45%
Adenokarzinom Lunge	Ki-ras	30%
Schilddrüsenkarzinom	Ki-, Ha-, N-ras	40%
Akute myeloische Leukämie	N-ras	25%
Benigne:		
Keratoakanthom	Ha-ras	30%

es nicht nur der Tumor mit der weitaus höchsten Frequenz (85%) von ras-Mutationen ist, sondern zudem diese Veränderungen ausschließlich in Codon 12 von Ki-ras beobachtet werden. Dieser Befund erinnert an Tiermodelle der Krebsforschung, bei denen die Behandlung mit chemischen Mutagenen Tumoren entstehen läßt, die sämtlich durch ganz spezifische ras-Mutationen gekennzeichnet sind. So induziert *Methylnitrosoharnstoff* (MNU) in Ratten Mammakarzinome, die durch eine G→A-Substitution in Codon 12 des Ha-ras-Gens charakterisiert sind, während in Mäusen nach MNU-Behandlung Lungentumore entstehen, die stets eine Ki-ras-Codon 12-Mutation (G→A) aufweisen; bei den gleichen Tieren induziert auch Äthylcarbamat die Entwicklung von Lungentumoren, diese zeigen dann aber Mutationen in Ki-ras-Codon 61 (A→T). Im Gegensatz zu solchen Modellsystemen findet sich in menschlichen Pankreaskarzinomen jedoch keine spezifische Nukleotid- bzw. Aminosäuresubstitution, und ebenso fehlen bisher überzeugende epidemiologische Daten, die auf eine bestimmte mutagene Noxe als Auslösefaktor hinweisen würden, so daß der Mechanismus dieser Onkogen-Aktivierung beim Menschen derzeit noch ungeklärt bleibt.

Ras-Mutationen treten nicht nur bei zahlreichen Neoplasien auf, sondern auch in unterschiedlichen Erkrankungsstadien einer bestimmten Tumorform. Diese Daten stützen somit die Vorstellung von der Tumorentwicklung als einen Prozeß, der sich in mehreren Teilschritten vollzieht. Ein gutes Beispiel hierfür sind Erkrankungen der myeloischen Zellreihe, bei denen überwiegend N-ras-Mutationen beobachtet werden. Ungefähr 25% aller AML-Patienten weisen diese Form der Onkogen-Aktivierung auf. Ras-Mutationen können aber auch beim Übergang von der chronischen Phase in die äußerst bösartige Blastenkrise bei Patienten mit chronisch-myeloischer Leukämie, also in einem fortgeschrittenen Krankheitsstadium, nachgewiesen werden. Andererseits finden sich bereits Mutationen bei ungefähr 10% der Patienten mit *myelodysplastischen Syndromen* (MDS). Dies sind prämaligne Krankheitsbilder, die in bis zu 40% der Fälle in eine AML übergehen. Ebenso werden mutierte Ki-ras-Allele nicht nur in Kolonkarzinomen beobachtet, sondern auch in Adenomen, also prämalignen Gewebeveränderungen des Kolon. In diesem Zusammenhang ist die hohe Frequenz (30%) von Ha-ras-Mutationen in Keratoakanthomen bemerkenswert. Dabei handelt es sich um überaus rasch wachsende, aber gutartige Hauttumoren des Menschen, die sich spontan zurückbilden. Alle diese Befunde stützen die Vorstellung, daß die Aktivierung von ras-Genen zwar Wachstumsvorteile für die betreffenden Zellen erbringen kann, zur Manifestation eines malignen Tumors aber weitere Störungen des Zellmetabolismus hinzukommen müssen.

Die Analyse einer größeren Zahl von Patienten mit Pankreaskarzinomen, Adenokarzinomen der Lunge, Kolonkarzinomen und AML ergab keine Hinweise für eine prognostische Bedeutung von ras-Mutationen bei diesen Malignomen. Hingegen ist nach den bisherigen Daten noch umstritten, ob der Nachweis von mutierten ras-Genen bei prämalignen Krankheitsbildern, wie etwa der Myelodysplasie, einen baldigen Übergang in eine manifeste Leukämie signalisiert. Von großem Interesse sind in diesem Zusammenhang auch Befunde bei Lymphompatienten, die mit intensiver Chemo- und Strahlentherapie behandelt wurden. Solche Patienten weisen ein erhöhtes Risiko für die Entwicklung sekundärer Tumoren, insbesondere akuter myeloischer Leukämien auf. Bei einem Teil dieser Patienten konnte man einige Jahre nach erfolgreicher Lymphombehandlung ras-Mutationen in Blutzellen nachweisen, ohne

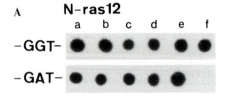

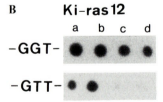

Abb. 4.20. Mutierte ras-Gene als Klonalitätsmarker bei der Untersuchung von Patienten mit Myelodysplasie. **A** Eine Mutation in Codon 12 des N-ras-Gens, die zur Substitution der normalen Aminosäure Glyzin (GGT) durch Asparaginsäure (GAT) führt, läßt sich in der DNA aus separierten Granulozyten (**a**), Monozyten (**b**), B-Lymphozyten (**c**), T-Zellen (**d**) sowie Erythroblasten (**e**) nachweisen. In Fibroblasten (**f**) dieses Patienten finden sich nur normale Allele. **B** Ein anderer Patient ist durch eine Mutation des Ki-ras-Codon 12 in Zellen des Knochenmarks (**a**) und des peripheren Blutes (**b**) charakterisiert. In diesem Fall ersetzt Valin (GTT) die normale Aminosäure Glyzin (GGT). Der Behandlungserfolg der niedrig dosierten Cytosinarabinosid-Therapie wird kenntlich an der Elimination der durch die Mutation markierten Zellen aus dem Knochenmark (**c**) und Blut (**d**)

daß diese Personen Krankheitszeichen oder Blutbildveränderungen im Sinne einer Myelodysplasie aufwiesen. Ob diese zum Untersuchungszeitpunkt Gesunden im weiteren Verlauf Störungen der Hämatopoese bis hin zu einer Leukämie entwickeln, wird gegenwärtig in größeren Studien überprüft.

Mutierte ras-Gene können als hilfreiche *Klonalitätsmarker* bei der Analyse entsprechender Krankheitsbilder dienen. So ließ sich etwa in myelodysplastischen Syndromen, die durch ras-Mutationen charakterisiert waren, diese genetische Veränderung in Granulozyten, Monozyten, Lymphozyten und Erythroblasten der betreffenden Patienten nachweisen (Abb. 4.20 A). Dies ist ein Hinweis darauf, daß diese Krankheitsgruppe, unabhängig vom morphologischen Subtyp, auf einem Defekt in pluripotenten Stammzellen beruht. Gleichzeitig eröffnet dieser molekulargenetische Marker auch die Möglichkeit, den Einfluß verschiedener therapeutischer Maßnahmen auf die gestörte Hämatopoese zu überprüfen. So führt etwa der zytotoxische Effekt von Cytosinarabinosid zur Elimination des defekten Zellklons und gleichzeitigen Repopulation mit normaler Hämatopoese, kenntlich am Verlust des mutierten ras-Allels (Abb. 4.20 B) und dem Wiedererscheinen eines polyklonalen Hämatopoesemusters in RFLP-Analysen (Kapitel 3.2.2.2).

Rearrangement der ABL- und BCR-Gene

Die chronisch-myeloische Leukämie (CML) war die erste maligne Erkrankung des Menschen, bei der ein spezifischer Chromosomendefekt nachgewiesen werden konnte. Unter dem Mikroskop erkennt man, daß ein Teil des langen Arms von Chromosom 22 zum Chromosom 9 überwechselt; diese Rekombination nennt man nach ihrem Entdeckungsort *Philadelphia* (Ph)-*Translokation*. Erst mit molekulargenetischen Techniken konnte man zeigen, daß es sich dabei um eine reziproke Translokation handelt, da im Gegenzug ein Teil von Chromosom 9 zum verkürzten Chromosom 22, dem *Ph-Chromosom*, transferiert wird (Abb. 4.21).

Eine Ph-Translokation findet sich bei über 95% aller CML-Patienten, meistens als typische t(9;22)(q34;q11). Ungefähr 10% der Patienten weisen zytogenetische Sonderformen auf, wobei weitere Chromosomen am Rekombinationsprozeß beteiligt sein können (komplexe Translokation) oder am Chromosom 9 bzw. am Chromosom 22 keine mikroskopisch sichtbaren Veränderungen auffallen (variante bzw. maskierte Translokation). Diese zytogenetischen Varianten sind aber nicht von klinischer Relevanz, da alle Ph-positiven Patienten durch einen gemeinsamen molekularen Defekt charakterisiert sind und sich im Krankheitsverlauf nicht unterscheiden.

Die Ph-Translokation entspricht auf molekularem Niveau einer Rekombination von 2 Genen, dem c-abl-Gen von Chromosom 9q34 und dem BCR-Gen von Chromosom 22q11. Die exakte Lage der Bruchpunkte variiert dabei von Patient zu Patient. Während aber die Brüche auf dem Chromosom 9 über einen Bereich von mehr als 180 kb verteilt auftreten können, liegen alle Bruchpunkte auf dem Chromosom 22 in einem relativ begrenzten Areal von nur 5,8 kb beisammen. Dieses Gebiet auf dem Chromosom 22 wurde zunächst

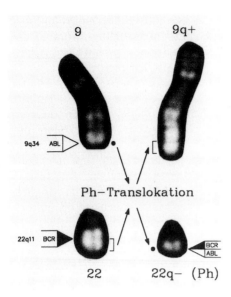

Abb. 4.21. Im Rahmen der reziproken Philadelphia(Ph)-Translokation, t(9;22)(q34;q11), kommt es zur Rekombination der Gene c-abl und BCR. Hierdurch entsteht auf dem Ph-Chromosom ein leukämiespezifisches Hybridgen

provisorisch *bcr* (*b*reakpoint *c*luster *r*egion) genannt; später stellte sich heraus, daß diese Region Teil eines Gens ist. Daraus ergab sich eine etwas verwirrende Nomenklatur. Das Gen selbst wird mit den Großbuchstaben BCR bezeichnet, während die Region, in der die Bruchpunkte der CML-Patienten liegen, Mbcr (*m*ajor *b*reakpoint *c*luster *r*egion) heißt. Das BCR-Gen ist ungefähr 130 kb groß und wird von 3 weiteren, nichtfunktionstüchtigen Mitgliedern der BCR-Familie begrenzt. Die Mbcr liegt etwa in der Mitte des Gens und enhält 5 kleine Exons (Abb. 4.22). Bei den allermeisten CML-Patienten treten die Brüche in Intronsequenzen zwischen Exon 2 und 3 bzw. zwischen Exon 3 und 4 auf. Lediglich bei 3% der Ph-positiven CML-Patienten findet sich ein Bruchpunkt außerhalb der Mbcr. Die Numerierung 1–5 bezieht sich dabei aus historischen Gründen nur auf die Exons der Mbcr und entspricht nicht der Reihenfolge der mit römischen Ziffern bezeichneten Exons des BCR-Gens.

Das *c-abl*-Gen erstreckt sich über eine Distanz von ca. 280 kb auf Chromosom 9. Es enthält zwei 5′ gelegene Exons Ib und Ia, die durch alternatives Spleißen mit Exon II und den übrigen kodierenden Sequenzen verknüpft werden können (Abb. 4.31). Entsprechend sind zwei normale Transkripte von 6 bzw. 7 kb bekannt. Eine Besonderheit des ABL-Locus liegt darin, daß sich zwischen Exon Ib und Ia bzw. Ia und II extrem große Introns von 150 kb und 20 kb befinden, die an die Transkriptions- und Spleißmaschinerie einer Zelle ungewöhnliche Anforderungen stellen (Kapitel 2.3). In diesen Intronbereichen treten die Brüche bei CML-Patienten auf.

Die physiologische Funktion der nahezu ubiquitär exprimierten BCR- und ABL-Proteine ist noch unbekannt. Infolge der Rekombination beider Gene wird die niedrige Tyrosinkinase-Aktivität des normalen ABL-Proteins, welches ein Molekulargewicht von 145 000 aufweist (p145^{ABL}), im

4.3 Onkologie

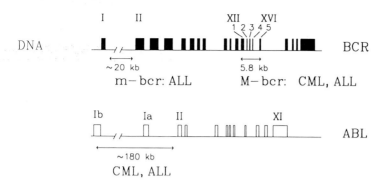

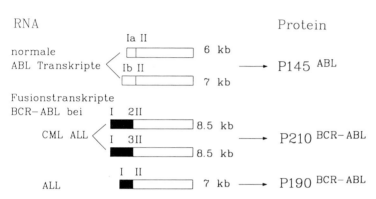

Abb. 4.22. Das Rearrangement zwischen den BCR- und ABL-Genen führt je nach Bruchpunktlage zur Expression von unterschiedlich großen Transkripten bzw. Fusionsproteinen bei Patienten mit Ph-positiver CML bzw. ALL

210000 schweren Fusionsprotein (p210$^{BCR-ABL}$) drastisch gesteigert. Zudem läßt sich das p145^{ABL} im Zellkern nachweisen, während sich das Fusionsprotein im Zytoplasma findet. Welche weitergehenden Konsequenzen für den Zellmetabolismus aus der Synthese dieses Proteins resultieren, bleibt noch zu klären.

Aus diesen Befunden ergibt sich, daß eine molekularbiologische Diagnostik der Ph-positiven CML auf Protein-, RNA- bzw. DNA-Ebene möglich ist. Der Nachweis eines BCR-Genrearrangements über eine Southern-Blot-Analyse hat bereits breite klinische Anwendung erfahren. Vorteile dieser Methode liegen darin, daß die Leukämiezellen jedes Patienten wegen der individuellen Bruchpunktlage durch ein spezifisches Genrearrangement gekennzeichnet sind und daß im Vergleich zur zytogenetischen Analyse eine sehr viel größere Zahl von Zellen, die zudem auch nicht proliferieren müssen, untersucht werden kann (Abb. 4.23). Chromosomenanalysen sind wiederum in der Lage, zusätzliche Anomalien aufzudecken, wie sie etwa in fortgeschrittenen Krankheitsstadien beobachtet werden.

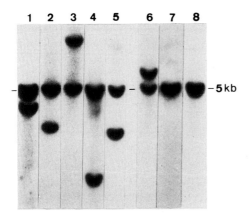

Abb. 4.23. Southern-Blot-Analyse von 8 CML-Patienten. Bei den Fällen 1 bis 5 konnte ein Ph-Chromosom nachgewiesen werden, die Patienten 6 bis 8 wiesen keine zytogenetisch sichtbaren Veränderungen der Chromosomen auf. Die aus der Leukämiezelle isolierte DNA wurde mit dem Enzym BglII verdaut und mit einer Sonde aus dem Mbcr-Gebiet des BCR-Gens hybridisiert. Neben dem Keimbahnfragment von 5 kb des normalen Chromosom 22 findet sich in allen 5 Ph-positiven Fällen, aber auch in einem Ph-negativen CML Patienten (6) ein individuelles BCR-Genrearrangement

Dem Nachweis einer Ph-Translokation kommt insofern eine große klinische Bedeutung zu, als CML-Patienten ohne diese chromosomale Aberration eine schlechtere Prognose haben. Die Ph-negative CML stellt eine heterogene Gruppe myeloproliferativer Krankheitsbilder dar. Bereits bei sorgfältiger morphologischer Betrachtung können viele dieser Patienten anderen Entitäten, wie etwa der chronisch-myelomonozytären Leukämie (CMML), zugeordnet werden. Trotzdem verbleiben etwa 5% der CML-Patienten, die sich nach hämatologischen Kriterien nicht von einer Ph-positiven CML unterscheiden, aber zytogenetisch keine chromosomale Aberration, insbesondere kein Ph-Chromosom aufweisen. Die molekulargenetische Analyse ergibt jedoch, daß in ca. 40% dieser Fälle ein BCR-ABL-Rearrangement nachweisbar ist (Abb. 4.23) und solche Patienten somit der prognostisch günstigeren Gruppe der Ph-positiven CML zuzurechnen sind.

Eine Ph-Translokation findet sich nicht nur bei CML, sondern auch bei etwa 25% der Erwachsenen bzw. 5% der Kinder mit akuten lymphatischen Leukämien (ALL). Auch bei diesen Fällen läßt sich eine Rekombination der BCR- und c-abl-Gene nachweisen, jedoch können 2 molekulargenetisch definierte Formen unterschieden werden. Bei einem Teil der Patienten liegen die Brüche wie bei der Ph-positiven CML in der Mbcr; der andere Teil der Ph-positiven ALL-Patienten ist jedoch durch eine Rekombination im weiter 5' gelegenen 1. Intron des BCR-Gens charakterisiert (Abb. 4.22). Dabei finden sich die Bruchpunkte in einer *mbcr* (*minor bcr*) genannten Region über etwa 20 kb im 3'-Teil des ingesamt 68 kb großen Introns verstreut. Als Konsequenz dieser Form des BCR-ABL-Rearrangements wird in den Leukämiezellen BCR-

Exon I an Exon II von ABL gespleißt, und es entsteht ein im Vergleich zum CML-Typ der Rekombination kürzeres Transkript von 7 kb, das in ein Protein mit einem Molekulargewicht von 190000 translatiert wird. Biochemisch ist auch das $p190^{BCR-ABL}$ durch eine deutlich gesteigerte Tyrosinkinase-Aktivität charakterisiert.

Bisher ist noch unklar, ob derartige Unterschiede auf molekularem Niveau mit klinischen Parametern korrelieren. Die Frage, ob die Lokalisation des BCR-Bruchpunktes und damit die Struktur des BCR-ABL-Fusionsproteins eine prognostische Relevanz besitzt, ist nicht nur für die Ph-positive ALL von Bedeutung. Auch bei CML-Patienten könnte die fakultative Aufnahme von Mbcr-Exon-3-Sequenzen in das Fusionsprodukt unterschiedliche biologische Eigenschaften begründen.

Während der Nachweis eines Genrearrangements bei Brüchen in der Mbcr über eine Southern-Blot-Analyse mit wenigen Gensonden und Restriktionsenzymen zuverlässig möglich ist, gestaltet sich die Diagnostik der weit auseinanderliegenden Brüche in der mbcr bei Ph-positiver ALL wesentlich aufwendiger. Eine Alternative stellen in solchen Fällen Puls-Feld-Gel-Elektrophoresen dar (Kapitel 3.2.3), mit denen man auch sehr große DNA-Fragmente, die die weit auseinanderliegenden Bruchpunkte enthalten, voneinander abgrenzen kann.

Ein wesentlicher Fortschritt bei der Diagnostik Ph-positiver Leukämien ergibt sich aus der Anwendung der PCR-Technologie (Kapitel 3.2.4). Unter Verwendung von BCR- und ABL-Oligonukleotiden als 5′ und 3′ gelegene Startersequenzen wird die rekombinierte BCR-ABL-Region des Ph-Chromosoms amplifiziert. Bei dieser Analyse kann man jedoch nicht von der DNA als Untersuchungsmaterial ausgehen, da die Bruchpunkte auf genomischem Niveau bei den verschiedenen Patienten über 180 kb auseinanderliegen. Diese Distanz kann die zur PCR benutzte DNA-Polymerase nicht überbrücken. Auf RNA-Ebene werden die relevanten Exonsequenzen von BCR und ABL jedoch durch die Elimination von Introns während des Spleißens in einem relativ kurzen Bereich miteinander verknüpft. Deshalb präpariert man für diese Untersuchung zunächst RNA aus den Leukämiezellen, schreibt sie in cDNA um und amplifiziert diese cDNA anschließend auf. Bei der in Abb. 4.24 gezeigten Primerwahl entstehen dabei (abhängig von der Anwesenheit von Mbcr-Exon 3) cDNA-Fragmente von 395 oder 320 bp. Analog zu diesem Vorgehen würde die Verwendung eines 5′-Primers aus Exon-I-Sequenzen des BCR-Gens die Diagnose einer Ph-positiven ALL mit Bruch in der mbcr ermöglichen. Als interne Kontrolle für eine PCR-Diagnostik Ph-positiver Leukämien eignet sich eine Amplifikation von ABL-Sequenzen (Abb. 4.24), weil dieses Gen unabhängig vom Translokationsereignis ubiquitär exprimiert wird und somit entsprechende cDNA-Fragmente stets nachweisbar sein sollten.

Ein Vorteil dieser Methode liegt darin, daß sie die Diagnose einer Ph-positiven Leukämie innerhalb von 2 Tagen erlaubt und zugleich noch eine exakte Bruchpunktlokalisation aus den sich jeweils ergebenden Fragmentgrößen zuläßt. Ein anderer Aspekt ist die enorme Sensitivität dieser Technik mit einer Nachweisgrenze von einer Leukämiezelle unter 100000 Normalzellen.

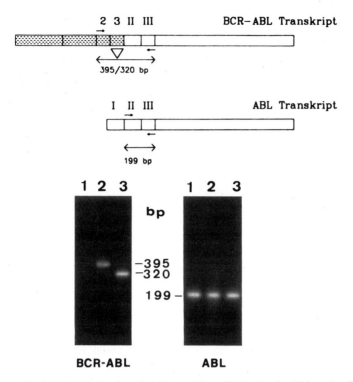

Abb. 4.24. PCR Analyse bei Ph-positiver CML. In der Skizze ist die Lage der unterschiedlichen Primer durch dünne Pfeile gekennzeichnet. Als 5′ bzw. 3′ gelegene Startmoleküle dienen Oligonukleotidsequenzen aus Exon 2 (Mbcr) des BCR Gens bzw. aus Exon III des ABL Gens. Liegt ein Fusionstranskript vor, so entsteht bei der Amplifikation der korrespondierenden cDNA ein 395 bp großes Fragment, falls bei dem betreffenden Patienten der Bruch im Intron zwischen Mbcr Exon 3 und 4 erfolgte, und deshalb Exon 3 Sequenzen an ABL Sequenzen gespleißt werden. Liegt der Bruch im Intron zwischen Exon 2 und 3 und sind somit Exon 3 Sequenzen nicht Bestandteil des Fusionsproduktes, hat das amplifizierte Fragment nur eine Größe von 320 bp. Die Amplifikation eines normalen 199 bp großen Fragments mit Primern aus Exon II (5′) bzw. Exon III (3′) des ABL Gens erfolgt zur Kontrolle der PCR. Eine Analyse von 2 Ph-positiven CML Patienten (2, 3) ergibt je nach Lage der Bruchpunkte amplifizierte BCR-ABL Fragmente von 395 bp bzw. 320 bp, während bei einer Ph-negativen CML (1) kein entsprechendes Amplifikationsprodukt beobachtet wird. Alle drei Fälle zeigen jedoch 199 bp große ABL Fragmente in der Kontrollanalyse. Die amplifizierte DNA wurde auf einem Agarosegel elektrophoretisch getrennt und mit Ethidiumbromid angefärbt

Dieses Auflösungsvermögen ist insofern von Interesse, weil bei der Ph-positiven CML mit der Knochenmarktransplantation und eventuell auch Interferon-Therapie kurative Behandlungsmöglichkeiten bestehen, die eine vollständige Eliminierung aller Leukämiezellen anstreben. Bei einem Teil der Patienten, die sich nach entsprechender Therapie in einer kompletten klinischen Remission befanden und auch nach zytogenetischen bzw. Southern-Blot-Analysen keinen Anhalt mehr für Leukämiezellen boten, konnten mit

4.3 Onkologie

der sehr viel sensitiveren PCR-Analyse restliche CML-Zellen identifiziert werden (Minimale residuelle Leukämie). Allerdings läßt sich die klinische Relevanz des Nachweises derartig weniger maligner Zellen im Hinblick auf ein mögliches Leukämierezidiv noch nicht abschließend beurteilen.

Auch die genaue Analyse des BCR-ABL-Rearrangements macht nur einen Teilschritt der Entwicklung einer Ph-positiven CML besser verständlich. So ist etwa noch völlig unklar, welche Faktoren bei CML-Patienten den Übergang von der chronischen Krankheitsphase in die sehr bösartigen Blastenkrise beeinflussen. Zusätzliche Rekombinationen der BCR- und ABL-Gene oder eine gesteigerte Expression des Fusionsproteins scheinen nicht von Bedeutung zu sein. Die Signifikanz der bei einigen Patienten in Blastenkrisen beobachteten ras-Mutationen oder strukturellen Defekte des p53 Gens ist noch umstritten. Ebensowenig sind die Konsequenzen der beim Übergang in die akute Krankheitsphase beobachteten zusätzlichen Chromosomenanomalien, wie eine Trisomie 8 oder ein Isochromosom 17, einer molekularen Analyse zugänglich, weil derzeit keine spezifischeren Vorstellungen hinsichtlich der dabei beteiligten Gene oder chromosomalen Subregionen bestehen.

Dennoch ist gerade die Ph-positive CML ein gutes Beispiel dafür, wie selbst der unvollständige Einblick in die molekularen Mechanismen einer Tumorentstehung wesentliche Fortschritte für die klinische Onkologie bei der Diagnostik und Subklassifikation von Neoplasien erbringen kann.

Amplifikation des N-myc-Onkogens

Tumorzellen können sich über einen als *Genamplifikation* bezeichneten Prozeß Wachstumsvorteile gegenüber anderen Zellpopulationen verschaffen. Dabei kommt es zu einer Vermehrung von normalerweise 2 auf bis zu einige 1 000 Kopien eines Gens pro Zelle. Dieses zusätzliche genetische Material weist bei zytogenetischer Betrachtung im Mikroskop nicht das typische chromosomale Bandierungsmuster auf, sondern stellt sich als homogene Struktur dar (*HSR*, *h*omogeneously *s*taining *r*egion). Amplifizierte Sequenzen verbleiben jedoch häufig nicht am normalen Genort, sondern besitzen eine gewisse Mobilität; sie integrieren sich als HSR in andere Chromosomen oder bilden paarige, extrachromosomale Genpakete (*double minutes, DM*). Beide Amplifikationsformen können ineinander übergehen (Abb. 4.25). Ein gut untersuchtes Modell für Genamplifikationen ist die Entwicklung von Zytostatikaresistenz in Tumorzellen. So tritt eine Methotrexat-Resistenz nach Amplifikation des Dihydrofolatreduktase-Gens auf. Ein anderes Beispiel ist die erhöhte Expression eines membranständigen Glykoproteins mit Pumpfunktion, welches für die physiologische Entgiftung bestimmter Zellpopulationen sorgt, aber auch unterschiedliche Chemotherapeutika aus Zellen herausschleusen kann. Eine Amplifikation dieses Gens (mdr1; *m*ulti *d*rug *r*esistance) führt zur Resistenz gegen eine Reihe von Zytostatika.

Genamplifikationen stellen meist Adaptationsvorgänge maligner Zellpopulationen dar und werden vorwiegend in fortgeschrittenen Tumorstadien beobachtet. Auch die Amplifikation von Onkogenen kann als Zeichen einer Tu-

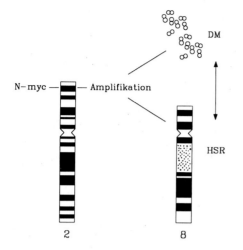

Abb. 4.25. Eine Amplifikation des normalerweise auf Chromosom 2 gelegenen N-myc-Gens kann zu zytogenetisch sichtbaren Veränderungen führen. Amplifizierte Sequenzen können sich als homogen gefärbte Strukturen (HSR) in andere Chromosomen integrieren (hier beispielsweise Chromosom 8) oder sich extrachromosomal als double minutes (DM) manifestieren

morprogression gewertet werden. Von großer klinischer Relevanz ist in diesem Zusammenhang die Bedeutung von Onkogenamplifikationen als unabhängiger Prognoseparameter. Erstmals konnte eine solche Korrelation zum Krankheitsverlauf bei Neuroblastomen aufgedeckt werden.

Neuroblastome gehören zu den häufigsten soliden Tumoren des Kindesalters. Sie leiten sich vom peripheren Nervengewebe ab. Man unterscheidet 4 Stadien, ausgehend von einem lokal begrenzten, in toto resizierbaren Tumor mit guter Prognose bis hin zu einem meist therapieresistenten disseminierten Krankheitsbild mit Fernmetastasen. Dazu kommt im Säuglingsalter ein eigenständiges Stadium IV-S, das trotz ausgedehnten Krankheitsbefalls durch eine spontane Regressionsneigung charakterisiert ist.

In Neuroblastomen beobachtete man die Amplifikation eines Gens, das wegen einer Sequenzhomologie zum c-myc-Onkogen als N-myc-Gen bezeichnet wurde. Amplifizierte N-myc-Sequenzen finden sich in etwa 30% aller Neuroblastome, wobei nur 5–10% der Tumore des Stadiums II, aber 40% der fortgeschrittenen Stadien III und IV diese genetische Veränderung aufweisen. Im Stadium I, aber auch IV-S wird eine N-myc-Amplifikation hingegen sehr selten beobachtet. Besonders wichtig ist nun, daß der Befund einer N-myc-Amplifikation unabhängig vom jeweiligen Tumorstadium eine schlechte Prognose signalisiert. So sind Tumoren des eigentlich günstigen Stadiums II, die eine N-myc-Amplifikation aufweisen, meistens therapierefraktär, während umgekehrt Tumore, die im Stadium IV einen günstigen Krankheitsverlauf nehmen, keine amplifizierten N-myc Sequenzen enthalten. Die prognostische Aussagekraft einer N-myc Amplifikation konnte in mehreren Studien eindeutig belegt werden. Es bleibt jedoch unter klinischen Gesichtspunkten anzumerken, daß im Einzelfall Krankheitsverlauf und N-myc Status nicht übereinstimmen müssen und auch ein Patient mit 100facher Genamplifikationen im Rahmen der üblichen Therapiegestaltung geheilt werden kann. Es sollte auch nicht übersehen werden, daß die Genamplifikation nur einen Mechanismus

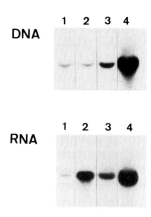

Abb. 4.26. Southern- und Northern-Blot-Analyse von 4 Neuroblastomen des Stadium IV. Eine Amplifikation des N-myc-Gens um das ca. 5- bzw. 30fache, kenntlich am intensiveren Hybridisierungssignal, läßt sich in den Tumoren 3 und 4 nachweisen. Während zwischen Anzahl der Genkopien (DNA) und bei Expression des N-myc-Gens (RNA) eine gute Übereinstimmung bei den Neuroblastomen 1, 3 und 4 besteht, findet sich im Tumor 2 eine erhöhte N-myc-Expression, die nicht auf einer Genamplifikation beruht

darstellt, über den es zur vermehrten Expression des eigentlich relevanten Onkoproteins kommen kann. Tumoren, bei denen eine deutlich erhöhte N-myc mRNA Expression nicht auf eine Genamplifikation zurückzuführen ist, werden – wenngleich selten – beobachtet und weisen ebenfalls eine schlechtere Prognose auf (Abb. 4.26). Somit stellen Southern und Northern Blot sowie immunhistochemische Analysen sich sinnvoll ergänzende Techniken zur Bestimmung des N-myc Status bei Neuroblastomen dar.

Die Frage nach den molekularen Mechanismen, welche die besondere Tumoraggressivität von Neuroblastomen mit gesteigerter N-myc Expression erklären könnten, läßt sich erst ansatzweise beantworten. So führt eine erhöhte N-myc Produktion in den betreffenden Tumorzellen zu einer verminderten Expression von MHC (major histocompatibility complex) Klasse I Molekülen, die ihrerseits für die Erkennung und Elemination von Tumorzellen durch zytotoxische T-Zellen des Immunsystems unabdingbar sind. Die reduzierte Transkription von MHC Klasse I Sequenzen wird durch ein nukleäres Protein vermittelt, das sich an den Enhancer des MHC Klasse I Locus bindet und dessen aktivierenden Einfluß auf die MHC Klasse I Transkription aufhebt. Darüber hinaus supprimiert eine gesteigerte N-myc Synthese auch die Expression von Zelladhärenz-Proteinen (neural cell adhesion molecule, NCAM) an der Oberfläche von Neuroblastomzellen, ein Befund, der zumindest teilweise die erhöhte Metastasierungspotenz der betreffenden Tumoren erklären könnte.

Der Amplifikation bzw. erhöhten Expression von Onkogenen kommt auch bei Mammakarzinomen eine klinische Bedeutung zu. Etwa 25 % der Patientinnen zeigen eine entsprechende genetische Veränderung des neu und/oder int-2 Gens. Gegenwärtig wird noch kontrovers diskutiert, wieweit diese Befunde hierbei eine unabhängige prognostische Aussagekraft besitzen oder im Kontext anderer Parameter wie Lymphknotenbefall, Östrogenrezeptorstatus bzw. histologischem Subtyp interpretiert werden müssen.

4.3.2 Tumor-Suppressor-Gene

Während Onkogene über ihre strukturell veränderten oder fehlregulierten Proteine zur Krebsentstehung beitragen, begünstigt eine andere Gruppe von Genen die Entwicklung von Tumoren gerade dadurch, daß von ihnen in einem kritischen Moment kein funktionstüchtiges Protein zur Verfügung steht und damit Produkte anderer Gene abgekoppelt von ihren physiologischen Regulatoren in den Zellmetabolismus eingreifen können. Solche Gene nennt man plakativ Anti-Onkogene oder *Tumor-Suppressor-Gene*, obwohl dadurch wenig über ihre physiologische Bedeutung ausgesagt wird. Sie werden auch als *rezessive Tumorgene* bezeichnet, da erst der Verlust beider normaler Allele biologisch relevante Folgen zeitigt, im Gegensatz zu den *dominanten Onkogenen*, bei denen es bereits zu Fehlregulationen kommt, wenn nur ein Allel ein tumorigenes Protein kodiert. Im Tiermodell ist die Bedeutung von Tumor-Suppressor-Genen bereits detailliert untersucht worden. Mehr als 20 rezessive Tumorgene sind etwa bei der Taufliege (*Drosophila melanogaster*) bekannt; Mutation auf beiden Allelen eines dieser Loci führt beispielsweise zur Entwicklung von Neuroblastomen. Ein anderes eindrucksvolles Beispiel ist die Entwicklung von Melanomen im Tropenfisch *Xiphophorus* nach Ausfall beider Allele eines bestimmten Tumor-Suppressor-Gens.

Beim Menschen wurde das Phänomen der Tumorsuppression zunächst in Zellkulturexperimenten analysiert. Eine Fusion von malignen und normalen Zellen ergab Zellhybride, die ihrerseits keine tumorigenen Eigenschaften mehr besaßen. Zytogenetische Analysen dieser hybriden Zellen zeigten, daß bestimmte Chromosomen der normalen Zellen für diese Korrektur verantwortlich waren; gingen diese Chromosomen den Hybridzellen während weiterer Kulturpassagen verloren, kam es auch zur Re-Expression des malignen Phänotyps. Konsequenterweise führte das gezielte Einschleusen der jeweils relevanten Chromosomen in eine tumorgene Zellinie ebenfalls zum Verlust ihrer neoplastischen Eigenschaften. Ein Beispiel ist die Korrektur von Wilms-Tumorzellen durch Einführung eines normalen Chromosoms 11, was darauf

Tabelle 4.11. Charakteristische Verluste genetischer Information in menschlichen Tumoren

Tumor	Chromosomale Lokalisation
Neuroblastom	1p36
Nierenkarzinom	3p14
Lungenkarzinom	3p21
Wilms-Tumor	11p13
Rhabdomyosarkom	11p15
Retinoblastom	13q14
Colonkarzinom	17p14, 18q21
Akustikusneurinom	22q13

4.3 Onkologie

hinwies, daß Wilms-Tumoren durch das Fehlen eines normalerweise auf Chromosom 11 lokalisierten Tumor-Suppressor-Gens charakterisiert sind.

In diesem Zusammenhang kommt der kombinierten zytogenetischen und molekulargenetischen Analyse von Tumoren eine große Bedeutung zu. Es zeigte sich nämlich, daß einige Tumoren durch spezifische chromosomale Deletionen charakterisiert sind. Diese Beobachtung führte zu der Hypothese, daß in den deletierten Bereichen rezessive Tumorgene lokalisiert sein könnten, deren Verlust einen wesentlichen Schritt auf dem Weg zur Entstehung des jeweiligen Tumors darstellt. Das Ausmaß solcher mikroskopisch sichtbaren Deletionen kann von Patient zu Patient variieren. Ein Vergleich verschiedener Fälle eines Tumortyps grenzt diese Verluste jedoch auf kritische chromosomale Subregionen ein (Tabelle 4.11), so daß der Versuch, über die Methode der Reversen Genetik (Kapitel 4.2) die postulierten Tumor-Suppressor-Gene zu identifizieren, gangbar erscheint. Die Klonierung des mit der Entstehung von Retinoblastomen assoziierten Gens (Rb) auf Chromosom 13 ist kürzlich gelungen. Da es sich um das erste auf diesem Weg isolierte rezessive Tumorgen des Menschen handelt und zudem das Retinoblastom eine grundsätzliche Bedeutung als Modell der Krebsentstehung beim Menschen besitzt, soll dieses Beispiel hier ausführlicher dargestellt werden.

Retinoblastome sind bösartige Augentumoren des Kindesalters, die mit einer Frequenz von 1 auf 20000 Neugeborene relativ selten sind. Sie treten in 60% der Fälle sporadisch auf und sind dann auf ein Auge beschränkt. Bei den übrigen 40% liegt eine erbliche Form vor, bei der die Tumoren häufig multifokal und bilateral entstehen. Allerdings weisen nur 10% dieser Kinder eine positive Familienanamnese auf, während bei den übrigen Patienten die entsprechende Mutation spontan in den Keimzellen eines Elternteils entstanden ist. Statistische Analysen führten A.G. Knudson 1971 dazu, eine *Zwei-Schritt-Hypothese* der Retinoblastomentstehung zu formulieren. Demnach gelangt bei der erblichen Form ein defektes Allel bereits über die Keimbahn in alle Körperzellen, also auch in alle Retinoblasten eines Patienten; ein Augentumor entwickelt sich in dieser prädisponierten Retina dann, wenn durch ein weiteres Ereignis auch das 2. Allel in einem Retinoblasten seine Funktion verliert (Abb. 4.27). Solchen somatischen Defekten kann eine ganze Reihe von Mechanismen, wie etwa eine chromosomale Rekombination während der Mitose, chromosomale Fehlverteilung durch Non-Disjunction, Deletion, Punktmutation, Genkonversion usw. zugrunde liegen. Bei der sporadischen Form des Retinoblastoms führen hingegen erst 2 unabhängige somatische Ereignisse zum Verlust beider Allele in einem Retinoblasten und damit zur Tumorentwicklung. Da es statistisch gesehen höchst unwahrscheinlich ist, daß diese seltenen Ereignisse in mehreren Zellen zweimal hintereinander auftreten, entwickeln sich sporadische Retinoblastome meist unifokal. Bei der erblichen Form weisen jedoch alle Retinoblasten bereits ein defektes Allel auf, so daß jede Zelle, die von einer somatischen Mutation des Tumor-Suppressor-Gens betroffen wird, den Ausgangspunkt für eine Retinoblastomentwicklung darstellt. Dieses Konzept von Knudson ist durch jüngste molekulargenetische Analysen nachdrücklich bestätigt worden.

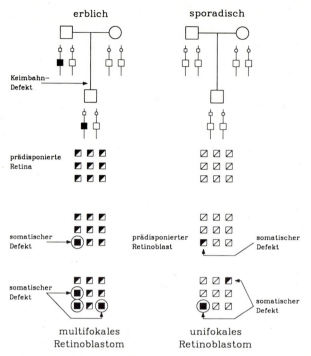

Abb. 4.27. Zwei-Schritt-Hypothese der Retinoblastomentwicklung. Bei der erblichen Form wird ein defektes Allel über die Keimbahn weitergegeben, alle Zellen der Retina sind somit für eine Tumorentwicklung prädisponiert (hemizygot): jede weitere somatische Mutation des verbleibenden gesunden Allels einer Retinazelle läßt einen Tumorfokus entstehen. Bei der sporadischen Form kommt es nur dann zur Ausbildung eines Retinoblastoms, wenn 2 unabhängige somatische Mutationen dieselbe Retinazelle treffen

Ausgangspunkt für die Identifikation des Rb-Gens war die Assoziation von Retinoblastomen mit Deletionen der chromosomalen Region 13q14 (Tabelle 4.11). Mit Hilfe einer Chromosom 13-spezifischen Genbank wurden zunächst DNA-Sonden aus dieser chromosomalen Subregion isoliert. Über RFLP-Analysen konnte gezeigt werden, daß auch bei Patienten ohne zytogenetisch sichtbare Auffälligkeiten submikroskopische Deletionen der Region 13q14 vorlagen. DNA-Sonden aus diesem Deletionsbereich wurden dann in Northern-Blot-Analysen zum Nachweis von in Retinagewebe transkribierten Sequenzen benutzt. Ein dabei identifiziertes 4,7 kb großes Transkript stellte sich später als mRNA des Rb-Gens heraus. Über die aus diesem Transkript klonierten cDNA-Sonden konnte dann der genomische Rb-Locus charakterisiert werden.

Das Rb-Gen ist ca. 200 kb lang und besteht aus 27 Exons. Die 4,7 kb große mRNA wird in ein im Zellkern lokalisiertes Phosphoprotein mit einem Molekulargewicht von 110000 translatiert. Zwei Befunde machen es sehr wahrscheinlich, daß dieses Gen tatsächlich das mit der Retinoblastomentwicklung assoziierte Tumor-Suppressor-Gen darstellt. Zum einen wird durch

Einschleusen von rekombinanten Rb-Genen in Retinoblastom-Zellinien die tumorigene Potenz dieser Zelle aufgehoben. Zum anderen findet sich in allen bisher analysierten Retinoblastomen eine aberrante oder fehlende Expression dieses Locus. Die jeweils zugrunde liegenden Defekte können dabei ein ganz unterschiedliches Ausmaß aufweisen und reichen von funktionell relevanten Punktmutationen bis zu Deletionen des gesamten Genlocus.

Von unmittelbarer klinischer Bedeutung sind diese Daten insofern, als DNA-Sonden aus dem Rb-Locus oder seiner unmittelbaren Nachbarschaft zur direkten oder indirekten Genanalyse bei familiären Formen des Retinoblastoms eingesetzt werden können. Findet sich etwa bei einer prä- oder unmittelbar postnatal durchgeführten Untersuchung kein Hinweis dafür, daß ein Keimbahndefekt des Rb-Locus z. B. in Form einer submikroskopischen Deletion vererbt wurde, können dem betreffenden Kind in der Folgezeit wiederholte ophthalmologische Untersuchungen, die bei Säuglingen meist in Vollnarkose erfolgen, erspart werden. Umgekehrt können Träger des defekten Rb-Allels so engmaschig kontrolliert werden, daß ein Tumorwachstum rechtzeitig erkannt und eine erfolgreiche Therapie (Laserkoagulation) unter Erhalt des Augenlichtes durchgeführt werden kann.

Die 4,7 kb große mRNA des Rb-Gens wird in vielen Geweben exprimiert und scheint deshalb nicht nur für die Retinaentwicklung relevant zu sein. Über die physiologische Bedeutung des Rb-Proteins ist erst wenig bekannt; es ist im Zellkern lokalisiert und wird in Abhängigkeit vom Zellzyklus phosphoryliert. Diese Eigenschaften könnten auf eine Funktion als Regulator des Zellzyklus bzw. der Expression von Genen hindeuten. Bereits aus klinischen Untersuchungen war bekannt, daß Retinoblastom-Patienten ein hohes Risiko besitzen, als Zweittumor ein Osteosarkom zu entwickeln. Tatsächlich wurden in zytogenetischen Analysen von Osteosarkomen, und zwar nicht nur in solchen, die sekundär bei Retinoblastom-Patienten auftraten, Deletionen des Chromosoms 13q beobachtet. Über molekulargenetische Analysen konnten später in der Mehrzahl der untersuchten Osteosarkome ähnliche Defekte des Rb-Locus wie bei Retinoblastomen nachgewiesen werden. Überraschenderweise wurden derartige Befunde jedoch auch in weiteren Tumoren erhoben, wenngleich in geringerer Frequenz (Tabelle 4.12). Defekte des Rb-Locus kommen also nicht nur bei Retinoblastomen vor; insofern ist auch die Namensgebung irreführend. Tumor-Suppressor-Gene, ähnlich wie auch Onkogene, müssen also nicht ausschließlich mit der Entwicklung einer bestimmten Tu-

Tabelle 4.12. Tumoren mit defektem Rb-Gen

Häufig (>70%)	Retinoblastom
	Osteosarkom
Seltener (<50%)	Mammakarzinom
	Lungenkarzinom
	Blasenkarzinom
	Leiomyosarkom

morart verknüpft sein. Erst eine nähere Kenntnis der physiologischen Funktion des Rb-Proteins wird auch eine präzise Aussage über seine Bedeutung für die Entstehung von Retinoblastomen und anderen Tumoren zulassen. In diesem Zusammenhang könnten einige experimentelle Daten wegweisend sein, die erstmals eine direkte Interaktion von Onkogenen und Anti-Onkogenen belegen. So wurde gezeigt, daß das Onkoprotein E1A des Adenovirus Typ 5 mit dem Rb-Protein einen Komplex bildet. Eine mögliche Interpretation dieses Befundes ist, daß das Onkoprotein dadurch eine tumorigene Potenz erhält, daß es das Rb-Protein bindet und dessen tumorsupprimierende Funktion aufhebt. Die Bedeutung eines solchen Mechanismus für die Entstehung menschlicher Tumoren ist jedoch noch völlig unklar.

Entsprechend der molekulargenetischen Charakterisierung des Rb-Locus dürfte über die Kenntnis von spezifischen chromosomalen Deletionen in Tumoren des Menschen (Tabelle 4.11) in Kürze auch die Klonierung weiterer rezessiver Tumorgene gelingen. Darüber hinaus haben sich bei der Identifikation von Tumor-Suppressor Genen auch DNA Transfektions-Assays als hilfreich erwiesen. Im Gegensatz zur Strategie bei der Isolation von Onkogenen geht man hierbei von rezipienten Zellinien aus, die durch das Einschleusen von aktivierten Onkogenen (z. B. mutierten Ki-ras oder H-ras Genen) transformiert werden und durch Transfektion von DNA aus normalen Zellen phänotypisch wieder korrigiert werden. Dabei bleibt in den revertierten Zellen auch weiterhin der für die Transformation der rezipienten Zellen verantwortliche genetische Defekt bestehen, dieser wird aber durch die biologische Funktion der transfektierten Anti-Onkogen Sequenzen aufgewogen. Ungefähr zehn verschiedene Tumor-Suppressor Gene des Menschen konnten bisher durch derartige Revertanten-Assays kloniert werden. Ihre Bedeutung für den normalen Zellmetabolismus bzw. bei der Entstehung menschlicher Tumoren ist noch weitgehend unbekannt.

Es soll jedoch nochmals darauf hingewiesen werden, daß ein spezifischer genetischer Defekt für sich genommen noch nicht hinreichend die Entwicklung eines Tumors erklärt. So können etwa Deletionen der Region 17p13 bzw. 18q21 in mehr als 75% aller Kolonkarzinome nachgewiesen werden. Den in diesen Bereichen vermuteten Tumor-Suppressor-Genen könnte also eine wichtige Rolle bei der Entstehung dieses Tumortyps zukommen. Andererseits finden sich zusammen oder unabhängig von diesen chromosomalen Defekten bei mehr als 50% der Kolonkarzinom-Patienten auch Allelverluste in der Region 5q bzw. 18q; bei jedem 4. Patienten wird sogar eine Deletion genetischer Information von bis zu 8 weiteren chromosomalen Regionen nachgewiesen (Tabelle 4.13). Es bleibt zunächst unklar, ob auch in diesen Gebieten rezessive Tumorgene angesiedelt sind, deren Verlust eine wesentliche Rolle bei der Entstehung oder Progression von Kolonkarzinomen spielen könnte. Bedenkt man ferner, daß bei der Hälfte dieser Tumoren auch noch Mutationen der ras-Onkogene oder eine Amplifikation des neu-Onkogens nachweisbar sind, wird deutlich, daß Tumoren eine Fülle genetischer Veränderungen aufweisen, deren spezifische Wertigkeit im Rahmen einer sich in mehreren Schritten vollziehenden Krebsentwicklung noch nicht definiert werden kann.

Tabelle 4.13. Verluste genetischer Information in Kolonkarzinomen

Frequenz	Chromosom
>75%	17p13, 18q21
>50%	5q
>25%	1q, 4p, 6p, 6q, 8p, 9q, 18p, 22q

Zum Abschluß dieses Kapitels über Tumorgene sei darauf hingewiesen, daß das Konzept einer Tumorentstehung auf der Grundlage einer Störung des genetischen Programms einer Zelle bereits Anfang des Jahrhunderts formuliert, aber erst im letzten Jahrzehnt einer experimentellen Überprüfung zugänglich wurde. Bereits 1914 kam T. Boveri in seiner Schrift *Zur Frage der Entstehung maligner Tumoren* zu folgenden Aussagen:

„Diese Urzelle des Tumors ist nach meiner Hypothese eine Zelle, die einen bestimmten, unrichtig kombinierten Chromosomenbestand besitzt...

Die Tumorzelle, der gewisse Chromosomen fehlen, während sie andere im Übermaß besitzt, wird manche Stoffe im Überschuß produzieren und andere in ungenügender Menge...

Es ist möglich, daß es eine Anzahl verschiedener Chromosomenkombinationen gibt, deren jede einer bestimmten Geschwulstmodifikation entspricht."

Zwei Aspekte erscheinen hierzu bemerkenswert; zum einen entwickelt Boveri seine Hypothesen aus der histologischen Betrachtung eines sehr einfachen Modellsystems, den Teilungsvorgängen bei Seeigeleiern. Zum anderen blieben seine wegweisenden Überlegungen so lange unbeachtet, bis Techniken der Zytogenetik, insbesondere aber molekulargenetische Strategien eine Bestätigung dieser Gedanken zuließen. Wenn also unser heutiges Verständnis der Tumorentwicklung infolge eines gestörten Wechselspiels von Onkogenen und Anti-Onkogenen vorerst noch fragmentarisch ist, so stellt sich gerade aus der historischen Perspektive der Erkenntnisgewinn der letzten Jahre als beträchtlich dar.

4.3.3 Immunglobulin und T-Zell-Rezeptor Genrearrangements

Wie in Kapitel 2.3.7 erläutert, führen Lymphozyten im Rahmen ihrer normalen Entwicklung eine Rekombination von Immunglobulin (Ig) bzw. T-Zell-Rezeptor(TCR) Genen durch. Da jeder Lymphozyt und seine Nachkommen ein individuelles Ig- und TCR-Rearrangement aufweisen, kann das Muster rearrangierter Genprodukte in einer Southern-Blot-Analyse als spezifischer Marker von klonalen Zellpopulationen dienen. Der Nachweis eines solchen klonalen Genrearrangements hat eine große praktische Bedeutung für die Diagnostik maligner hämatopoetischer Erkrankungen erlangt (Tabelle 4.14). So kann die Kenntnis, welche Genloci des Immunsystems rekombiniert ha-

Tabelle 4.14. Analyse von Ig- und TCR-Genrearrangements bei lymphoproliferativen Erkrankungen

---

Einordnung in eine Zellreihe, insbesondere bei unklarem Phänotyp
Differenzierung zwischen mono-, oligo- und polyklonalen Erkrankungen
Klonspezifischer Marker zur individuellen Verlaufsbeobachtung
Nachweis von restlichen Tumorzellen in Kombination mit PCR-Technologie
Charakterisierung chromosomaler Translokationen (molekulare Zytogenetik) und Identifikation von Onkogenen

---

ben, bei der Einordnung eines Krankheitsbildes in eine Zellreihe bzw. eine Differenzierungsstufe hilfreich sein.

Neoplasien des Blutsystems werden nach verschiedenen Kriterien unterteilt. So unterscheidet man klinisch zwischen akuten und chronischen Verläufen, morphologische und zytochemische Parameter bestimmen die Zellreihe, in der sich die Erkrankung manifestiert, und schließlich erlauben immunologische Techniken mittels monoklonaler Antikörper eine Subklassifikation entsprechend den Differenzierungsstadien der transformierten Zellen. In Abb. 4.28 ist dies in vereinfachter Form für die B-Zell-Reihe illustriert. So tritt z. B. das differentialdiagnostisch wichtige CD10-Antigen (vormals CALLA, *common acute lymphoblastic leukemia antigen*) erstmals in Pre-Pre-B-Zellen auf, wird in frühen B-Zellen kaum noch und in reifen B-Zellen gar nicht mehr exprimiert. Leukämien, deren Zellen CD10, aber noch keine IgHμ Ketten im Zytoplasma exprimieren, werden als *cALL* bezeichnet und haben eine wesentlich bessere Prognose als unreife oder weiter differenzierte B-Zell Neoplasien.

Neben die *immunologische Phänotypisierung* ist in den letzten Jahren die *Genotypisierung* getreten, die Analyse der Ig- und TCR-Genloci. So gehört zu den ersten Charakteristika der Entwicklung einer lymphatischen Stammzelle zu einer Pro-B-Zelle die Rekombination des IgH-Locus auf Chromosom 14, während IgLκ und anschließend IgLλ-Rearrangements auf Pre-Pre-B- und Pre-B-Zell-Niveau durchgeführt werden. Ähnlich kommt es in Prothymozyten zunächst zur Rekombination des TCRδ-, später des TCRγ- und TCRβ-Komplexes; in „common" Thymozyten erfolgt dann das Rearrangement des TCRα-Locus.

Die Immunogenotypisierung vermag somit wichtige ergänzende Hinweise für die unter therapeutischen Aspekten wesentliche Einordnung eines Krankheitsbildes in eine Zellreihe bzw. ein Differenzierungsstadium zu geben, insbesondere dann, wenn die morphologische bzw. immunologische Phänotypisierung keine eindeutige Zuordnung erlaubt. So würde bei einer unreifen Leukämie, deren Zellen keine aussagekräftigen B- oder T-Zell-Marker exprimieren und die zudem nicht sicher von der myeloischen Reihe abgegrenzt werden kann, der Nachweis eines IgH-Rearrangements eine Klassifikation als sehr frühe B-Zell-Neoplasie, *AUL*, wahrscheinlich machen. Auch stützt bei einer Leukämie mit Co-Expression von myeloischen und B-Zell-Markern der Befund eines gleichzeitigen IgH- und IgL-Rearrangements die Zuordnung zur B-Zell-Reihe. Andererseits spricht bei einer Leukämie mit B- und T-Zell-

4.3 Onkologie

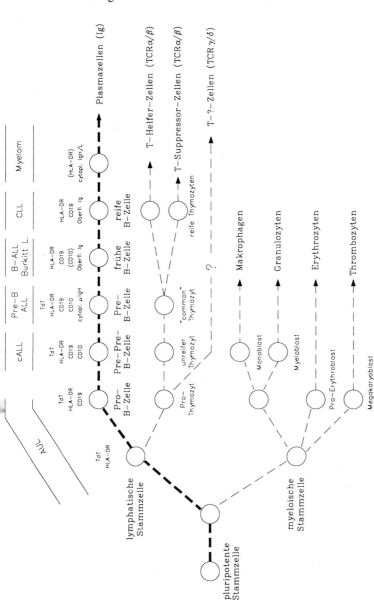

Abb. 4.28. Differenzierungsschema der Hämatopoese. Aus einer weitgehend hypothetischen pluripotenten Stammzelle bzw. den schon determinierten Vorläuferzellen der Myelopoese und Lymphopoese entwickeln sich die hämatopoetischen Effektorzellen. Beispielhaft sind zur B-Zell Reihe einige Details wiedergegeben. So definiert der immunologische Phänotyp, kenntlich am Expressionsmuster von Markermolekülen wie CD10, CD19, HLA-DR, TdT oder den Ig-Ketten, spezifische Reifungsstadien, denen wiederum bestimmte Neoplasieformen wie die akute undifferenzierte Leukämie (AUL), die common (cALL), Pre-B- oder B-Zell akute lymphoblastische Leukämie (ALL) bzw. die chronische lymphatische Leukämie (CLL) zugeordnet werden können. Entwicklungsstufen und Funktionen der TCR γ/δ exprimierenden T-Zellen sind noch weitgehend unbekannt

Markern sowie Keimbahnkonfiguration der Ig-Loci ein Rearrangement der TCRβ- und TCRγ-Gene für eine T-Zell-Neoplasie. Es muß jedoch betont werden, daß Ig- und TCR-Rearrangements keine linienspezifischen Charakteristika sind. Wohl weisen alle Neoplasien der B-Reihe IgH-Rearrangements auf, diese werden jedoch auch in etwa 15% der T-Zell-Neoplasien und sogar 10% der akuten myeloischen Leukämien gefunden. Umgekehrt werden TCRβ-Rearrangements in 15% der cALL- bzw. AML-Patienten beobachtet; sogar 80% aller Neoplasien der B-Reihe zeigen ein TCRδ-Rearrangement. Ähnlich atypische Konstellationen sind, wie bereits angedeutet, auch von der immunologischen Phänotypisierung bekannt (z. B. Expression von myeloischen Markern auf cALL-Zellen). Diese Befunde deuten darauf hin, daß sich entsprechende Neoplasien entweder von einer unreifen Stammzelle mit primärem Differenzierungspotential für verschiedene Zellreihen ableiten oder aber daß das fehlgesteuerte genetische Programm einer transformierten Zelle aberrante Genexpressionen bzw. -rekombinationen zuläßt. In jedem Fall folgt hieraus, daß nur die Gesamtschau verschiedener morphologischer, zytochemischer, immunologischer und genetischer Parameter eine zuverlässige Subklassifikation hämatopoetischer Neoplasien gewährleistet.

Eine eigenständige Bedeutung kommt dem Nachweis eines Ig- oder TCR-Rearrangements aber als Marker einzelner Zellklone zu. Abbildung 4.29 zeigt das Prinzip einer entsprechenden Southern-Blot-Analyse am Beispiel des IgLκ-Locus. Die Gensonde aus dem konstanten Kettenteil (Cκ) hybridisiert nach Verdau der DNA durch das Enzym BamHI mit einem 12 kb großen Fragment, welches der Kcimbahnkonfiguration des Gens entspricht. Im Falle eines Rearrangements des Igκ-Locus wird eines der zahlreichen V-Elemente mit einem J-Element verknüpft, wobei es zur Deletion der dazwischenliegenden Sequenzen einschließlich der den J-Elementen ursprünglich benachbarten BamHI-Schnittstelle kommt. Abhängig davon, welche V- und J-Elemente jeweils rekombinieren, entstehen somit nach BamHI-Verdau unterschiedlich große DNA-Fragmente.

Jeder Lymphozyt und seine Nachkommen sind durch ein individuelles Ig- bzw. TCR-Rearrangement charakterisiert (Kapitel 2.3.7). Bei einer Southern-Blot-Analyse von Blutzellen eines Gesunden wird diese Vielzahl rearrangierter Genfragmente aber gar nicht sichtbar, weil einzelne Lymphozytenpopulationen zahlenmäßig viel zu gering repräsentiert sind; die Nachweisgrenze der Southern-Blot-Analyse liegt bei 1–5% klonal verwandter Zellen. Nur die Keimbahnfragmente aller nicht-rearrangierten Allele addieren sich zu einem Signal im Autoradiogramm. Hingegen stammen die neoplastischen Zellen einer Leukämie oder eines Lymphoms jeweils von einer einzigen transformierten Vorläuferzelle ab, deren individuelles Genrearrangement allen malignen Zellen eines Patienten gemeinsam ist und deshalb nachgewiesen werden kann. Abbildung 4.30 zeigt eine DNA-Analyse des peripheren Blutes von einem Gesunden und von 7 Leukämiepatienten mit einer Sonde aus dem konstanten Bereich (Cμ) des IgH-Locus. Während sich in der DNA des Gesunden ausschließlich die Keimbahnkonfiguration zeigt, findet sich bei allen Patienten ein individuelles Muster rearrangierter Fragmente (Pfeile). Dabei ist in den

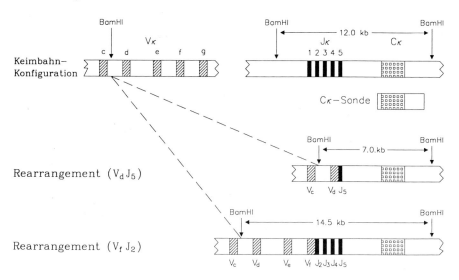

Abb. 4.29. Rekombinationen des IgLκ-Locus werden nach Verdau mit Restruktionsenzymen durch unterschiedlich große DNA-Fragmente repräsentiert. Zwei hypothetische Rearrangements zwischen V- und J-Elementen der variablen Kettenregion sind zur Illustration des Nachweisprinzips abgebildet. So weist die Cκ-Sonde nach Rekombination von V_d u. J_5 ein im Vergleich zum Keimbahnfragment (12 kb) verkürztes Bam HI Fragment nach, während ein fiktives $V_f J2$ Rearrangement einem relativ verlängerten Fragment (z. B. 14,5 kb) entspräche

Leukämiezellen von Patient 1 nur ein IgH-Allel rearrangiert, bei den Patienten 2, 3 und 4 sind beide Allele betroffen. In den malignen Zellen der Patienten 5 und 6 ist es zur Deletion des Cμ-Locus auf einem Chromosom und zum Rearrangement auf dem anderen gekommen. Schwach hybridisierende Keimbahnsignale in den Fällen 2–6 können auf die Anwesenheit weniger Zellen normaler Resthämatopoese zurückgeführt werden. Während das Hybridisierungsmuster dieser 6 Patienten die gemeinsame Herkunft aller Leukämiezellen widerspiegelt, also einer monoklonalen Zellpopulation entspricht, repräsentieren die zahlreichen Fragmente bei Patient 7 ein oligoklonales Muster. Untersucht man jedoch die DNA dieses Patienten mit einer TCRβ-Sonde, findet sich eine monoklonale Konstellation. Zusammengenommen handelt es sich in diesem Fall um Leukämiezellen, welche zwar von einer gemeinsamen Vorläuferzelle abstammen (kenntlich am einheitlichen Rearrangement des TCRβ-Locus), jedoch im Laufe der Erkrankung Subklone gebildet haben, die ihrerseits durch individuelle Rekombinationen des IgH-Locus charakterisiert sind.

Der Hinweis auf leukämische Subpopulationen bei Patient 7 überrascht insofern, als nach morphologischen und immunologischen Kriterien ein einheitlicher Phänotyp der Leukämie vorlag. Derartige Subklone können durchaus unterschiedlich auf die Chemotherapie ansprechen; bei einer Analyse entsprechender Patienten findet sich im Rezidiv häufig nur ein einziger Zellklon,

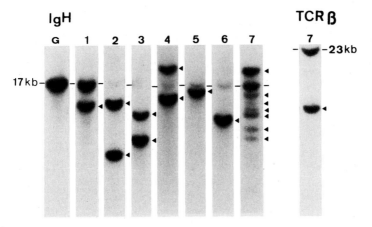

Abb. 4.30. Southern-Blot-Analyse des IgH-Genlocus von 7 Leukämiepatienten (cALL) und einem Gesunden (G). Die DNA wurde mit dem Enzym BamHI geschnitten und mit einer Cμ-Sonde hybridisiert, welche ein Keimbahnfragment von 17 kb entdeckt. Die BamHI-verdaute DNA des Patienten 7 wurde zusätzlich mit einer TCRβ-Sonde untersucht; die Größe des Keimbahnfragments beträgt hierbei 23 kb

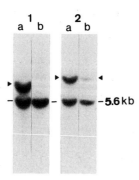

Abb. 4.31. Überprüfung der Remissionsqualität bei 2 ALL-Patienten unter Chemotherapie. Die Southern-Blot-Analyse identifiziert individuell rearrangierte Ig-Genfragmente in Leukämiezell-DNA von beiden Patienten bei Diagnosestellung (**a**). Nach Einleitung der Behandlung (**b**) finden sich im Knochenmark von Patient 2 noch restliche Leukämiezellen, während die DNA-Analyse bei Patient 1 nur das Keimbahnfragment von 5,6 kb zeigt. Die DNA wurde mit den Enzymen HindIII sowie BamHI verdaut und mit einer JH-Sonde hybridisiert

welcher eine Therapieresistenz entwickelt hat und somit das erneute Auftreten der Krankheit verursacht. Die Immunogenotypisierung ist demnach geeignet, ganz individuell therapeutische Maßnahmen zu überwachen. So werden beispielsweise im Rahmen chemotherapeutischer Behandlungen manchmal auffällige Zellpopulationen beobachtet, von denen weder anhand morphologischer noch immunologischer Parameter sicher gesagt werden kann, ob es sich um persistierende bzw. rezidivierende Leukämiezellen oder reaktiv veränderte normale Zellen handelt. In solchen Fällen liefert eine Ig- oder TCR-Analyse, insbesondere bei Vorkenntnis des Genstatus zum Zeitpunkt der Diagnosestellung, häufig entscheidende Hinweise (Abb. 4.31).

Da Rezidive meist durch Tumorzellen hervorgerufen werden, welche aus unterschiedlichen Gründen einer Therapie entgangen sind, kommt dem Nachweis restlicher neoplastischer Zellen eine große klinische Bedeutung zu. Allerdings unterscheidet sich das Auflösungsvermögen einer Southern-Blot-

4.3 Onkologie

Analyse (1–5%) nicht prinzipiell von dem morphologischer, immunologischer oder zytogenetischer Methoden. Der Einsatz von PCR-Techniken (Kapitel 3.2.4) hat kürzlich jedoch eine neue Dimension im Aufspüren minimaler residueller Tumorzellen eröffnet und gestattet den Nachweis von 1 Leukämie- oder Lymphomzelle unter ca. 100 000 Normalzellen. Hierzu wird bei Diagnosestellung über die In-vitro-Amplifikation individuell rearrangierter Ig- bzw. TCR-Sequenzen zunächst eine klonspezifische Gensonde aus den Leukämiezellen präpariert, welche anschließend, wiederum PCR-vermittelt, zur Überprüfung der Remissionsqualität des betreffenden Patienten eingesetzt wird. Auf diese Weise können bei einigen Patienten, die sich nach allen konventionellen Parametern einschließlich Southern-Blot-Analyse in einer kompletten Remission befinden, noch geringe Mengen restlicher Leukämiezellen nachgewiesen werden. Die prognostische Relevanz dieser Befunde wird derzeit in multizentrischen Therapiestudien überprüft.

Bei der Analyse des Ig- und TCR-Genotyps sollten einige kritische Punkte berücksichtigt werden. So schützt die Verwendung mehrerer Enzyme davor, einen DNA-Polymorphismus oder eine partielle Verdauung fälschlicherweise als Ausdruck eines Genrearrangements zu interpretieren oder umgekehrt eine Keimbahnkonfiguration zu konstatieren, weil durch eine Co-Migration das rearrangierte Fragment nicht vom Keimbahnallel unterschieden werden kann. Auch hat die Untersuchung der verschiedenen Genloci nicht für alle hier angesprochenen Fragestellungen gleiche Relevanz. So lassen sich etwa TCRα-Rearrangements meist nicht über eine Southern-Blot-Analyse nachweisen, da sich die Jα-Region über mehr als 100 kb erstreckt und ca. 50 Jα-Elemente enthält, so daß die unterschiedliche VJ-Rekombination nur durch eine umfangreiche Kollektion verschiedener Sonden oder mittels Puls-Feld-Elektrophorese aufgedeckt werden könnten. Das schmale Keimbahnrepertoire der TCRγ- und TCRδ-Loci schränkt wiederum die Bedeutung dieser Gene als individuelle Klonalitätsmarker bei Southern Blot Analysen ein, weil die Leukämiezellen verschiedener Patienten gleichartig rearrangierte DNA-Fragmente zeigen. Schließlich darf nicht außer acht gelassen werden, daß der Nachweis eines klonalen Ig- oder TCR-Rearrangements nicht per se der Diagnose eines Malignoms gleichzusetzen ist. Klonale Zellproliferationen finden sich passager etwa auch in Gelenkpunktaten bei rheumatoider Arthritis, in lymphozytären Speicheldrüseninfiltraten von Patienten mit Sjögren-Syndrom oder bei immunsupprimierten Patienten infolge von Knochenmarks- oder Organtransplantation.

Eine große Relevanz haben Ig-und TCR-Sequenzen für die molekulare Definition von spezifischen chromosomalen Translokationen bei hämatopoetischen Neoplasien erhalten (Tabelle 4.15). Das bekannteste Beispiel ist wohl das Burkitt-Lymphom, welches zytogenetisch durch eine t(8;14), seltener durch die varianten t(2;8) oder t(8;22) charakterisiert ist. In diesen Fällen kommt es zu einer Rekombination der auf den Chromosomen 2, 14 bzw. 22 gelegenen Ig-Loci mit dem c-myc-Onkogen auf Chromosom 8. Die damit assoziierte Deregulation des c-myc-Gens scheint wesentlich für die Entstehung von Burkitt-Lymphomen zu sein.

Tabelle 4.15. Rekombination von Ig- bzw. TCR-Genen mit anderen Genen im Rahmen spezifischer chromosomaler Translokation

Ig/TCR	Translokation	Partner	Neoplasie
IgLκ	t(2;8)(p12;q24)	c-myc	Burkitt-Lymphom
IgLλ	t(8;22)(q24;q11)	c-myc	Burkitt-Lymphom
IgH	t(8;14)(q24;q32)	c-myc	Burkitt-Lymphom
	t(14;18)(q32;q21)	bcl-2	follikuläre Lymphome
TCRα	t(8;14)(q24;q11)	c-myc	T-ALL
TCRβ	t(7;19)(q34;p13)	lyl	T-ALL
TCRδ	t(1;14)(p32;q11)	tcl-5	T-ALL
	t(11;14)(p15;q11)	ttg-1	T-ALL

Ausgehend von IgH-Sonden gelang es, auch die Bruchpunkte der t(14;18) zu klonieren, die sich häufig bei follikulären Lymphomen findet. Es stellte sich heraus, daß die Brüche auf dem Chromosom 18 innerhalb eines bis dahin unbekannten Gens, *bcl-2* (*B c*ell *l*ymphoma) genannt, auftreten (Abb. 4.32). Auch in diesem Fall kommt es durch die Rekombination mit IgH-Sequenzen zu einer Deregulation des rearrangierten Translokationspartners, verbunden mit einer erhöhten bcl-2-Expression. Die physiologische Bedeutung von bcl-2-Sequenzen, welche normalerweise nur in Prä-B-Zellen stärker exprimiert werden, ist noch unzureichend definiert. Wegen der wahrscheinlichen Bedeutung bei der Entstehung von Lymphomen mit t(14;18) wird das bcl-2-Gen auch als Onkogen bezeichnet. Eine Reihe weiterer chromosomaler Bruchpunkte inklusive potentieller Onkogene konnte mit Hilfe von Ig- und TCR-Sonden kloniert werden (Tabelle 4.15). Neben der grundsätzlichen Bedeutung für das Verständnis molekularer Mechanismen der Krebsentstehung sind diese Er-

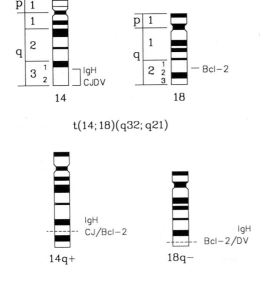

Abb. 4.32. Die Translokation zwischen den Chromosomen 14 und 18 bei follikulären Lymphomen basiert auf einem Rearrangement der IgH und bcl-2 Gene. Im hier skizzierten Beispiel trennt die Translokation die Konstante(c)-Region und die J-Elemente des IgH Locus auf Chromosom 14 von den entsprechenden D- und V-Elementen des variablen Kettenanteils

gebnisse auch von diagnostischer Relevanz. Der kombinierte Einsatz von bcl-2- und IgH-Sonden ermöglicht so die Identifikation einer t(14;18) auch ohne zytogenetische Untersuchung. Diese „molekulare Zytogenetik" wird heute bereits praktisch genutzt.

4.3.4 Klonalitätsanalysen mittels polymorpher X-chromosomaler Genloci

Maligne Zellen eines Tumors oder einer Leukämie leiten sich von einer gemeinsamen transformierten Vorläuferzelle ab und bilden somit eine monoklonale Zellpopulation. Demnach können *Klonalitätsanalysen* hilfreich sein bei der Abgrenzung von neoplastischen und reaktiven, d. h. polyklonalen Zellproliferationen. Auch die gemeinsame Herkunft phänotypisch unterschiedlicher Zelltypen eines pathologisch veränderten Gewebes kann auf diese Weise nachgewiesen werden. Neben zytogenetischen Untersuchungen und dem Nachweis von Ig- bzw. TCR-Genrearrangements spielen in diesem Zusammenhang 2 andere, konzeptionell ähnliche Methoden eine Rolle: der biochemische Nachweis von Glukose-6-Phosphatdehydrogenase(G-6-PD)-Isoenzymen bzw. die molekulargenetische Analyse polymorpher Genloci auf dem X-Chromosom. Beide Strategien basieren auf dem Prinzip, daß a) in den somatischen Zellen einer Frau nur jeweils eines der beiden X-Chromosomen aktiv ist, b) das Muster der X-chromosomalen Inaktivierung zufallsmäßig während der Embryogenese festgelegt, dann aber ein Leben lang beibehalten wird, und somit c) statistisch gesehen jeweils die Hälfte aller Körperzellen einer Frau ein aktives X-Chromosom mütterlicher Herkunft bzw. ein aktives väterliches X-Chromosom besitzt. Während also in einem normalen polyklonalen Zellverband das Verteilungsmuster von aktivem väterlichen zu aktivem mütterlichen X-Chromosom im Verhältnis 1:1 steht, leiten sich monoklonale Zellpopulationen von einer gemeinsamen Vorläuferzelle ab, übernehmen deren Inaktivierungsmuster und enthalten somit alle ein aktives X-Chromosom gleicher Herkunft. Eine auf diesen Gesetzmäßigkeiten beruhende Klonalitätsanalyse hat demnach 3 Voraussetzungen: 1. Die Untersuchung ist nur bei Frauen anwendbar; 2. eine Unterscheidung zwischen väterlichem und mütterlichem Allel muß möglich sein; und 3. aktives und inaktives X-Chromosom müssen jeweils identifiziert werden können. Bei den G-6-PD-Analysen bestimmt man zu diesem Zweck die Expression von Isoenzymen. Da diese Enzymvarianten aber nur bei ethnischen Minderheiten vorkommen, ist eine solche Untersuchung nur bei sehr wenigen Patientinnen möglich.

Ein großer Vorteil der molekulargenetischen Strategie ist die breitere Anwendungsmöglichkeit bei ca. 50% aller Frauen. Hierbei werden konstitutiv exprimierte (house-keeping) Gene des X-Chromosoms, z. B. das Hypoxanthin-Phosphoribosyl-Transferase(HPRT)- oder das Phosphoglycerat-Kinase-(PGK)-Gen analysiert und väterliches sowie mütterliches Allel über einen RFLP differenziert. Das aktive und das inaktive Allel dieser Gene unterscheiden sich im Methylierungsgrad (S. 38); so ist das HPRT-Gen in aktiver Form

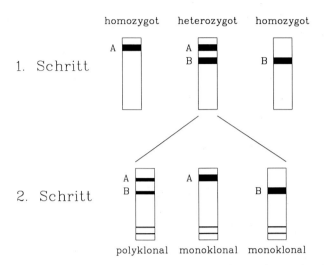

Abb. 4.33. Prinzip der Klonalitätsanalyse eines polymorphen X-chromosomalen Genlocus. In einem 1. Schritt wird über eine RFLP-Analyse zwischen homozygoten und heterozygoten Probanden unterschieden. Nur bei Heterozygoten ist eine Fortsetzung der Untersuchung angezeigt. Dabei wird zu einem Aliquot der im ersten Arbeitsschritt verdauten DNA ein weiteres Enzym gegeben, das demethylierte Sequenzen erkennt und zerschneidet. Diese Sequenzen werden bei einer monoklonalen Zellpopulation entweder nur vom Allel A oder nur vom Allel B, bei einer polyklonalen Zellpopulation jedoch von beiden Allelen gestellt

methyliert, während gerade umgekehrt das aktive PGK-Allel demethyliert, das inaktive aber methyliert ist. Beide Aktivitätszustände eines Gens können durch methylierungssensitive Endonukleasen sichtbar gemacht werden, die DNA nur dann einschneiden, wenn die Base Cytosin ihrer Erkennungssequenz nicht methyliert ist.

Die Untersuchung umfaßt demnach 2 Schritte (Abb. 4.33). Zunächst wird mit Hilfe geeigneter Restriktionsenzyme geklärt, ob eine Probandin heterozygot für den betreffenden polymorphen Genlocus ist. Bei heterozygoten Patienten kann dann der 2. Schritt der Untersuchung, die eigentliche Bestimmung des Klonalitätsmusters, durchgeführt werden. Dabei kommt ein methylierungssensitives Enzym, wie etwa HpaII, zum Einsatz, welches demethylierte Sequenzen zerschneidet. In einer polyklonalen Zellpopulation, in der ca. 50% aller väterlichen bzw. mütterlichen Allele aktiv und damit im Fall des PGK-Gens demethyliert sind, würde ein HpaII-Verdau etwa die Hälfte beider Allele zerschneiden; es wären also noch beide Allele in einer Southern-Blot-Analyse nachweisbar, jedoch mit reduzierter autoradiographischer Intensität. In einer monoklonalen Zellpopulation ist hingegen entweder nur das mütterliche oder nur das väterliche Allel aktiv und damit dem methylierungssensitiven Enzym zugänglich. In diesem Fall würde ein Allel gänzlich zerschnitten werden, während das andere Allel in unveränderter Intensität nachweisbar bliebe.

Ein praktisches Beispiel mag dies verdeutlichen. Bei der Analyse des peripheren Blutes zweier AML-Patientinnen mit einer PGK-Sonde findet sich ei-

4.3 Onkologie

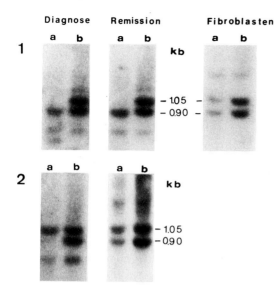

Abb. 4.34. Klonalitätsanalyse des PGK-Locus bei 2 Leukämie Patientinnen zum Zeitpunkt der Diagnosestellung und während der klinischen Remission. Die 1,05 kb und 0,9 kb großen Fragmente repräsentieren in der Southern-Blot-Analyse die beiden Allele heterozygoter Frauen

ne heterozygote Konstellation, beide Allele des RFLP sind sichtbar (Abb. 4.34, jeweils Spalte b). Fügt man im 2. Untersuchungsschritt das Enzym HpaII hinzu (Abb. 4.34, Spalte a), bleibt jeweils nur noch ein Allel nachweisbar; es handelt sich somit, wie erwartet, in beiden Fällen um eine monoklonale Zellpopulation. Eine zusätzliche Information ergibt sich aus der Analyse von Blut beider Patientinnen, nachdem durch Chemotherapie eine vollständige klinische Remission erzielt wurde. Bei Patientin 2 sind jetzt nach HpaII-Verdau beide Allele im Verhältnis 1:1 sichtbar, es liegt also eine polyklonale und damit wohl normale Hämatopoese vor. Überraschend ist jedoch die Persistenz des monoklonalen Musters bei Patientin 1, obwohl nach klinischen, morphologischen und immunologischen Kriterien eine komplette Remission vorlag. Sogar ein zytogenetischer Marker der Leukämiezellen, eine Trisomie des Chromosoms 8, war zu diesem Zeitpunkt nicht mehr nachweisbar. Die Chemotherapie scheint also in diesem Fall den eigentlichen leukämischen Zellklon eliminiert zu haben; es verbleibt aber eine Zellpopulation, die Wachstumsvorteile gegenüber der normalen, polyklonalen Hämatopoese hat, jedoch noch die Fähigkeit zur Ausdifferenzierung in verschiedene Zellreihen besitzt. Man könnte von einem prämalignen Stadium sprechen. Eine ganz andere Erklärungsmöglichkeit für den bei der Patientin 1 erhobenen Befund wäre ein konstitutionelles Abweichen von typischen X-Inaktivierungsmuster; d.h. nicht jeweils 50% der Körperzellen weisen ein aktives maternales bzw. paternales X-Chromosom auf, sondern z.B. nur 20% der aktiven Allele sind mütterlicher, 80% väterliche Herkunft. Derartige Konstellationen werden, wenn auch selten, beobachtet und führen zur Dominanz eines der beiden Allele in der Klonalitätsanalyse, ohne daß dies als Hinweis für eine klonale Zellpopulation gewertet werden dürfte. Bei dieser Patientin zeigte sich jedoch bei der Untersuchung eines vom Krankheitsprozeß unabhängigen Gewebes, einem

Hautbiopsat, ein typisches polyklonales Inaktivierungsmuster (Abb. 4.34), so daß diese alternative Erklärungsmöglichkeit ausscheidet. Eine sogenannte klonale Remission wie in diesem Fall wird bei ca. 10% der AML-Patienten beobachtet. Interessanterweise können andere genetische Marker zellulärer Klonalität, wie hier die chromosomale Aberration, in anderen Fällen mutierte ras-Gene, derartige Phasen häufig nicht erfassen. Dies unterstreicht, daß verschiedene Formen der Klonalitätsanalyse eigenständige Parameter beschreiben und sich gegenseitig ergänzen.

4.4 Molekulare Virologie

Viren verfügen über keinen eigenständigen Stoffwechsel, sondern üben ihren biologischen Effekt durch die gezielte Beeinflussung des Stoffwechsels einer infizierten Wirtszelle aus. Sie sind biologische Funktions- und Informationsträger, die sich in essentiellen Merkmalen von lebenden eukaryonten und prokaryonten Zellen unterscheiden (Tabelle 4.16). Viren enthalten grundsätzlich nur eine Art von Nukleinsäure (DNA oder RNA), sie besitzen keine Ribosomen, sind folglich nicht zur Proteinsynthese befähigt und können sich zudem nicht aus sich selbst heraus vervielfältigen. Viren sind demnach *obligate Zellparasiten*.

Ein viraler Infektionszyklus vollzieht sich in 3 Phasen. In der 1. Phase gelingt es dem Virus, eigene Bestandteile in eine Wirtszelle einzuschleusen. Dazu bindet sich das Virus mit Elementen seiner viralen Hülle an Membranstrukturen der Wirtszelle und „injiziert" anschließend den viralen Kern einschließlich der genetischen Information. Diese 1. Phase bezeichnet man als *Infektion*. In der 2. Phase kommt es unter Ausnutzung von Enzymen der Wirtszelle sowohl zur Expression virusspezifischer Proteine als auch zur Vervielfältigung der viralen Information. In der 3. Phase formieren sich neue Viruspartikel, die schließlich aus der infizierten Zelle herausgeschleust werden.

Die Interaktionen zwischen Virus und Wirtszelle können erheblich variieren. Manche Viren infizieren nur ganz bestimmte Zellen (z. B. Hepatitis-Viren), andere eine Vielzahl unterschiedlicher Zelltypen (z. B. Vaccinia-Virus). Auch erstreckt sich das Spektrum möglicher Auswirkungen einer viralen Infektion auf die Wirtszelle von nur vorübergehenden oder fehlenden Funktionsstörungen über permanente Funktionseinbußen bis hin zu maligner Entartung oder Zelltod.

Tabelle 4.16. Merkmale von eukaryonten Zellen und von Viren

Merkmal	Zellen	Viren
Eigenständiger Stoffwechsel	Ja	Nein
Organellen (Mitochondrien etc.)	Ja	Nein
Translationsapparat (Ribosomen)	Ja	Nein
Nukleinsäuren	DNA und RNA	DNA oder RNA
Genomgröße	10^3–10^9 kb	4–400 kb
Vermehrung	Selbständig	Obligate Zellparasiten

4.4 Molekulare Virologie

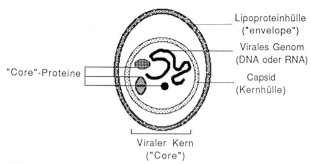

Abb. 4.35. Schematische und vereinfachte Darstellung des Aufbaus eines Virus. Nicht alle Viren verfügen über eine äußere Lipoproteinhülle

Bei aller Verschiedenheit im Aufbau sollen einige generelle Charakteristika viraler Strukturen erwähnt werden (Abb. 4.35). Ein freigesetztes Viruspartikel (Virion) wird von einer Proteinhülle (*Capsid*) umgeben und stellt die extrazelluläre Transportform zur Weitergabe der viralen Nukleinsäure von einer Zelle zur anderen dar. Das Capsid umschließt den viralen Kern (*core*) mit dem aus DNA oder RNA bestehenden Genom des Virus, aber auch Proteine, die von der infizierten Wirtszelle nicht bereitgestellt werden und die in der Frühphase der Infektion von Bedeutung sind. Viele Viren verfügen zusätzlich zum Capsid über eine äußere Lipoproteinhülle (Virushülle, *envelope*). Die Virushülle enthält wichtige Proteine, die für die Kontaktaufnahme des Virus mit der Wirtszelle verantwortlich sind. Einige dieser Hüllproteine dienen auch als Determinanten für die Immunabwehr des Wirtsorganismus und können deshalb auch für die Impfstoffentwicklung (s. u.) von Bedeutung sein.

Eine große Überraschung bereitete der Befund, daß bei bestimmten Viren RNA als genetischer Informationsträger fungiert und daß Viren nicht immer den bei allen eukaryonten und prokaryonten Zellen üblichen „klassischen" genetischen Informationsfluß von der DNA über die RNA zum Protein nutzen. Einige RNA-Viren können zwar ihre RNA direkt als Vorlage zur Proteinsynthese in einer infizierten Zelle nutzen, zur Vervielfältigung ihres Genoms sind viele dieser Viren aber auf DNA-Zwischenstufen angewiesen. Folglich muß in diesen Fällen der orthograde Informationsfluß umgekehrt werden. Den Vorgang der retrograden oder reversen Transkription, bei dem von einer RNA-Vorlage eine komplementäre DNA kopiert wird, führt ein viral kodiertes Enzym, die *Reverse Transkriptase*, aus. Neben ihrer Bedeutung für die Virologie wird die reverse Transkriptase auch als wichtiges Werkzeug des Molekularbiologen bei der Erstellung von cDNA aus zellulärer mRNA (Kapitel 3.1.4.1) gebraucht.

Im folgenden wollen wir uns einer medizinisch bedeutsamen Gruppe von Viren, den sogenannten *Retroviren*, näher zuwenden und exemplarisch aufzeigen, wie die molekulare Virologie den Mediziner unterstützen kann:

- beim Verständnis des Infektionsmechanismus und -ablaufs;
- bei der Diagnosestellung (Kapitel 4.4.2);
- bei der Entwicklung antiviraler Therapeutika;
- bei der Vakzinentwicklung.

4.4.1 Retroviren

Unter den Retroviren faßt man eine Gruppe von RNA-Viren zusammen, die zu ihrer Replikation die reverse Transkription ihres Genoms in eine doppelsträngige cDNA benötigen und diese cDNA als Provirus in das Genom der Wirtszelle integrieren. Die Existenz von Retroviren ist schon seit vielen Jahren aus dem Tier- und Pflanzenreich bekannt. Das erste humanpathologische Retrovirus, ein Leukämie-Virus, wurde aber erst Ende der 70er Jahre charakterisiert. Wenige Jahre später konnte man zeigen, daß auch das Krankheitsbild von *AIDS* (*a*cquired *i*mmuno-*d*eficiency *s*yndrome)-Patienten auf eine Infektion mit dem Retrovirus HIV 1 oder HIV 2 zurückzuführen ist.

4.4.1.1 Infektionszyklus von Retroviren

Retroviren zeichnen sich durch den in Abb. 4.36 gezeigten Infektionszyklus aus. Zuerst bindet sich das Virus an die Wirtszelle und bringt virale RNA und die bereits erwähnte reverse Transkriptase in die Zelle ein. Anschließend wird die genomische virale RNA in einen komplementären DNA-Strang retrograd transkribiert; dann wird zu dem DNA-Strang ein komplementärer 2. DNA-Strang gebildet, so daß schließlich eine doppelsträngige DNA-Kopie des viralen RNA-Genoms vorliegt. Diese DNA-Kopie gelangt in den Zellkern und integriert sich dort in das Genom der Wirtszelle. Die integrierte Form des Retrovirus bezeichnet man als *Provirus*. Da die provirale DNA bei der Mitose nicht mehr von der DNA der Wirtszelle unterschieden wird, ist es dem Virus gelungen, sich permanent in die Zelle einzunisten und sogar an Folgegenerationen der infizierten Zelle weitergegeben zu werden. Das Virus kann also eine scheinbar friedliche Koexistenz mit der Wirtszelle eingehen. Diese latente Infektion kann gegebenenfalls Jahre andauern und sich nicht nur der körpereigenen Immunabwehr, sondern auch der herkömmlichen Diagnostik entziehen.

Das integrierte Provirus kann 2 Funktionen erfüllen: einerseits kann virale mRNA synthetisiert werden, die für virale Proteine kodiert; andererseits kann eine neue virusgenomische RNA kopiert werden. In ein neues Viruspartikel werden jeweils zwei identische (nichtkomplementäre) RNA-Moleküle verpackt und aus der infizierten Zelle ausgeschleust. Der Ausschleusungsvorgang kann fulminant sein und mit der Zerstörung der Wirtszelle oder aber langsam und ohne begleitenden Zelltod einhergehen.

4.4.1.2 Organisation des retroviralen Genoms

Das gesamte Genom eines Retrovirus ist weniger als 10 000 Nukleotide lang und damit kürzer als viele einzelne Gene des Menschen. Da ein Retrovirus eine recht große Zahl metabolischer Prozesse beeinflußt, muß die genetische Information seines kleinen Genoms effektiv genutzt werden.

An beiden Enden der proviralen DNA-Sequenz befinden sich relativ lange, sequenzidentische Abschnitte, die sogenannten *long terminal repeats* oder *LTRs* (Abb. 4.37). Diese LTRs spielen sowohl bei der Integration als auch bei

4.4 Molekulare Virologie

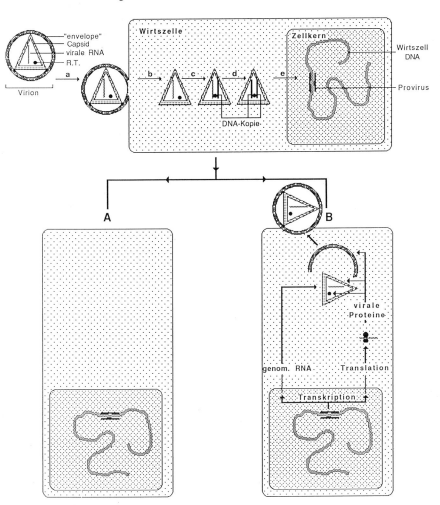

Abb. 4.36. Infektionszyklus eines Retrovirus. Im oberen Teil der Abbildung ist das Ankern des Virus an die Membran der Wirtszelle dargestellt (Schritt a). Anschließend wird das Capsid in die Zelle injiziert (b). Die Reverse Transkriptase (R.T.) vermittelt die Synthese einer zunächst einzelsträngigen cDNA Kopie (c), die nach Verdau des ursprünglichen RNA Stranges verdoppelt wird (d). Diese doppelsträngige cDNA integriert sich daraufhin in das Genom der Wirtszelle (e) und schafft so ein Provirus. Die untere Bildhälfte zeigt das Stadium stummer viraler Latenz (A) bzw. aktiver viraler Replikation mit Ausschleusung neuer viraler Partikel aus der Zelle (B). Dabei wird ein Teil der Transkripte als neue genomische RNA verwendet, der andere Teil dient als Vorlage für die Translation viraler Proteine

der Nutzung der proviralen DNA eine wichtige Rolle. Die Integration vollzieht sich bei allen Retroviren nach demselben Schema. Zuerst verbinden sich die Enden der beiden LTRs und führen zu einem ringförmigen DNA-Molekül. Dann wird die genomische DNA der Wirtszelle an bestimmten Sequenzen durch noch nicht exakt charakterisierte Enzyme eingeschnitten und

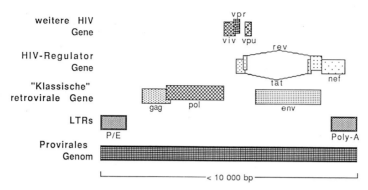

Abb. 4.37. Genomische Organisation eines retroviralen Provirus am Beispiel von HIV. Zur Verdeutlichung wurden verschiedene Gen- und Sequenzgruppen übereinander dargestellt. Die sequenzidentischen „long terminal repeats (LTR)" flankieren beide Enden des proviralen Genoms. Das 5' gelegene LTR enthält Promotor- und Enhancersequenzen, das 3' gelegene LTR weist das Poly-A-Signal auf. Ein weiteres allgemeines Charakteristikum von Retroviren ist das Vorkommen der Gene gag, pol und env (siehe auch im Text). Dabei überlappen sich die Leseraster für die Proteine Gag und Pol, so daß das primäre Translationsprodukt anschließend proteolytisch gespalten werden muß. Die Gengruppen in der oberen Bildhälfte sind typisch für das HIV bzw. eine kleine Untergruppe von Retroviren. Zu beachten ist hier die Notwendigkeit von Spleißvorgängen zur Erzeugung offener Leseraster für tat und rev

die virale DNA wird zwischen den beiden LTRs wieder gespalten. Schließlich verbinden sich die freien Enden der viralen und der genomischen DNA der Wirtszelle, so daß die virale DNA schließlich von den LTRs umrahmt als Provirus in das Wirtszellgenom integriert ist.

Eine 2. wichtige Rolle spielen die LTRs bei der Expression der proviralen DNA. So fungiert der eine LTR als Promotor und Enhancer (Kapitel 2.3.1) für die Transkription viraler RNA, und der andere LTR enthält das Polyadenylierungssignal für die virale RNA. Es ist noch nicht ganz geklärt, wie den zwei identischen LTRs diese unterschiedlichen Funktionen zugeteilt werden. Man weiß aber, daß eine „Nebenwirkung" der Promotor und Enhancereigenschaft der LTRs darin besteht, daß nach der Integration des Provirus benachbarte zelluläre Gene unter den Einfluß der LTRs geraten und aktiviert werden können. Eine Folge dieser Aktivierung kann gegebenenfalls die maligne Transformation der Zelle sein (Kapitel 4.3.1.3).

Zwischen den beiden regulatorisch wirksamen LTRs befindet sich die transkribierte Region der proviralen DNA. Diese Region wird als Ganzes in RNA überschrieben und enthält offene Leseraster für mehrere virale Proteine (Abb. 4.37). Die Proteine und die zugehörigen viralen Gene werden mit *gag* (für *g*roup-specific *a*ntigen *g*enes), *pol* (für *pol*ymerase) und *env* (für *env*elope) abgekürzt. Das Gag-Polypeptid stellt die Vorstufe für die Proteine des viralen Kerns dar und wird proteolytisch in separate Teilproteine aufgespalten. Das Pol-Protein verkörpert die enzymatischen Aktivitäten der viralen Reversen Transkriptase. Das 3. typische retrovirale Gen, env, kodiert die Bestandteile der viralen Hülle. Seine Translation wird dadurch ermöglicht, daß die gag-pol-Region aus dem RNA-Transkript herausgespleißt wird und das env-Leseraster damit an das 5′-Ende des viralen Transkripts rückt.

Zusätzlich zu diesen 3 klassischen Proteinen kann die virale RNA in einigen Fällen noch für andere, meist regulatorisch wirksame Proteine kodieren.

4.4.1.3 Humanes Immundefizienz Virus (HIV)

In den vergangenen Jahren hat das medizinische Interesse an der Virologie und insbesondere den Retroviren nicht zuletzt aufgrund der Immundefekterkrankung AIDS und ihrem auslösenden Agens, dem Retrovirus HIV, weiter zugenommen. Zwei eigenständige, miteinander verwandte Retroviren konnten Mitte der 80er Jahre als Erreger von AIDS nachgewiesen werden, *HIV I* und *HIV II*. Dieses Kapitel wird sich mit einigen molekularmedizinisch interessanten Aspekten der HIV-Infektion beschäftigen; eine umfassende Darstellung epidemiologischer, klinischer und zellbiologischer Erkenntnisse oder molekularbiologischer Details soll hier nicht angestrebt werden. Wir wollen exemplarisch aufzeigen, wie die Molekularmedizin zum Verständnis des Infektionsablaufs, zur Diagnosestellung und zur Entwicklung von Therapeutika beiträgt; außerdem werden Ansätze und Probleme bei der Entwicklung eines Vakzins diskutiert.

Beide Viren (HIV I und HIV II) sind typische Retroviren mit allen Merkmalen, die im vorherigen Kapitel besprochen wurden; darüber hinaus verfügen sie über ein Maß an zusätzlicher Komplexität, wie es von anderen Retroviren bislang unbekannt war. Im folgenden werden wir HIV I und HIV II wegen ihrer überwiegenden Gemeinsamkeiten nicht mehr unterscheiden.

HIV infiziert die Zellen des menschlichen Organismus, die an ihrer Oberfläche den Rezeptor *CD4* tragen. Dazu zählen vor allem T-Helfer-Zellen, aber auch Monozyten und ein geringer Prozentsatz von B-Zellen. Die physiologische Rolle des CD4-Rezeptors liegt in einer Interaktion mit Antigen-präsentierenden Zellen im Rahmen der zellvermittelten Immunabwehr (Abb. 4.38). Man weiß, daß sich das HIV-Hüllprotein *gp120* (ein env-Genprodukt) spezifisch und mit hoher Affinität an den CD4-Rezeptor bindet. Anschließend wird der virale Kern einschließlich des RNA-Genoms und der reversen Transkriptase in die Zelle injiziert. Schließlich entsteht nach Integration des revers transkribierten viralen Genoms in die Wirtszelle ein Provirus und somit eine permanent etablierte HIV-Infektion.

Eine wichtige Frage der AIDS-Forschung ist, weshalb das Provirus jahrelang fast symptomfrei passiv im Körper vorliegen und dann plötzlich aktiviert werden kann. Man vermutet, daß dafür bestimmte Enhancer-Sequenzen im proviralen LTR verantwortlich sind. So hat man einen physiologisch vorkommenden, im Rahmen der Immunantwort bei vielen Infekten aktivierten Transkriptionsfaktor (NF κ B) gefunden, der den HIV-LTR aktivieren kann. Diesem Modell zu Folge würde eine ihrerseits relativ unspezifische Infektion zu einer Stimulation der NF κ B-Aktivität führen, die dann das HIV-Provirus transkriptional aktivieren könnte. So könnte ein äußerer Stimulus (Infekt)

A

Rolle der CD4/gp120 Interaktion für die HIV Infektion

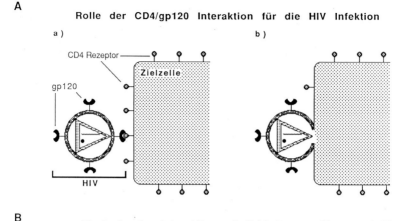

B

Blockade der Interaktionsmöglichkeit von Virus und Zielzelle

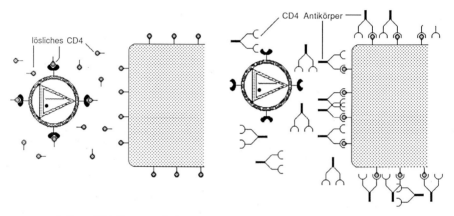

Abb. 4.38. Rolle der CD4/gp120 Interaktion für die HIV Infektion (A) und als möglicher Ansatzpunkt für eine antivirale Therapie (B) In Aa) ist dargestellt, daß die erste Kontaktaufnahme zwischen dem Virus und der Zielzelle durch das virale Oberflächenglykoprotein gp120 und den zellulären Rezeptor CD4 zu Stande kommt. Bei den meisten (aber wohl nicht allen) Zielzellen des HIV stellt diese Interaktion eine notwendige Voraussetzung für das Eindringen des Virus in die Zelle (b) dar. B) zeigt, daß diese Interaktion theoretisch sowohl durch lösliches CD4 (durch Blockade des viralen Ankerproteins) als auch durch CD4 Antikörper (durch Blockade des Zielmoleküls) verhindert werden könnte

zum Ausgangspunkt der Aktivierung einer bis dahin latent verlaufenden HIV-Infektion führen.

Wie bereits dargestellt wurde, kann die provirale DNA mehrere Funktionen erfüllen. Einerseits kann sie zur Synthese von viralen Kernproteinen und der Reversen Transkriptase genutzt oder auch nach Spleißen des Primärtranskripts zur Synthese von Hüllproteinen herangezogen werden. Alternatives

4.4 Molekulare Virologie

Spleißen kann dagegen zu Transkripten führen, die verschiedene Regulationsfaktoren (s. unten) kodieren. Andererseits kann das Primärtranskript auch als virales Genom fungieren und verpackt werden. Es ist offensichtlich, daß es für die Evolution des Virus von Vorteil war, diese alternativen Möglichkeiten genau aufeinander abzustimmen und die Expression verschiedener viraler Proteine in Abhängigkeit vom Infektionsstadium zu regulieren.

Abbildung 4.37 zeigt ein Schema des genetischen Aufbaus des HIV. Beide Enden der proviralen DNA sind von den LTRs begrenzt. Dazwischen befinden sich die kodierenden Regionen für die bereits besprochenen Gene gag, pol und env. Zusätzlich finden sich im Provirus Gene für Regulatorproteine mit den Kürzeln tat, rev und nef, deren mRNAs durch alternatives Spleißen des Primärtranskripts entstehen.

Das am besten charakterisierte Mitglied dieses Terzetts von genregulatorischen Faktoren ist *tat* (für *t*rans-*a*ctivator), das für die explosionsartige Replikation des Virus nach Immunstimulation verantwortlich ist. Tat stimuliert die Expression aller viralen Genprodukte auf der Ebene der Transkription und erfüllt somit die Funktion eines positiven Regulators. Die Expression von tat selbst erfordert ein Spleißen der viralen RNA, was für die weitere Betrachtung von Bedeutung ist.

Das 2. Regulatorprotein ist *nef* (für *n*egative-regulatory *f*actor). Es soll die Transkription des proviralen Genoms (Silencer) reduzieren und erscheint deshalb als ein Gegenspieler von tat. Die Fähigkeit von HIV, seine eigene Replikation phasenweise ganz abzustellen und quasi schlafend im infizierten Organismus zu überleben, ist vermutlich auf nef zurückzuführen.

Das 3. Regulatorprotein, *rev* (für *r*egulator of *v*irion-protein expression), hat einen differentiellen Effekt auf die virale Genexpression. In seiner Gegenwart wird die Expression viraler Funktionsproteine (gag, pol, env) auf Kosten der Expression regulatorischer Proteine wie tat und rev reduziert. Rev reguliert vermutlich den nukleo-zytoplasmatischen Transport (Kapitel 2.3.3) der verschiedenen viralen RNA-Moleküle. Die alternativen Formen des Spleißens des viralen Primärtranskripts sind insofern von entscheidender Bedeutung, als weder die gespleißte tat-RNA noch die gespleißte rev-RNA die regulatorische Zielsequenz für das den nukleo-zytoplasmatischen Transport fördernde rev-Protein enthalten und deshalb gegenüber den anderen viralen RNA-Produkten in Gegenwart des rev-Proteins beim nukleo-zytoplasmatischen Transport benachteiligt sind.

Im Endeffekt führt die Expression von tat also zu einer Erhöhung von tat, rev und nef, während rev die Expression von tat und rev reduziert und nef die Expression aller 3 Proteine herabzusetzen scheint. Diese Effekte sind in Tabelle 4.17 zusammengefaßt. HIV verfügt also über ein verflochtenes System genetischer Regulationskreise, die dem Virus ein breites Repertoire verschiedener Antworten auf Einflüsse der Wirtszelle ermöglichen. Wie die Expression von tat, rev und nef durch Einflüsse von außen gesteuert wird, ist noch weitgehend unbekannt.

Eine weitere Frage zur Charakterisierung des Infektionsablaufs sollte erörtert werden: wie vermag HIV seine Zielzellen (T-Helferzellen, Monozyten,

Tabelle 4.17. Effekte der HIV-Regulatorproteine tat, rev und nef.

Protein	Wirkmodus*	Effekt auf HIV-Vermehrung	Effekt auf Expression von		
			tat	rev	nef
tat	Aktivierung der Transkription	↑	↑	↑	↑
rev	Aktivierung des nucleo-zytoplasmatischen Transports	↑	↓	↓	↓
nef	Repression der Transkription	↓	↓	↓	↓

* Der gegenwärtige Kenntnisstand ist noch unvollständig

Makrophagen) zu töten? Die Antwort liegt wahrscheinlich in der Interaktion zwischen den CD4-Rezeptoren der Zielzellen und dem viralen Hüllprotein gp120, das von infizierten Zellen ins Serum sezerniert werden kann oder auf ihrer Oberfläche exprimiert wird. Nichtinfizierte, CD4-positive Zellen binden sich wegen ihrer hohen Affinität zu gp120 an infizierte Zellen, so daß sich ein Synzytium funktionsuntüchtiger CD4-positiver Zellen mit nur wenigen infizierten Zellen als Kern ausbildet. Ein 2. Mechanismus wird durch sezerniertes und somit zirkulierendes gp120 vermittelt. Es bindet sich an den CD4-Rezeptor nichtinfizierter Zellen und markiert sie für den Angriff durch Komplement-vermittelte Immunmechanismen. Der 3. Mechanismus beruht auf den Konsequenzen fulminanter viraler Replikation in einer infizierten Zelle und nachfolgender Zellyse bei der Freisetzung neuer Viruspartikel. Ein interessanter Aspekt dieser Erkenntnisse ist, daß die Zerstörung nichtinfizierter Zellen durch die Interaktion zwischen CD4 und gp120 vermittelt wird. Eine therapeutische Blockade dieser Interaktion wäre theoretisch vielversprechend, da sie die CD4/gp120-Interaktion sowohl bei der Infektion als auch bei der Komplement-vermittelten Zellzerstörung oder der Synzytiumbildung positiv beeinflussen könnte.

Die Therapie der verschiedenen Studien bei erfolgter HIV-Infektion hat in den vergangenen Jahren ermutigende Fortschritte gemacht, ist aber noch immer unzureichend. Möglicherweise könnten molekularmedizinische Erkenntnisse als Grundlage zur Entwicklung einer kausalen therapeutischen Strategie dienen und wirksame Therapeutika gegebenenfalls biotechnologisch produziert werden.

Die Therapie von Infektionskrankheiten zielt darauf ab, Unterschiede im Metabolismus zwischen infiziertem Wirt und infektiösem Agens dazu auszunutzen, den Erreger zu töten oder seine Replikation zu verhindern. Bei bakteriellen Infektionen können solche Unterschiede mit großem Erfolg durch die Gabe von Antibiotika ausgenutzt werden (siehe auch Kapitel 2.3.6.4). Wir wollen hier 3 mögliche Ansätze der HIV-Therapie erörtern.

Einen offensichtlichen Ansatzpunkt für eine therapeutische Intervention bietet die Interaktion zwischen gp120 und dem CD4-Rezeptor (s. oben). Eine

4.4 Molekulare Virologie

Blockade des CD4-Rezeptors selbst würde allerdings auch seine physiologische Funktion beeinträchtigen, es sei denn, man könnte den gp120-bindenden Anteil separat von der physiologisch erforderlichen Domäne beeinflussen. Deshalb erscheint das gp120 als der bessere Angriffspunkt. Es wird untersucht, ob durch Gabe von löslichem CD4 die viralen und membranständigen gp120-Moleküle gesättigt werden könnten. In diesem Falle stünden die gp120-Moleküle nicht mehr zur Bindung an die membranständigen CD4-Rezeptoren zur Verfügung (Abb. 4.38 B).

Ein 2. Ansatzpunkt für eine therapeutische Intervention ist mit der viralen Replikation über die Reverse Transkriptase gegeben. Die Ausschaltung dieses Enzyms würde die Integration des Virus in das Genom der Wirtszelle als Provirus und somit die irreversible Infektion der Zelle verhindern. Leider gibt es jedoch noch keine wirksamen spezifischen Inhibitoren der Reversen Transkriptase. Das erste zur AIDS-Behandlung zugelassene Pharmakon ist das 3'-Azido-2'3'-Didesoxythymidin (oder *AZT*), das intrazellulär in AZT-Triphosphat umgewandelt wird. Die Reverse Transkriptase hat eine höhere Affinität zu AZT-Triphosphat als zu dem physiologischen DNA-Baustein Desoxythymidin-Triphosphat (*dTTP*); bei der zellulären DNA-Polymerase ist es umgekehrt. Deshalb baut die reverse Transkriptase dieses Analogon bevorzugt in den proviralen DNA-Strang ein, der dann wegen der blockierten 3'-Gruppe des AZT nicht mehr verlängert werden kann, was folglich zum Abbruch der Synthese proviraler DNA führt (vgl. das Prinzip der DNA-Sequenzierung, Kapitel 3.2.5). Die Wirtszelle wird relativ wenig in ihrer DNA-Replikation geschädigt, weil der physiologische Baustein dTTP von der DNA-Polymerase bevorzugt wird (Abb. 4.39). Klinische Untersuchungen zeigen, daß AZT die Lebenserwartung von AIDS-Patienten um einige Monate verlängern kann, aber nicht zur Heilung führt. Ein weiteres Problem der AZT-Therapie, für das es schon erste klinische Anzeichen gibt, besteht darin, daß sich eine virale Resistenz gegenüber AZT dadurch entwickelt, daß die Reverse Transkriptase ihre Affinität für AZT-Triphosphat zugunsten von dTTP verliert.

Eine 3. therapeutische Strategie stützt sich auf den Versuch, die Translation viraler RNA in Proteine zu verhindern. Bei der Translation kann nur einzelsträngige mRNA abgelesen werden, doppelsträngige Sekundärstrukturen, insbesondere in der 5'-nichttranslatierten Region, können die Translationsrate stark reduzieren (vgl. Abb. 2.32).

Durch Behandlung mit kurzen, zellulär resorbierbaren, synthetischen Oligonukleotiden mit einer Sequenz komplementär zur viralen RNA könnte eine Virus-RNA-spezifische, doppelsträngige Region induziert werden, die die Translation viraler Proteine blockiert. Das Prinzip dieser Vorgehensweise stützt sich also auf die spezifische Hybridisierung einander komplementärer DNA- und RNA-Sequenzen. Die Probleme dieses Vorgehens sind jedoch trotz des eleganten Konzepts nicht unerheblich: konventionelle synthetische DNA-Oligonukleotide haben eine kurze Plasmahalbwertszeit, und die erwünschten DNA-RNA-Hybride sind intrazellulär relativ instabil. Man arbeitet deshalb gegenwärtig an chemisch modifizierten Versionen von syntheti-

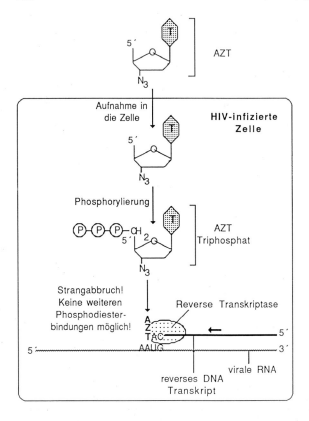

Abb. 4.39. Molekulare Grundlage der AZT-Therapie. Eine genaue Beschreibung erfolgt im Text

schen Oligonukleotiden mit verbesserten pharmakokinetischen und pharmakodynamischen Parametern. Die Entwicklung von solchen modifizierten Oligonukleotiden, sogenannten *Phosphothioaten*, die die HIV-Replikation in Zellkulturen blockieren können, stellt einen ermutigenden Fortschritt in diese Richtung dar.

Zum Abschluß dieses Kapitels wollen wir uns mit Ansätzen und Problemen bei der Entwicklung eines Impfstoffs aus molekularmedizinischer Sicht auseinandersetzen. Die Forderungen an ein zuverlässiges Vakzin liegen darin, daß der Impfling unabhängig von Alter, Geschlecht und Art der Exposition geschützt werden sollte. Gleichzeitig muß natürlich die Ungefährlichkeit des Vakzins gesichert sein. Aus diesem Grunde werden Lebendvakzine im Falle von HIV meist sehr kritisch bewertet.

Das Hauptaugenmerk gilt der Entwicklung eines Vakzins, das auf einem der Hüllproteindeterminanten des Virus beruht. Verschiedene Gruppen versuchen deshalb, entweder gp120 oder andere Hüllproteinimmunogene mit Adjuvantien zu koppeln oder hybride Virus-Vakzine zu konstruieren, bei denen das HIV-Hüllproteingen in einen Vaccinia-Virus- oder einen Adenovirus-Vektor eingesetzt wird.

Zwei besondere Schwierigkeiten bestehen bei der Entwicklung eines HIV-Vakzins. Zum einen attackiert das HIV-Virus genau das System, das vor ihm schützen sollte. Zum anderen zeichnet sich HIV durch eine sehr hohe Mutationsrate, insbesondere auch des Hüllproteins gp120 aus. Diese hohe Mutationsrate führt dazu, daß ein als Vakzin verwendetes gp120 und das gp120 eines infizierenden mutierten Virus sich nicht mehr entsprechen müssen und die Immunantwort daher ausbleiben kann. Der Grund für die ungewöhnlich hohe Mutationsrate liegt darin, daß die Reverse Transkriptase nicht über einen Korrekturmechanismus verfügt wie die zelluläre DNA-Polymerase (Kapitel 2.4.2.2) und fehlinkorporierte Nukleotide deshalb in der proviralen DNA verbleiben. Das gleiche Problem trifft auch auf die zelluläre RNA-Polymerase zu, die für die Erstellung neuer viraler RNA-Genome verantwortlich ist.

Um das Problem der hohen Mutationsfrequenz zu umgehen, versucht man, den Teil des gp120 als Immunogen einzusetzen, der für die Bindung an den CD4-Rezeptor verantwortlich ist. Würde diese Region des viralen gp120 mutiert, würde das resultierende Virus wahrscheinlich nicht mehr in der Lage sein, CD4-positive Zellen zu infizieren. Doch auch dieser Ansatz ist nicht ohne theoretische Problematik: so wäre der Anti-gp120-Antikörper wahrscheinlich der CD4-Bindestelle ähnlich, und ein sekundärer Antikörper gegen diesen ersten könnte den CD4-Rezeptor selbst im Rahmen einer Autoimmunreaktion angreifen. Man würde also genau die Zellen schädigen, die man eigentlich durch den Impfstoff schützen will.

Informationen über Mechanismen der Zellinfektion und des Infektionsablaufes können also bei der Entwicklung von Strategien zur Prävention und Therapie viraler Erkrankungen hilfreich sein. Die molekulare Virologie hat somit sowohl Grundlagenwissen als auch klinische Ansatzpunkte beisteuern können.

Wir haben hier exemplarisch verschiedene Aspekte der HIV-Infektion abgehandelt. Die geschilderten Denk- und Vorgehensweisen lassen sich aber auf die meisten anderen viralen Infektionskrankheiten, zum Teil sogar auf bakteriologische und parasitologische Fragestellungen anwenden. In diesem Sinne dürften einige Konzepte dieses kurzen Einblicks in die molekulare Virologie durchaus auch Anwendung auf die gesamte Mikrobiologie finden. Schließlich sollte noch betont werden, daß einerseits molekularmedizinische Erkenntnisse die Virologie gefördert haben, andererseits Studien an virusinfizierten Zellen aber auch wichtige neue Erkenntnisse über physiologische Zellvorgänge erbrachten.

4.4.2 Mikrobiologische Diagnostik mit molekularmedizinischen Methoden

Wie bei jeder Erkrankung ist auch bei Infektionen eine frühzeitige Diagnose von zentraler therapeutischer und prognostischer Bedeutung. Bei Infektionserkrankungen gesellt sich zu dem Aspekt besserer Therapiemöglichkeiten auch die Frage nach der Verhütung weiterer Infektionen.

Die Diagnose infektiöser Erkrankungen stützt sich üblicherweise auf serologische Methoden oder Kulturverfahren. Diese Verfahren können in vielen

Tabelle 4.18. Auswahl von DNA-Sonden für die mikrobiologische Diagnostik

Bakterien	Viren	Parasiten
Campylobacter jejuni	HIV	Plasmodium falciparum
Chlamydien	Herpes simplex	Schistosoma haematobium
E. coli (enteropathogene)	Hepatitis B	Trypanosoma cruzi
Legionella	Papilloma	
Mykobakterien	Rotaviurs Typ A	
Mykoplasma pneumoniae		
Neisseria gonorrhoeae		
Salmonellen		

Fällen in kurzer Zeit Auskunft über die Art eines Erregers und sein Antibiotikaresistenzspektrum geben. Diagnostische Probleme (Tabelle 4.18) gibt es vor allem in den Fällen, wo das Anlegen mikrobiologischer Kulturen langwierig (z. B. *Mycobacterium tuberculosis*) oder schwierig (z. B. Mykoplasmen) ist. Zudem sind Möglichkeiten einer serologischen Diagnostik bei Patienten sehr begrenzt, bei denen serologische Daten diagnostisch unzuverlässig sind. Das trifft vor allem auf immunsupprimierte Patienten oder auf Neugeborene zu, bei denen der diaplazentare Übertritt maternaler Antikörper zu einem diagnostischen Problem werden kann. Ferner existiert die bereits im vorangegangenen Kapitel geschilderte Problematik einer langen, klinisch stummen Latenzphase sowie die Latenz zwischen Erstinfektion und serologischer Reaktion. Diese Erwägungen lassen die Möglichkeit eines direkten Erregernachweises wünschenswert erscheinen.

Einen Ansatzpunkt für einen direkten Erregernachweis bietet die Fähigkeit, die Nukleinsäuren mikrobiologischer Erreger in Blut-, Urin-, Sputum-, Liquor-, Speichel- oder Gewebeproben spezifisch mit molekularbiologischen Methoden nachzuweisen. Diese Möglichkeit steht für ein wachsendes Spektrum infektiöser Erkrankungen zur Verfügung (für eine Auswahl s. Tabelle 4.18), da viele Erreger inzwischen nicht nur biochemisch, sondern auch genetisch charakterisiert worden sind. Erreger-spezifische Nukleinsäuresequenzen, die im menschlichen Genom nicht vorkommen, können somit als DNA-Sonden für einen molekularmedizinischen Nachweis verwendet werden.

Bei einer sehr kleinen Zahl pathogener Erreger in einer klinischen Probe kann die Nachweisgrenze gewöhnlicher Hybridisationstechniken wie Southern und Dot Blotting oder Oligonukleotid-Hybridisierung (Kapitel 3.2) unterschritten werden. In diesen Fällen bietet die in Kapitel 3.2.4 beschriebene Polymerase-Kettenreaktion (PCR) als wohl empfindlichste Methode für den Nachweis geringster Mengen bestimmter DNA-Sequenzen eine entscheidende diagnostische Alternative. So gelang z. B. der direkte spezifische Nachweis einer HIV-Infektion aus Blutproben Neugeborener von seropositiven Müttern oder die Identifizierung von Hepatitis B-Virus-DNA im Serum von Patienten mit chronischer Hepatitis. Ferner ermöglicht es die PCR, eine seit einigen Jahren berichtete Assoziation zwischen einer Infektion mit verschiedenen Papillomviren und dem Auftreten anogenitaler Malignome weiter zu evaluieren.

Man erhofft sich hier von der extrem empfindlichen PCR-Technik vor allem, den Durchseuchungsgrad der „gesunden" Bevölkerung mit den verdächtigten Papillomviren vom Typ 16 und 18 genau feststellen zu können.

Molekularmedizinische Methoden stellen also bereits in einigen Fällen Alternativen für die Diagnose infektiöser Erkrankungen, gerade in bisherigen Problemsituationen, zur Verfügung. Als Nachteile molekularmedizinischer Diagnostik sind vor allem 2 Einschränkungen anzusehen. Nachgewiesen werden kann nur die DNA oder RNA solcher Erreger, die mit der verwendeten Sonde oder den eingesetzten PCR-Primern hybridisieren, d.h. in der Regel nur die Erreger, nach denen man auch sucht. Der Screening-Effekt einer mikrobiologischen Kulturuntersuchung entfällt hier also. Zweitens kann zwar das Vorhandensein oder Fehlen von Antibiotikaresistenzgenen festgestellt werden, über die Expression dieser Gene und damit eine tatsächliche Resistenz geben die zur Zeit angewendeten molekularmedizinischen Verfahren jedoch keine Auskunft.

Es soll hier nochmals darauf hingewiesen werden, daß die hohe Nachweisempfindlichkeit der PCR-Reaktion auch bei geringgradigen Kontaminationen von Reagenzien oder Pipetten zu falsch positiven Resultaten führen kann und deshalb ein bislang nicht erforderliches Ausmaß von Sorgfalt bei der praktischen Durchführung der Probenanalyse erfordert.

In Anbetracht der entscheidenden Vorteile molekularmedizinischer Methoden bei der Diagnose einiger infektiöser Erkrankungen einerseits und der oben erwähnten Einschränkungen andererseits darf festgestellt werden, daß die Möglichkeiten eines molekularmedizinischen Nachweises pathogener Erreger das Spektrum konventioneller mikrobiologischer Verfahren sinnvoll ergänzen, nicht jedoch ersetzen kann.

4.5 Rekombinante Therapeutika

4.5.1 Pharmaka

Gentechnologisch gewonnene Pharmaka weisen ein gemeinsames Merkmal auf: sie sind Proteine, für die das zugehörige Gen bzw. die zugehörige cDNA bereits kloniert worden sind. Therapeutisch wichtige Proteine (Gerinnungsfaktoren, Hormone, Enzyme) können in vielen Fällen durch konventionelle biochemische Reinigungsverfahren aus „natürlichen" Quellen isoliert werden. Dieses Verfahren bietet im allgemeinen den Vorteil, daß das isolierte Protein und das natürliche identisch sind. Die Nachteile liegen in der zum Teil geringen Verfügbarkeit des Ausgangsmaterials, der geringen Konzentration des gewünschten Proteins im Ausgangsmaterial und in der Gefahr einer Kontamination des Naturproduktes mit pathogenen Keimen. Insbesondere in den Fällen, wo kein tierisches Homolog mit entsprechender Wirkung beim Menschen bekannt ist (z.B. Wachstumshormon), sind diese Therapeutika darüber hinaus sehr teuer und nur begrenzt verfügbar.

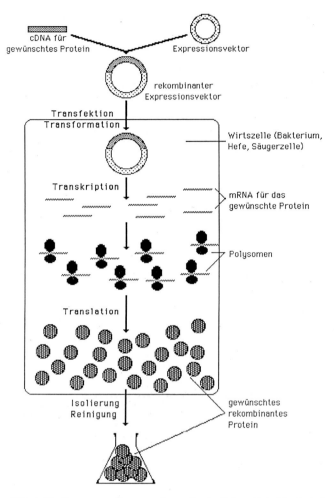

Abb. 4.40. Zusammenfassung der erforderlichen Schritte bei der gentechnologischen Gewinnung rekombinanter Proteine. Bei der Wirtszelle wurde auf die Darstellung eines Zellkerns verzichtet, weil auch Bakterien als Wirtszellen Verwendung finden (siehe Text)

Rekombinante Pharmaka bieten in einigen Fällen einen Ausweg aus diesem Dilemma. Das Prinzip der gentechnologischen Gewinnung von Pharmaka ist in Abb. 4.40 dargestellt. Man macht sich dabei die Fähigkeit zu Nutze, klonierte Gene/cDNA in Fremdzellen künstlich exprimieren zu können (Seite 85). Zuerst wird in den meisten Fällen die cDNA für das gewünschte Protein in einen sogenannten *Expressionsvektor* kloniert. Der rekombinante Expressionsvektor wird dann in die gewünschte Wirtszelle eingebracht (Transformation, Transfektion; Kapitel 3.1 und 3.4). Expressionsvektoren verfügen über starke Promotoren, die in der Wirtszelle zur Transkription einer großen Menge erwünschter mRNA führen. Diese mRNA wird in der Wirtszelle anschlie-

Tabelle 4.19. Erwägungen zur gentechnologischen Erzeugung rekombinanter Pharmaka

1. Wahl der Wirtszelle
   - Funktion des rekombinanten Proteins (post-translationale Modifikationen etc.)
   - Löslichkeit des rekombinanten Proteins
   - Stabilität des rekombinanten Proteins
   - Ökonomie einer Massenkultur
   - Kontaminationsrisiko des gereinigten Proteins mit humanpathogenen Substanzen
   - Möglichkeit zur Sekretion des rekombinanten Proteins in das Kulturmedium
2. Wahl des Expressionsvektors
   - Anpassung an die gewählte Wirtszelle
   - Effizienz (Anteil des rekombinanten Proteins am zellulären Gesamtprotein)
   - Notwendigkeit induzierbarer Expression
   - Möglichkeit zur Sekretion bzw. Stabilisierung des rekombinanten Proteins
3. Wahl des Reinigungsverfahrens
   - Erhaltung der Funktionsfähigkeit des rekombinanten Proteins
   - Vermeidung von potentiellen Kontaminationen
   - Hohe Effizienz, kostengünstiges Verfahren

ßend von den zelleigenen Ribosomen in das gewünschte Protein translatiert. Schließlich wird das rekombinante Protein aus den Zellen biochemisch isoliert und gereinigt.

Dieses Prinzip der gentechnologischen Arzneimittelherstellung bedarf im konkreten Einzelfall vieler Erwägungen und Anpassungen. Drei voneinander abhängige Entscheidungen müssen getroffen werden: die Wahl der geeigneten Wirtszelle, des Expressionsvektors und des Reinigungsverfahrens. Das Ziel ist dabei, möglichst kostengünstig eine möglichst große Menge biologisch aktiven Proteins zu erzeugen und zu reinigen. Folgende Forderungen (Tabelle 4.19) müssen berücksichtigt werden:

1. Das rekombinante Protein muß beim Menschen biologisch wirksam sein. Diese offensichtliche Forderung ist nicht immer leicht erfüllbar, weil eine Reihe von Proteinen in spezifischer Form posttranslational modifiziert sein müssen (z. B. Glykosylierung), um biologisch aktiv zu sein. So sind Bakterien beispielsweise zur Glykosylierung generell unfähig, während Hefezellen die Glykosylierung eines humanen Proteins gegebenenfalls nur in atypischer (und deshalb unwirksamer) Form durchführen.
2. Das rekombinante Protein muß in der Wirtszelle stabil sein.
3. Das rekombinante Protein soll aus ökonomischen Gründen einen möglichst hohen Anteil des gesamten zellulären Proteins ausmachen.
4. Das rekombinante Protein muß aus der Wirtszelle isolierbar sein. In einigen Fällen können sich Probleme durch starke Proteinaggregation ergeben.

Als Wirtszellen kommen zunächst Bakterien, Hefezellen und in Gewebekultur wachsende höhere eukaryonte Zellen in Frage. Bakterien und Hefen lassen sich am kostengünstigsten in Massenkultur halten, erfüllen aber häufig nicht alle genannten Postulate. Für alle Zelltypen existieren Expressionsvektoren, zu denen sowohl Plasmide als auch virale Systeme zählen. Die Stärke des Promotors ist nicht das einzige Kriterium bei der Wahl eines Vektors. Die Regulierbarkeit des Promotors ist vor allem dann wichtig, wenn das gewünschte (Fremd-)Protein toxisch für die Wirtszelle ist. In diesem Fall ermöglicht es ein regulierbarer (induzierbarer) Promotor, die Produktion (Transkription, Translation) des Fremdproteins erst dann zu induzieren, wenn die Zellkultur ihre optimale Dichte erreicht hat. Andere Expressionssysteme sind so konzipiert, daß das rekombinante Protein aus den Zellen ins Kulturmedium sezerniert wird. Dieser Ansatz erleichtert oft die anschließende Reinigung des Proteins.

Wir wollen hier nur einen kurzen Einblick in das inzwischen sehr komplexe Feld der pharmakologischen Biotechnologie geben. Ständig werden weitere Verbesserungen und neue Anwendungen erschlossen. Die Entwicklung rekombinanter Pharmaka ist sehr kostenintensiv und unterliegt bereits einem scharfen Wettbewerbsklima. Neben bereits erwähnten Vorteilen (Verfügbarkeit, geringes Kontaminationsrisiko) haben rekombinante Proteine noch weitere potentielle Vorzüge (Tabelle 4.20): nachdem ein Produktionsverfahren etabliert ist, können die eigentlichen Produktionskosten erheblich niedriger sein als bei konventionell gereinigten Proteinen. Ferner bietet sich die Möglichkeit, die Beschaffenheit des Proteins selbst z. B. durch gezielte Mutation der entsprechenden cDNA zu verändern. Diese im Jargon manchmal als *desi-*

Tabelle 4.20. Vorteile rekombinanter Pharmaka

Theoretisch unbegrenzt hohe Mengen des rekombinanten Proteins verfügbar
Kostengünstigere Erzeugung
Geringes Kontaminationsrisiko mit humanpathogenen Substanzen
Möglichkeit zur gezielten genetischen Veränderung des rekombinanten Proteins

Tabelle 4.21. Auswahl bereits verfügbarer oder in der Entwicklung befindlicher rekombinanter Pharmaka

Protein	Mögliche Indikation
Granulocyten-Makrophagen-Kolonie stimulierender Faktor (GM-CSF)	Sekundäre Knochenmarksaplasien
G-CSF	Kostmann Syndrom, sekundäre Leukopenie
Interleukin 2	Immuntherapie von Malignomen
Faktor VIII	Hämophilie A
Gewebeplasminogenaktivator	Myokardinfarkt, Lungenembolie
Erythropoetin	renale Anämie
Insulin	Diabetes mellitus
Wachstumshormon (hGH)	Minderwuchs durch hGH Defizienz
Interferon α	Haarzelleukämie, CML
Tumor Nekrose Faktor (TNF)	Malignomtherapie

gner proteins bezeichneten Produkte können dadurch höhere Stabilität, bessere Spezifität oder neue, therapeutisch erwünschte Eigenschaften gewinnen. Diese tatsächlich neuen Pharmaka zeichnen sich durch potentiell geringere Nebenwirkungen, höhere Wirksamkeit und verbesserte pharmakokinetische und pharmakodynamische Parameter aus. Rekombinante Pharmaka können zuweilen aber auch nachteilige, bei herkömmlichen Therapeutika unbekannte Nebenwirkungen oder Begleiterscheinungen haben. So wurde bei mit rekombinantem Humaninsulin behandelten Diabetikern beobachtet, daß Hypoglykämien verspätet bemerkt werden. Der Grund für dieses Phänomen ist nicht bekannt.

Die Liste derzeit klinisch verfügbarer rekombinanter Pharmaka ist noch sehr überschaubar, wird sich aber wohl erheblich erweitern. Wir wollen uns daher darauf beschränken, in Tabelle 4.21 eine Auswahl von zur Zeit verfügbaren oder in der Entwicklung befindlichen rekombinanten Pharmaka eher exemplarisch aufzuführen. Während sich diese Beispiele auf natürlich vorkommende Proteine beschränken, werden die ersten designer proteins sicherlich ebenfalls in Kürze das therapeutische Spektrum bereichern. Es bleibt abzuwarten, ob es langfristig auch gelingt, den Metabolismus von Bakterien oder Hefen gezielt so zu beeinflussen, daß die Gewinnung von Nicht-Proteinen (Steroide, Antibiotika usw.) ebenfalls gentechnologisch vorteilhafter wäre.

4.5.2 Impfstoffe

Die Bedeutung und Anwendungen der Impfstoffentwicklung wurde bereits in vorangegangenen Kapiteln (4.4.1.3) angesprochen. Hier sollen wichtige Prinzipien und Vorteile molekularmedizinischer Ansätze bei der Vakzinentwicklung zusammengefaßt werden.

Die primäre Anforderung an einen Impfstoff besteht darin, daß es vor den negativen Folgen einer Infektion mit einem bakteriellen, viralen oder parasitären Erreger schützt. Dieser Schutz muß unabhängig vom Alter, dem Geschlecht, den Lebensumständen und möglichst auch von Stammvarianten des Erregers sein; gleichzeitig muß die Vakzination selbst nebenwirkungsarm und ungefährlich sein.

Klinische Erfahrungen wurden in den vergangenen Jahren mit rekombinanten Hepatitis B-Vakzinen gesammelt. Vor der Entwicklung eines *rekombinanten Vakzins* wurde das aus dem Serum asymptomatischer Träger isolierte Hepatitis B-Oberflächenantigen (22-nm HBsAg-Partikel) als Impfstoff verwendet. Während dieser Impfstoff hinsichtlich seiner Immunogenität und relativen Armut an Nebenwirkungen zufriedenstellende Resultate erbrachte, traten vor allem 2 Eigenschaften negativ in Erscheinung. Einerseits verhinderte der hohe Preis einer Impfdosis eine breite Anwendung in den Gebieten, in denen epidemiologische Daten die Notwendigkeit eines umfangreichen Hepatitis B-Immunisationsprogramms am ehesten nahelegen (Asien, Afrika). Andererseits zeigte sich, daß die Angst vor theoretisch möglichen Kontaminationen des Vakzins mit humanpathogenen Erregern zu einer unerwartet großen Zurückhaltung gegenüber dem aus Humanplasma gewonnenen Impfstoff führte. Beide Nachteile konnten mit rekombinanten Hepatitis B-Vakzinen weitgehend umgangen werden. Zu ihrer Gewinnung wurde das Gen für das HBsAg in Hefezellen oder in Zellkulturen von Säugerzellen exprimiert und rekombinantes HBsAg anschließend mit biochemischen Methoden gereinigt.

Umfangreiche Studien liegen für das aus Hefen isolierte Vakzin vor. Diese Studien belegen, daß der rekombinante Impfstoff sowohl mit dem natürlichen Vakzin vergleichbare initiale Antikörpertiter als auch einen zeitlich vergleichbaren Dauerschutz bietet. Es wurden bislang keine Nebenwirkungen beobachtet, die sich auf die Herkunft des Vakzins aus Hefezellen zurückführen ließen. Da der rekombinante Impfstoff in nahezu unbegrenzten Mengen hergestellt werden kann, und die Herstellungskosten schon jetzt deutlich unter denen des herkömmlichen Impfstoffs liegen, darf man wohl auch bei anderen Impfindikationen mit Hoffnung auf die Entwicklung rekombinanter Vakzine blicken.

Ferner ist die Möglichkeit theoretisch von Bedeutung, die Virulenz pathogener Erreger durch gezielte Veränderungen in deren Genom auszuschalten und damit nichtpathogene Impfstämme zu gewinnen. Außerdem könnten immunogene Proteine künstlich in Impfvektoren eingesetzt werden, um gegebenenfalls bereits erfolgreiche Impfvektoren auch gegen heterologe Erreger zu nutzen.

Es ist zu erwarten, daß molekularbiologische Methoden in Zukunft eine zentrale Rolle in der Vakzinentwicklung spielen werden. So werden die Möglichkeiten einer Vakzinprophylaxe gegen Hämophilus influenzae, Malaria, und HIV zur Zeit intensiv überprüft. Es liegen sogar Konzepte für Vakzine zur Malignomprophylaxe vor.

5 Zukunftsperspektiven

In den vorangegangenen Kapiteln dieses Buches haben wir uns bemüht, theoretische und methodologische Grundlagen der Medizinischen Molekularbiologie komprimiert darzustellen und deren heutige Bedeutung für die verschiedensten Disziplinen der Humanmedizin mit Hilfe von Beispielen nahezubringen. Gleichzeitig haben wir versucht, Grundprinzipien hervorzuheben und auch auf mögliche ableitbare Zukunftsentwicklungen hinzuweisen.

Sicherlich hat die Medizinische Molekularbiologie als reine Grundlagenwissenschaft begonnen. So waren die Aufklärung der molekularen Anatomie und Physiologie Voraussetzungen für spätere diagnostische Anwendungen. Ferner vollzog sich auch auf technischem Sektor eine rasche Verbesserung bestehender und ein Zugewinn an neuen Techniken. Die Polymerase-Kettenreaktion ist hierfür wohl das beste Beispiel. Man darf für die absehbare Zukunft erwarten, daß die molekulare Anatomie der meisten Gene schon mit heute vorhandenen Techniken wird entschlüsselt werden können. Zusätzlich könnten neue technische Verbesserungen die Geschwindigkeit unseres Wissenszuwachses erhöhen.

Die Kenntnis einzelner Gene und ihrer Genprodukte wird vor allem dann zu einem neuen Verständnis biologischer Abläufe beitragen wenn es ebenfalls gelingt, Kenntnis über molekulare Schaltkreise und gegenseitige Interaktionen zu gewinnen. So ist unser derzeitiges Wissen über grundlegende Vorgänge, wie die Steuerung der Immunantwort, der Zelldifferenzierung oder auch des Alterns, noch sehr bruchstückhaft. Aus dem gleichen Grund steht die molekularmedizinische Charakterisierung polygener Erkrankungen noch weit hinter der Entschlüsselung monogener Defekte zurück.

5.1 Das *Human Genome Project*

Ein molekularbiologisches Vorhaben, das von seiner Dimension vielfach mit der Landung auf dem Mond verglichen wird, ist die Sequenzierung des gesamten menschlichen Genoms, das sogenannte *Human Genome Project*. Das Endziel dieses Projekts besteht darin, die 3 Milliarden Nukleotide des menschlichen Genoms zu bestimmen und damit den gesamten genetischen Bauplan des Menschen entschlüsselt zu haben. Als Zwischenschritt ist vorgesehen, die 24 unterschiedlichen Chromosomen (22 autosomale und 2 Geschlechtschromosomen) mit möglichst eng beieinanderliegenden Markern zu kartieren, um die eindeutige Zuordnung sequenzierter Fragmente in den Gesamtplan zu erleichtern. Die vollständige Sequenzierung des Genoms böte also eine lückenlose Kenntnis der molekularen Anatomie.

Als Nachteile dieses Vorhabens werden die hohen Kosten und damit eine Einbindung eines großen Anteils der für biomedizinische Forschung verfügbaren Budgets an ein Einzelprojekt angeführt. Weiterhin werden Befürchtungen ausgesprochen, daß eine weitgehende genetische Charakterisierung des Menschen dazu führen könnte, daß die Bestimmbarkeit genetischer Determinanten von Persönlichkeitsmerkmalen oder von Erkrankungsprädispositionen gesellschaftlich nicht wünschenswerte Einflüsse beispielsweise bei beruflichen Entscheidungen oder versicherungstechnischen Prozessen haben könnte oder zu ethisch nicht vertretbarer pränataler Eugenie verleiten könnte. Vor allem werden Zweifel daran geäußert, daß es gelingt, aus der primären molekular-anatomischen DNA-Sequenzinformation umfangreiche Rückschlüsse auf physiologische Funktionsabläufe ziehen zu können.

Befürworter dieses Projektes entgegnen, daß ein koordinierter Plan erheblich effektiver und kostengünstiger sein wird als die kumulative Sequenzierung von Einzelgenen. Ferner würde die Kenntnis der Sequenz des menschlichen Genoms weitreichende Fortschritte in dem kausalen Verständnis unzähliger, zumindest monogener Erkrankungen und damit ihrer Therapiebarkeit erbringen. Nicht zuletzt dürfte man sich von diesem umfangreichen Projekt auch einen erheblichen Zuwachs an technologischem Fortschritt erhoffen.

Wir können an dieser Stelle nicht die facettenreiche Diskussion um dieses Projekt umfassend wiedergeben. Wir wollen jedoch auf diese Diskussion hinweisen und feststellen, daß sich Befürworter und Gegner weitgehend darüber einig sind, daß dieses Projekt auch heute schon technisch durchführbar wäre. Die kontroverse Einschätzung von Aufwand und Nutzen dieses Projektes spiegelt sich dabei auch in der geteilten Meinung der Autoren zu diesem Thema wider.

5.2 Fortschritte in der molekularmedizinischen Diagnostik und Präventivmedizin

Wie Kapitel 3 und 4 gezeigt haben, existiert bereits ein Repertoire molekularbiologischer Techniken, die das experimentelle Stadium durchschritten und Einzug in die medizinische Diagnostik gehalten haben. Sicherlich wird sich diese Entwicklung vor allem für monogene Erkrankungen ererbter und erworbener Natur beschleunigt fortsetzen. Wir hoffen, daß vor allem auch polygene Erkrankungen von dem Potential molekularmedizinischer Diagnostik werden profitieren können. Dazu zählen wir die Möglichkeiten einer frühzeitigen Erkennung von Erkrankungsrisiken (z.B. kardiovaskuläre Erkrankungen) sowie einer empfindlicheren Diagnostik bei Infektionskrankheiten. Ferner dürfte die Molekularmedizin in Zukunft eine größere Rolle bei der Stadieneinteilung und bei der Therapieverlaufskontrolle in der Onkologie spielen.

Zweifelsohne stellt die Prävention von Erkrankungen bzw. schwerwiegenden Symptomen sowohl für den Arzt als auch für den Patienten die befriedi-

5.2 Fortschritte in der molekularmedizinischen Diagnostik und Präventivmedizin

gendste Form medizinischer Intervention dar. Die Prävention beruht auf der Erkenntnis eines besonderen Erkrankungsrisikos und der Möglichkeit, diesem diagnostischen Prozeß wirksame Maßnahmen folgen lassen zu können. Beiden Aspekten hat die Molekularmedizin in einigen Fällen bereits Rechnung getragen. Diagnostische Methoden zur Erkennung des Trägerstatus bei einigen hereditären Erkrankungen (Kapitel 4.1 bis 4.3) und die Entwicklung eines rekombinanten, gentechnologisch gewonnenen Hepatitis B-Vakzins (Kapitel 4.5.2) dürfen als ermutigende Beispiele angesehen werden.

Leider muß die Aufdeckung von Risikogruppen heute noch vorwiegend retrospektiv erfolgen; d. h. daß zum Beispiel bei vielen, vor allem rezessiv vererbten Erkrankungen erst das Auftreten eines ersten Patienten in einer Familie zur Untersuchung weiterer Familienmitglieder bzw. zur pränatalen Diagnostik Anlaß gibt. Wünschenswert wäre hier die Fähigkeit zu prospektivem Screening. Limitierende Faktoren stellen das Fehlen zuverlässiger, direkter genetischer Marker für eine Vielzahl von Erkrankungen und darüber hinaus organisatorische sowie finanzielle Probleme dar.

Vor allem bei der Prävention häufiger Zivilisationskrankheiten, wie Bluthochdruck, Diabetes mellitus, Ateriosklerose, koronare Herzkrankheit, rheumatische Erkrankungen usw., hat die Medizin das Stadium epidemiologischer Erkenntnisse bislang kaum überschritten. Fast ausnahmslos sind diese Erkrankungen multifaktoriell, was eine aussagekräftige präventive Diagnostik erschwert. Viele dieser Erkrankungen haben jedoch eine familiäre Komponente, die auf genetische Prädispositionen schließen läßt. Die Aufdeckung molekularmedizinischer Parameter und deren Nutzbarmachung in der klinischen Prävention stellen eine wichtige Herausforderung an Wissenschaftler und Ärzte dar. Diese Aufgabe ließe sich mit heute bereits verfügbaren Methoden (z. B. Kopplungsanalyse, Kapitel 3.2.2.2) oder auch im Rahmen des Human Genome Project (s. oben) angehen. Gewonnene Erkenntnisse könnten direkt zur DNA-Diagnostik eingesetzt werden; darüber hinaus sollten diese Erkenntnis aber auch Grundstein zur gezielten Erforschung metabolischer Basisdefekte und zur Entwicklung darauf basierender Therapeutika sein.

Die Erforschung der molekularen Grundlagen der familiären Hypercholesterinämie durch M. Brown und J. Goldstein ist ein Paradigma dafür, wie Grundlagenforschung und klinische Forschung von der Molekularbiologie gleichermaßen profitieren können und wie für häufige Zivilisationskrankheiten spezifische metabolische Defekte nachgewiesen und beschrieben werden können. Brown und Goldstein fanden heraus, daß der häufigsten Form der familiären Hypercholesterinämie eine fehlende Funktion des LDL (low density lipoprotein)-Rezeptors zugrunde liegt. Diese Studien haben bereits zur Entwicklung von Pharmaka zur Senkung des Plasmacholesterinspiegels (Cholestyramin, Mevinolin) beigetragen.

5.3 Fortschritte in der molekularmedizinischen Therapie

Auf therapeutischem Sektor werden rekombinante Pharmaka (Kapitel 4.5.1) sicherlich in zunehmendem Maße das Stadium klinischer Erprobung durchschreiten und einen festen Platz in der klinischen Pharmakotherapie einnehmen. Zunehmende Bedeutung könnten auch gentechnologisch modifizierte Formen natürlich vorkommender Proteine mit verbesserten pharmakologischen Charakteristika, sogenannte *designer drugs*, erlangen. Erste Beispiele dieser neuen Generation rekombinanter Pharmaka werden bereits klinisch getestet. So wurde ein modifizierter Gewebeplasminogenaktivator entwickelt, der über eine höhere Plasmahalbwertszeit verfügt und die Soforttherapie des akuten Myokardinfarktes weiter verbessern könnte. Wie schon in Kapitel 4.5.2 beschrieben, sollte auch die Entwicklung neuer Impfstoffe erheblich von den Möglichkeiten molekularmedizinischer Techniken profitieren. Langfristig könnten sogar Ribozyme (Kapitel 2.3.2.2) therapeutisch einsetzbar werden. Man kann inzwischen Ribozyme so gestalten und synthetisieren, daß sie eine bekannte RNA-Sequenz spezifisch einschneiden und damit funktionell zerstören können. Falls es gelänge, solche Ribozyme effizient zu applizieren, wäre es möglich, „pathogene" RNAs, wie z. B. die von Viren (HIV), mit Hilfe von Ribozymen in infizierten Zellen spezifisch zu inaktivieren.

Darüber hinaus hofft man, in einigen Jahren in der Lage zu sein, aus der Kenntnis der primären Aminosäuresequenz eines Proteins Rückschlüsse auf seine Funktion ziehen zu können. Es würde sich hierbei um die Entschlüsselung der nächsthöheren Ordnung des genetischen Codes handeln. Fortschritte auf diesem Gebiet könnten es ermöglichen, nicht nur physiologisch vorkommende Proteine gentechnologisch therapeutischen Anforderungen besser anzupassen, sondern auch neue, therapeutisch wirksame Polypeptide mit vorhersagbaren Eigenschaften zu entwickeln und herzustellen.

5.3.1 Gentherapie

Die Gentherapie beruht auf dem Konzept, einen krankheitsbedingten genetischen Defekt durch Anwendung rekombinanter DNA-Techniken zu korrigieren. Dieser Bereich der Molekularmedizin ist sowohl in der fachlichen als auch in der breiten Öffentlichkeit Thema überaus kontroverser Diskussion, die vor allem eine mögliche praktische Anwendung betreffen. Aus diesem Grunde ist es nötig, einige grundsätzliche Bemerkungen zum Thema Gentherapie der Beschreibung des Standes der Forschung voran zu schicken. Konzeptionell ist hier zwischen der *genetischen Keimzellmanipulation* einerseits und der *somatischen Gentherapie* andererseits deutlich zu unterscheiden.

Tierexperimentell ist es technisch relativ unproblematisch, rekombinante Gene in befruchtete Keimzellen einzuschleusen (Kapitel 3.5). Derartige Experimente erlauben uns bisher verschlossene Einblicke in die Physiologie der Entwicklung eines komplexen Organismus. Es kommt dabei allerdings zu einer bleibenden und weitervererbbaren Veränderung der genetischen Information des sich entwickelnden Tieres. Für den Menschen darf dies aber nach Meinung der Autoren keinen Fall Folge ärztlichen Handelns im Rahmen der medizinischen Molekulargenetik sein. Davon abgesehen ist für ein solches Verfahren keine ärztliche Indikation absehbar. Vor einer genetischen Manipulation müßte man nämlich zunächst die Diagnose an der individuell betroffenen Keimzelle stellen. Dies liegt auch heute schon durchaus im Bereich des technisch Möglichen. Allerdings würde man bei einer nach den Mendelschen Regeln vererbten Erkrankung dabei neben krankhaften meist gesunde Zygoten finden. In einem solchen Fall wäre es sehr viel einfacher und ungefährlicher, selektiv die gesunden Zygoten zu reimplantieren. Bei einem solchen Verfahren ergäben sich natürlich wichtige methodische und ethische Probleme im Zusammenhang mit der In-vitro-Fertilisation. Eine spezifische molekularmedizinische Keimzelltherapie kommt aber, wie gesagt, vor allem wegen ethischer Erwägungen und auch wegen der fehlenden medizinischen Indikation nicht in Frage. In diesem Sinne hat sich auch die Zentrale Kommission der Bundesärztekammer zur Wahrung ethischer Grundsätze in der Reproduktionsmedizin, Forschung an Embryonen und Gentherapie eindeutig dafür ausgesprochen, die Entwicklung einer Keimbahntherapie des Menschen ausnahmslos abzulehnen. Eine gesellschaftliche Auseinandersetzung hat hier also schon vor der technischen Durchführbarkeit stattgefunden, zu einem Konsens und zur parlamentarischen Erarbeitung konkreter Gesetzesvorlagen geführt.

Eine konzeptionell grundsätzlich andere Strategie liegt der *somatischen Gentherapie* zu Grunde. Ihr Ziel ist es, ein pathophysiologisch betroffenes Gewebe genetisch so zu verändern, daß es seinen normalen Funktionen nachkommen kann. Die genetische Identität des Organismus wird dadurch insgesamt nicht verändert. Außerdem sind die entstandenen therapeutischen Veränderungen nicht an die Kinder der Behandelten vererrbar. Grundsätzlich unterscheidet sich die somatische Gentherapie damit nicht wesentlich von etablierten internistischen oder chirurgischen Behandlungsprinzipien wie der Bluttransfusion oder der Organtransplantation.

Wie aber sollte eine somatische Gentherapie klinisch-methodisch aussehen? Welche Organe und welche Erkrankungen kämen als Ziel für eine somatische Gentherapie in Frage? Wie können die biologischen Forderungen erfüllt werden, die wir an ein somatisches Gentherapiekonzept stellen, damit dies mit nur minimalen Nebenwirkungen und Komplikationen funktionieren kann? Auf kaum eine dieser Fragen kann heute eine definitive Antwort gegeben werden. Im folgenden soll jedoch versucht werden, einige grundsätzliche Aspekte der hier aufkommenden Probleme zu erörtern.

Methodisch kommen für die *Genapplikation* 2 verschiedene Verfahren in Frage. Einmal könnten Zellen zunächst aus dem Körper entfernt, in einer Zellkultur genetisch verändert und dann rückverpflanzt werden. Im Tiermodell gibt es einige erfolgreiche Versuche, z. B. in Knochenmarks-, Fibroblasten- oder Leberzellkulturen exogene Gene einzubringen, die dann bei autologer Transplantation im Wirtsorganismus aktiv sind. Als Therapieindikationen kommen auf der Basis der Erfahrungen im Tiermodell am ehesten einige der Immundefekte, ausgewählte Speicherkrankheiten und die Hämoglobinopathien in Frage. Ein bisher nicht beherrschtes Problem dieser Strategie ist jedoch die Instabilität der fremden genetischen Information im Wirtsorganismus.

Alternativ könnte rekombinantes genetisches Material direkt appliziert werden. Gedacht wird hier vor allem an Gewebe, die nicht ohne weiteres entfernt oder in Kultur gehalten werden können. Es ist z. B. grundsätzlich vorstellbar, daß neurotrope Viren, wie Herpes- oder Tollwutviren nach umfangreichen Modifikationen rekombinante Nerven-Wachstumshormongene (NGF) an das Zielgewebe bringen könnten.

Für eine klinische Anwendung sind die biologischen Voraussetzungen einer somatischen Gentherapie allerdings noch zu wenig erforscht. Bisher unbeantwortet ist die Frage nach der besten Strategie, mit der fremde Gene in die Wirtszelle hineingebracht werden sollen: soll man das pathologische gegen ein rekombinantes normales Gen austauschen? Hierzu gibt es praktisch keine experimentellen Daten. Soll man versuchen, die pathologischen Mutationen spezifisch zu korrigieren? Hier gibt es einige erfolgreiche Versuche an kultivierten Zellen, die auf genetischen Rekombinationmechanismen beruhen. Aber auch bei dieser Strategie ist eine medizinische Anwendung nicht absehbar.

Oder soll man eine fehlende genetische Information durch rekombinante Gene ergänzen? Für diese Möglichkeit hat man heute am ehesten das methodische Instrumentarium; sie soll hier in Grundzügen und mit einigen der auftauchenden Probleme beschrieben werden.

Zur Substitution fehlender genetischer Information ist es nötig, rekombinante Gene auf geeignete Weise in die relevanten Zellen zu bringen. Einige der technischen Prinzipien dieses als *Transfektion* bezeichneten Vorgangs sind im Kapitel 3.4 beschrieben. Die meiste Aufmerksamkeit ist in den letzten Jahren den Viren und insbesondere den Retroviren als Transfektionsvektoren gewidmet worden. Sie schädigen bei geeignetem Design die Zielzelle nur wenig und besitzen eine hohe Transfektionseffizienz. So führt die Transfektion von Mäuseknochenmark mit einem rekombinanten Retrovirus, das ein menschliches β-Globingen enthält, zur effizienten Expression menschlichen β-Globins spezifisch in der erythroiden Zellinie. Diese Befunde geben zu einem gewissen Optimismus für die genetische Behandlung z. B. der β-Thalassämie Anlaß. Allerdings führt die Transfektion bei den zur Zeit verfügbaren Methoden immer zur Insertion der exogenen DNA an zufälligen Stellen des Zielgenoms. Dadurch können für die Zellfunktion wichtige Gene inaktiviert oder abgeschaltete Gene reaktiviert werden. Es ist hier z. B. an Onkogene zu denken. Außerdem ist noch nicht klar, wie man eine physiologisch regulierte Funktion der Fremdgene erreichen kann. Eine Unterfunktion ist gegebenenfalls ebenso nutzlos wie eine Überfunktion möglicherweise schädlich. Weiterhin neigt integrierte virale DNA zur Instabilität, so daß ein eventueller Behandlungserfolg möglicherweise nur vorübergehend wäre.

Besonders bei der Verwendung von Retroviren stellt sich das Problem, daß auch stark veränderte, nichtpathogene Vektoren unter Umständen mit Elementen der genomischen Wirts-DNA rekombinieren könnten, so daß aktive Viren mit nicht abschätzbaren Eigenschaften entstehen könnten. Außerdem könnten latente Viren reaktiviert werden. Wegen dieser schwerwiegenden theoretischen Probleme gab es in der letzten Zeit zunehmende Bemühungen, Vektoren aus Viren zu konstruieren, die auch in ihrem Wildtyp apathogen sind.

Insgesamt gesehen macht die Entwicklung der somatischen Gentherapie stetige Fortschritte, so daß sie in Zukunft wohl realisiert werden wird. Geduld und Augenmaß wird hier allerdings nötig sein, da eine ganze Reihe von biologischen Problemen von ihrer definitiven Lösung weit entfernt sind. Darüber hinaus erfordert die somatische Gentherapie eine informierte und verantwortliche öffentliche wie auch wissenschaftliche Diskussion, um geeignete Indikationen zu erörtern.

6 Glossar

AATAA-Motiv
Sequenzmotiv am 3′ Ende von Genen, das als Terminationssignal der Transkription und als Erkennungssignal für die Polyadenylierung fungiert.

Adenin (A)
Purinbase; Grundbaustein von DNA und RNA Nukleotiden; das entsprechende Nukleosid wird Adenosin genannt.

Allel
Die Kopien eines Gens oder einer DNA Sequenz am selben Locus homologer Chromosomen. Die „normale" Form eines Allels wird auch als Wildtyp-Allel bezeichnet. Häufig gibt es in einer Bevölkerung verschiedene Varianten normaler Allele (multiple Allelie).

Allel-spezifische Oligonukleotid Hybridisierung (ASO)
Methode zum Nachweis spezifischer Punktmutationen. Man benützt hierzu verschiedene synthetische Oligonukleotid-Sonden, welche die Normalsequenz bzw. das jeweils in Frage kommende mutierte Nukleotid enthalten. Nach Hybridisierung der jeweiligen Oligonukleotid-Sonde mit der zu untersuchenden DNA werden die Waschkonditionen so stringent gestaltet, daß nur Hybride stabil bleiben, die über ihre gesamte Sequenz komplementär sind, während eine Differenz in nur einem Nukleotid (Punktmutation) dazu führt, daß die Sonde abgewaschen wird. Demnach wird eine radioaktiv markierte Sonde, die der Normalsequenz entspricht, mit DNA von homozygot normalen (stabile Hybridisierung mit beiden Allelen) sowie heterozygoten DNA Proben (stabile Hybridisierung mit einem Allel) ein autoradiographisches Signal geben, nicht aber mit DNA, bei der eine homozygote Mutation am betreffenden Locus vorliegt; analog gibt das für eine Mutation spezifische Oligonukleotid nur mit einer an entsprechender Position homozygot bzw. heterozygot mutierten DNA ein Signal. Eine parallele Hybridisierung mit beiden Oligonukleotid-Sonden erlaubt somit die exakte Bestimmung des Genotyps.

Alternatives Spleißen
Ausnahme von der „Ein-Gen-Ein-Protein-Regel", nach der von einem Gen über eine prä-mRNA nur eine einzige reife mRNA transkribiert wird, die jeweils ein bestimmtes Protein kodiert. Beim alternativen Spleißen wird eine aus mehreren Exons und Introns bestehende prä-mRNA zu verschiedenen reifen mRNA-Formen weiterverarbeitet, die sich in der Zusammensetzung ihrer Exons oder in der Position des Start- bzw. Stopsignals der Translation unterscheiden und deshalb in Proteine mit unterschiedlicher Funktion übersetzt werden.

Alu-Sequenzen
Eine Familie von ca. 300 bp langen, sequenzverwandten DNA Elementen, von denen ca. 500 000 im haploiden menschlichen Genom vorkommen. Ihr Name leitet sich vom Restriktionsenzym AluI ab, das diese repetitiven Sequenzen in etwa gleich lange Fragmente schneidet.

Anaphase
Stadium der Mitose bzw. Meiose, welches durch die Bewegung der homologen Chromosomen in Richtung auf die jeweils gegenüberliegenden Pole der Zellteilungsspindel charakterisiert ist.

Aneuploidie
Aus Gewinn oder Verlust ganzer Chromosomen resultierender numerisch anomaler Chromosomensatz.

Anti-Codon
Eine Sequenz von drei Nukleotiden der tRNA, welche sich bei der Translation spezifisch an ein mRNA Codon bindet.

Anti-Onkogen
s. Tumor-Suppressor Gen.

Autoradiographie
Methode zum lokalisierenden Nachweis radioaktiver Substanzen in Geweben oder auf Blots mit photographischen Verfahren. Das radioaktiv markierte Material wird für eine bestimmte Belichtungszeit mit einem Film in engen Kontakt gebracht (exponiert) und nach Entwicklung des Films als eine Schwärzung sichtbar.

Autosom
Alle Chromosomen außer den Geschlechtschromosomen.

B-DNA
Form der DNA, in der sich die beiden Stränge der Doppelhelix rechtsdrehend umeinander winden. Die DNA des Zellkerns befindet sich hauptsächlich in der B-Form, welche eine größere Stabilität als die Z-DNA besitzt.

Bp
*B*asen*p*aar; Maßeinheit für die Größe (Länge) einer DNA-Sequenz.

CAAT-Box
Sequenzmotiv, das sich in der Promotor-Region von Genen findet.

Capping
Teilschritt der posttranskriptionalen mRNA Reifung, bei dem in einer zweistufigen Reaktion am 5' Ende der prä-mRNA zunächst ein GTP angefügt wird, das danach von einer 7-Methyltransferase methyliert wird; dem 5' Ende des Primärtranskriptes wird somit ein modifiziertes Nukleotid als Kappe aufgesetzt.

cDNA
„*c*omplementary" oder „*c*opy" DNA, die vom Enzym Reverse Transkriptase an einer mRNA Matrize synthetisiert wurde und deshalb im Gegensatz zu ge-

nomischer DNA keine Introns enthält. Bei der reversen Transkription entsteht zunächst ein mRNA/DNA Hybrid. Durch Verdau mit RNA-spezifischen Nukleasen wird danach der RNA Strang abgebaut und über eine DNA Polymerase ein doppelsträngiges cDNA Molekül synthetisiert.

Centimorgan (cM)
Einheit für die Rekombinationsfraktion, d. h. die Zahl der Rekombinationen zwischen zwei Genloci; benannt nach dem amerikanischen Genetiker T. Morgan. Ein cM ist definiert als eine Rekombinationsfrequenz von 0,01 oder 1%. Dies entspricht etwa der Länge einer DNA Sequenz von 1 000 kb (1 Mb).

Chromatid
Eine Hälfte des während der S-Phase im Zellzyklus duplizierten Chromosoms, die mit dem Schwesterchromatid in der Zentromer-Region verbunden ist.

Chromatin
Das Material, aus dem Chromosomen zusammengesetzt sind, d. h. DNA und nukleäre Proteine (insbesondere Histone). Chromatin besteht mengenmäßig aus etwa doppelt so viel Proteinanteilen wie DNA. Unter dem Elektronenmikroskop stellt sich das Chromatin als eine lange Reihe von Nukleosomen dar und erinnert an eine Perlenkette.

Chromosom
Im Zellkern befindliche, während der Kernteilung mikroskopisch abgrenzbare Einheit, die aus einem langen Faden von DNA und assoziierten Proteinen besteht. Jedes Chromosom ist aus zwei parallel angeordneten Teilen, den Chromatiden, zusammengesetzt, die am Zentromer miteinander verbunden sind. Das Zentromer trennt den kurzen (p, petit) und den langen Arm (q, auf p folgender Buchstabe im Alphabet) eines Chromosoms. Verschiedene Behandlungs- und Färbemethoden führen zu einer reproduzierbaren Darstellung horizontaler, heller oder dunkler Banden, die die Identifikation und Beurteilung jedes einzelnen Chromosoms zulassen (z. B. G (Giemsa)-, Q (Quinakrin)-, R (Reverse)-Banden).

Chromosome Jumping (Hopping)
s. chromosome walking.

Chromosome Walking
Klonierung und Charakterisierung von zusammenhängender genetischer Information eines chromosomalen Gebietes. Dabei werden „überlappende", benachbarte genomische Sequenzen isoliert, die in jeweils unterschiedlichen Klonen einer Genbank enthalten sind. Als Ausgangspunkt wird eine Gensonde für die näher zu untersuchende Region benötigt. Das Ausmaß der Überlappung zwischen verschiedenen Rekombinanten läßt sich durch eine Restriktionskartierung der jeweiligen DNA Fragmente ermitteln. Jeder „Schritt" dieses „Spazierganges auf einem Chromosom" kann abhängig vom Vektortyp maximal 40 kb betragen. Sehr viel größere Distanzen (200 kb) können durch sogenanntes *chromosome jumping* überbrückt werden, wobei nur die Enden sehr langer DNA Fragmente, nicht aber die dazwischen liegenden Abschnitte, kloniert werden, so daß eine bestimmte Strecke auf einem Chromosom gleich-

sam in „Sprüngen" charakterisiert wird, bevor eine nähere Analyse relevanter Subregionen über ein chromosomal walking erfolgt.

Chromosome Painting
Kennzeichnung von Chromosomen bzw. deren Subregionen in der Metaphase oder Interphase durch in-situ Hybridisierung mit Chromosomen-spezifischen Sonden. Derartige Untersuchungen gestatten z. B. die Diagnose chromosomaler Aberrationen in Interphasepräparaten. Die Benutzung von mehreren, durch unterschiedliche Fluorochrome markierte Sonden erlaubt es, die relative Lage von verschiedenen Chromosomenregionen zueinander in Interphasekernen zu studieren.

Cis-Acting Element
Ein in cis wirkendes genetisches Element wie z. B. ein Enhancer beeinflußt die biologische Aktivität benachbarter Sequenzen auf demselben DNA Molekül.

Code (Genetischer)
s. Codon.

Codon
Eine Sequenz von drei Nukleotiden (Triplett) eines mRNA Moleküls, welche den Einbau einer bestimmten Aminosäure in eine wachsende Polypeptidkette steuert; häufig wird der Begriff auch für die drei entsprechenden DNA Nukleotide benutzt. Die 64 möglichen Codons repräsentieren den genetischen Code, der für alle Lebewesen (universell) gilt. Drei Tripletts fungieren als Stopsignale der Translation, während 61 Codons dem Einbau der 20 Aminosäuren dienen. Der genetische Code ist somit degeneriert, d. h. für die meisten Aminosäuren kodiert nicht nur ein Triplett, sondern mehrere; z. B. stehen 6 Tripletts für die Aminosäure Leucin, und nur Tryptophan und Methionin sind durch ein einziges spezifisches Codon charakterisiert.

Cosmid
Ein genetisch modifiziertes Plasmid, in das die cos-Stellen des Phagen Lambda eingesetzt wurden. Cosmide können ca. 40 kb große fremde DNA Fragmente aufnehmen und dienen als Vektoren.

Cos-Stellen
An den cos-Stellen (*cohe*sive, zusammengehalten) sind die beiden aus komplementären Nukleotidsequenzen bestehenden Enden der linearen Lambda Phagen DNA zu einem Ring verknüpft. Während des Infektionszyklus eines Phagen wird das Phagengenom in der Wirtszelle zunächst als ein zusammenhängendes, aus zahlreichen Genom-Kopien bestehendes Molekül (Konkatemer) repliziert und anschließend jeweils an den cos-Stellen gespalten; jedes Genom wird dann in Hüllproteine zu einem fertigen Bakteriophagen verpackt. Die cos-Stellen können in Plasmide eingebaut werden (Cosmide) und anstelle von Phagen DNA ca. 40 kb fremde DNA zwischen sich aufnehmen.

Crossing-Over
Austausch von Sequenzen homologer Chromosomen während der Meiose, welcher zur Rekombination der in den elterlichen Keimzellen verankerten ge-

netischen Information führt. Neben dem meiotischen crossing-over gibt es eine entsprechende Rekombination zwischen homologen Chromosomen auch während der Mitose somatischer Zellen.

Cytosin (C)
Pyrimidinbase; Grundbaustein von DNA und RNA Nukleotiden; das entsprechende Nukleosid wird Cytidin genannt.

Deletion
Verlust eines DNA- oder Chromosomenabschnittes, dessen Größe von einem Nukleotid bis zu einem ganzen Chromosom reichen kann.

Designer Protein
In der Natur nicht vorkommendes Protein, das durch die Expression gezielt veränderter, rekombinanter cDNA gewonnen wird. Entsprechende Veränderungen können die Stabilität, Spezifität oder Funktion eines natürlich vorkommenden Proteins so modifizieren, daß seine pharmakologischen Eigenschaften verbessert werden.

Dimer
Molekülpaar.

Diploid
Somatische Zelle mit einem doppelten Chromosomensatz jeweils mütterlicher und väterlicher Herkunft.

DNA
Desoxyribonukleinsäure (*d*eoxyribo*n*ucleic *a*cid); chemischer Träger der primären genetischen Information. DNA besteht aus einem Polymer von Purin- und Pyrimidinbasen, einem Zucker (Desoxyribose) und Phosphorsäure; sie besitzt die Struktur einer Doppelhelix, in der sich jeweils die Purinbase Adenin (A) und die Pyrimidinbase Thymin (T) oder die Purinbase Guanin (G) und die Pyrimidinbase Cytosin (C) durch Wasserstoffbrücken verbunden gegenüber stehen. Die beiden komplementären Stränge der DNA verlaufen in Gegenrichtung.

Dominant
Ein Allel oder Gen gilt als dominant, wenn im heterozygoten Zustand die phänotypische Manifestation wesentlich von diesem, nicht aber vom anderen Allel geprägt wird, so daß Heterozygote den gleichen Phänotyp wie Homozygote aufweisen.

Dot Blot
Nachweisverfahren für RNA oder DNA Sequenzen, die zunächst punktförmig (dot) oder durch die Schlitze (slot) einer dafür entwickelten Apparatur auf Nitrozellulose- oder Nylonmembranen aufgetragen und anschließend mit Gensonden hybridisiert werden. Im Gegensatz zur Southern oder Northern Blot Analyse wird die DNA bzw. RNA zuvor nicht elektrophoretisch aufgetrennt, so daß mit dieser Methode nur eine Aussage zur Quantität, nicht aber zur Qualität (Fragmentgröße) der nachgewiesenen Sequenzen möglich ist.

Double Minutes (DM)
Amplifizierte DNA Sequenzen, die sich zytogenetisch als paarige, extrachromosomale Partikel darstellen.

D-Segment
DNA Sequenz, welche einen variablen Kettenanteil von Immunglobulinen oder T-Zell Rezeptoren kodiert, der zwischen V- und J-Segmenten liegt und die Vielfalt (*d*iversity) der spezifischen immunologischen Abwehrmoleküle erhöht.

Duplikation
Verdoppelung eines Chromosomenabschnittes oder Nukleotidpaares.

Elektrophorese
Trennung von DNA-, RNA- oder Polypeptid-Molekülen verschiedener Ladung und Größe durch unterschiedliche Wanderungsgeschwindigkeit im elektrischen Feld. Als Träger werden Substanzen in Gelform wie Agarose oder Polyacrylamid verwendet.

5' und 3' Ende
Die einzelnen Nukleotide der DNA und RNA sind durch Phosphatbrücken zwischen dem C5 Kohlenstoffatom vom Zucker des einen und dem C3 Atom vom Zucker des benachbarten Nukleotids verknüpft (5'3' Phosphodiesterbindung). Nach einer Übereinkunft ordnet man eine Polynukleotidkette so, daß das Kopfnukleotid am C5 Atom mit keinem Nachbarnukleotid verbunden ist (freies 5' Ende), während das Schwanznukleotid eine freie OH-Gruppe am C3 Atom des Zuckers aufweist (freies 3' Ende).

Enhancer
Sequenzmotiv, welches die Aktivität vom Promotoren „verstärkt". Enhancer können in beide Richtungen eines DNA Stranges über eine Distanz von mehreren kb wirken, sind also zu einem gewissen Grad positions- und orientierungsunabhängig; die Funktion eines Enhancers kann experimentell und in vivo auf andere Gene übertragen werden.

Epigenetisch
Umweltgesteuert, nicht im genetischen Code verankert.

Episom
Extrachromosomale DNA, z. B. ein Plasmid.

Eukaryont
Zu den Eukaryonten zählen alle Lebewesen außer Bakterien, mithin Organismen, die einen Zellkern besitzen, der die DNA einschließt, und die über typische Zellorganellen wie Mitochondrien und Golgi Apparat verfügen.

Exon
Abschnitt eines Strukturgens, welcher in der reifen mRNA repräsentiert ist. Exons werden von Introns, die während des Spleißens entfernt werden, unterbrochen.

Expressionsvektor
Vektor, der die Expression und Translation eukaryonter Gensequenzen in Wirtszellen (z. B. Bakterien, Hefen, Säugerzellen) ermöglicht. Die entsprechenden Sequenzen müssen zunächst mit geeigneten Promotoren verknüpft werden, um von den RNA Polymerasen der Wirtszelle erkannt werden zu können. Da Prokaryonten nicht in der Lage sind, Primärtranskripte zu spleißen, kann in Bakterien nur eukaryonte cDNA exprimiert werden; s. Genbank.

Expressivität
Graduell unterschiedliche Ausprägung eines monogen vererbten Merkmals oder des Schweregrades einer Erbkrankheit.

Fingerabdruck (DNA)
DNA fingerprint; Southern Blot Analyse des individuellen Musters von Restriktionsfragmenten hochpolymorpher DNA Loci. Man benutzt Gensonden, die eine Vielzahl von hypervariablen Regionen unterschiedlicher genomischer Lokalisation gleichzeitig erfassen. Das hieraus resultierende komplexe Bandierungsmuster wird nach Mendelschen Regeln vererbt, d. h. in einem Individuum stammen jeweils die Hälfte der Banden vom Vater bzw. von der Mutter. Der DNA-Fingerabdruck stellt den spezifischsten genetischen Marker eines Individuums dar.

Fokus-Assay
In vitro Assay zur Identifikation von Onkogenen. Er basiert auf der Transfektion von Tumor DNA in rezipiente Zellkulturen (z. B. NIH/3T3 Mausfibroblasten). Morphologische Veränderungen der Zellkulturen in Form von „Foci" bilden die Grundlage für die Klonierung der für die Fokusinduktion verantwortlichen Onkogensequenzen.

Frameshift Mutation
s. Mutation.

Gen
Ein DNA Abschnitt, der für eine nachweisbare Funktion oder Struktur kodiert, z. B. die Polypeptidkette eines Proteins. Neben den kodierenden Bereichen (Exons) umfassen Gene weitere Regionen wie z. B. Promotoren und Introns. Das menschliche Genom enthält etwa 80000 Gene.

Genbank
Population von Bakterienkolonien oder Bakteriophagenplaques, die klonierte DNA Moleküle enthalten. Prinzipiell umfaßt die Konstruktion einer Genbank (Library; Bücherei, Bibliothek) die Isolation von DNA, ihr Zerschneiden in definierte Restriktionsfragmente, Insertion dieser Fragmente in ein Vektorsystem und die anschließende Klonierung der rekombinanten DNA Moleküle in Bakterien. Mit Gensonden kann das Vorhandensein bestimmter Sequenzen innerhalb einer Genbank überprüft werden. In den „Bibliotheken" sind die meisten Gene („Bücher") wegen ihrer Größe nicht in einem Klon (einer „Seite") repräsentiert, sondern auf mehrere Klone verteilt, die unterschiedliche Fragmente dieses Gens enthalten. Man unterscheidet Genbanken

nach dem zu ihrer Herstellung benutzten Vektorsystem (*Phagen, Cosmid*) oder ihrem Inhalt. *Genomische* Banken enthalten die vollständige Erbinformation aus Zellen z. B. eines Menschen, also sowohl kodierende als auch nicht-kodierende DNA Sequenzen; *cDNA* Banken enthalten hingegen nur kodierende Sequenzen und werden aus mRNA eines Zelltypes, die zunächst zu cDNA umgeschrieben wurde, konstruiert; Genbanken können auch aus der DNA einzelner Chromosomen (*Chromosomen-spezifische* Bank) oder chromosomaler Subregionen erstellt werden. Will man nicht nur die Struktur klonierter DNA Sequenzen analysieren, sondern auch deren Expression, so bietet eine Gruppe von Vektoren (Expressionsvektoren) die Möglichkeit, funktionelle Proteine eukaryonter Gene in Bakterien zu exprimieren. Das betreffende Protein kann z. B. über spezifische Antikörper in der *Expressionsbank* identifiziert werden.

Gen-Konversion
Modifikation eines Allels durch das andere Allel während des crossing-over in der Meiose oder Mitose. Dabei wird der Einzelstrang des einen Chromosoms als Matrize bei der Reparatur von DNA Sequenzen in der cross-over Region des homologen Chromosoms benutzt.

Genlocus
Die sich entsprechende Position eines Gens auf homologen Chromosomen.

Genom
Das gesamte genetische Material einer Zelle oder eines Organismus. Der Begriff wird auch in Bezug auf Viren benutzt.

Gentherapie
Korrektur eines krankheitsbedingenden genetischen Defektes durch Anwendung rekombinanter DNA Techniken. Grundsätzlich ist zwischen der *Keimbahnmanipulation* befruchteter Eizellen und der *somatischen* Gentherapie zu unterscheiden, bei der die genetische Identität eines Individuums insgesamt erhalten bleibt, pathophysiologisch betroffenes Gewebe jedoch so verändert oder ersetzt wird, daß normale Funktionszustände erreicht werden.

Genotyp
Die genetische Information einer Zelle oder eines Individuums, die dem Erscheinungsbild (Phänotyp) zugrunde liegt.

Germline-Configuration
s. Keimbahn-Konfiguration.

Geschlechtschromosom
Gonosom; die Chromosomen X und Y legen bei Säugetieren das Gonadengeschlecht fest, wobei weibliche Individuen zwei X-Chromosomen, männliche Individuen X- und Y-Chromosomen aufweisen. Umgekehrt haben z. B. bei Fischen die Weibchen zwei verschiedene Geschlechtschromosomen, Z und W genannt, während Männchen zwei Z-Chromosomen besitzen. Die Geschlechtschromosomen, insbesondere das X-Chromosom, enthalten auch zahlreiche Gene, die nicht die Geschlechtsentwicklung determinieren, wie an-

dererseits auch Autosomen Gene tragen, die bei der primären und sekundären Geschlechtsentwicklung eine große Rolle spielen.

Gonosom
s. Geschlechtschromosom.

GU/AG-Regel
Im 5' Exon-Intron-Übergang (Spleiß-Donor) bildet das Dinukleotid GU stets das 5' Ende eines Introns, während sich am 3' Intron-Exon-Übergang (Spleiß-Akzeptor) immer das Dinukleotid AG als 3' Ende eines Introns findet.

Guanin (G)
Purinbase; Grundbaustein von DNA und RNA Nukleotiden; das entsprechende Nukleosid wird Guanosin genannt.

Haploid
Einfacher Chromosomensatz in Keimzellen.

Haplotyp
Eine Kombination von Allelen gekoppelter Genloci auf demselben Chromosom. Jedes Individuum besitzt zwei Haplotypen, von denen jeweils ein Haplotyp unverändert vererbt wird, falls keine Rekombination (crossing-over) in der betreffenden Region stattfindet.

Helix-Turn-Helix Motiv
Strukturmotiv von einigen DNA-bindenden Proteinen, bei dem zwei alpha-helikale Anteile durch ein kurzes Element so miteinander verbunden sind, daß sich zwischen beiden Helices ein Winkel bildet; diese Form ermöglicht eine enge Kontaktaufnahme des Proteins mit der DNA Doppelhelix.

Hemizygotie
Vorkommen nur einer Kopie eines Gens oder einer DNA Sequenz im diploiden Chromosomensatz. Männliche Individuen besitzen z. B. nur ein Allel eines X-chromosomalen Gens; sie sind hinsichtlich dieses Gens weder homo- noch heterozygot.

Heteroplasmie
Vorkommen unterschiedlicher mitochondrialer DNA in Einzelzellen oder in einem Individuum; Analogie zum Begriff der Heterozygotie bei nukleären Genen.

Heterozygotie
Die beiden Allele eines Genlocus homologer Chromosomen weisen Unterschiede auf.

Histone
Basische Proteine, die den Hauptbestandteil des Chromatins eukaryonter Zellen ausmachen.

Homolog
Im genetischen Sinn Bezeichnung für gleiche Chromosomen bzw. Genloci mütterlicher und väterlicher Herkunft.

Homoplasmie
Vorkommen identischer mitochondrialer DNA in Einzelzellen oder in einem Individuum; Analogie zum Begriff der Homozygotie bei nukleären Genen.

Homozygotie
Die Anwesenheit von identischen Allelen an einem Genlocus auf beiden homologen Chromosomen.

House-Keeping Gene
Gene, deren Produkte in nahezu allen Geweben für die Aufrechterhaltung des „Zellhaushaltes" benötigt und deshalb dauerhaft exprimiert werden.

HSR
*H*omogeneously *s*taining *r*egion; Abschnitt eines Chromosoms, der aus amplifizierten DNA Sequenzen besteht und bei zytogenetischen Analysen abweichend vom normalen Bandierungsmuster der Chromosomen als einheitlich gefärbte Region erscheint.

HTF-Island
*H*paII-*t*iny-*f*ragment-island; im 5' Bereich von Genen lokalisierte, demethylierte CpG-reiche DNA-Sequenzen, die durch Verdau mit einem methylierungs-sensitiven Enzym wie HpaII identifiziert werden können.

Human Genome Project
Forschungsprojekt mit der Zielsetzung einer kompletten Kartierung und Sequenzierung des menschlichen Erbgutes. Die internationale Zusammenarbeit auf diesem Gebiet soll von HUGO (Human Genome Organization) koordiniert werden.

Hybridisierung
Bindung komplementärer DNA bzw. RNA Sequenzen. Im Rahmen z. B. einer Southern Blot Analyse kommt es zur Hybridisierung, wenn die markierten Einzelstrangsequenzen einer Gensonde auf eine komplementäre Sequenz der auf dem Filter fixierten DNA trifft. Bei einer *in-situ-Hybridisierung* erfolgt die Kopplung der Sondensequenzen mit komplementären RNA bzw. DNA Sequenzen der auf Objektträgern fixierten Zellen oder Geweben (z. B. Transkriptionsnachweis) bzw. Chromosomen (Genlokalisation).

Hybridzelle
Zelle, die durch Fusion von zwei diploiden Zellen (auch unterschiedlicher Tierspezies) entstanden ist sowie deren Nachkommen.

Hypervariable Region (HVR)
Abschnitt im Genom, der durch eine individuell stark variierende Anzahl kurzer, identischer, miteinander verknüpfter repetitiver DNA Elemente charakterisiert ist. Eine andere Bezeichnung ist „variable number tandem repeats (VNTR)". Viele HVR weisen mehrere hundert verschiedene Allele in einer Bevölkerung auf und können als polymorphe Marker in der genetischen Diagnostik benutzt werden.

Imprinting
Prägung; ursprünglich ein Begriff aus der Verhaltensforschung, welcher die Beeinflussung des Verhaltensmusters in einer spezifischen Phase der Individualentwicklung beschreibt. Unter „genomic imprinting" versteht man einen epigenetischen Prozeß, der dafür verantwortlich ist, daß Allele unterschiedliche Funktionen vermitteln, je nachdem, ob sie von der Mutter oder vom Vater des jeweiligen Individuums ererbt wurden.

Insert
Ein in einen Vektor eingebautes fremdes DNA Fragment.

Insertion
Einfügen von Nukleotiden oder Chromosomenabschnitten ins Genom.

Interphase
Zeitabschnitt zwischen zwei Mitosen, also die eigentliche Funktionsphase im Leben einer Zelle; sie wird unterteilt in *G1* (gap, Lücke), d. h. die an die Telophase anschließende, unter Proteinsynthese und Wasseraufnahme erfolgende Massenzunahme einer Zelle, *S* (Synthesephase), die Phase der DNA Replikation sowie *G2*, d. h. die Strukturierung der alten und neuen Chromatide und Vorbereitung zur Mitose. Zellen, die ihre Fähigkeit zur Zellteilung verloren haben, verbleiben bis zu ihrem Tod in der G1 Phase, die in diesem Fall auch als *G0* bezeichnet wird.

Intron
Intervenierende Sequenz (IVS); Abschnitt eines Gens, der zwar transkribiert, aber beim Spleißen aus der prä-mRNA herausgelöst wird und somit nicht kodiert. Introns sind zwischen die Exons eines Gens eingeschoben.

Inversion
Strukurveränderung eines Chromosoms durch Bruch an zwei Stellen mit Drehung des zwischen den Bruchstellen gelegenen Segmentes um 180° nach Wiedereinfügung.

J-Segment
DNA Sequenzen, die einen Abschnitt der Immunglobulin bzw. T-Zell Rezeptoren kodieren, der den variablen mit dem konstanten Kettenteil „verbindet" (to *join*).

Karyotyp
Anordnung der Chromosomen einer Zelle oder eines Individuums nach ihrer Größe und Lage der Zentromere. Ein normaler, diploider Karyotyp umfaßt beim Menschen 46 Chromosomen: 2 Geschlechtschromosomen (XX bei Frauen, XY bei Männern) sowie 22 Paare (=44) homologer Autosomen, die eine Kennziffer von 1 bis 22 erhalten haben.

Kb
Kilo Basenpaare; 1 kb = 1 000 bp.

Kd
Kilo Dalton; nach J. Dalton benannte atomare Masseneinheit der chemischen Atommassenskala; 1 Dalton = Ein Zwölftel der Masse des Kohlenstoffisotops $^{12}_{6}C = 1,66 \cdot 10^{-24}$ g).

Keimbahn
Die Zellfolge, welche in der ontogenetischen Entwicklung eines Individuums von der befruchteten Eizelle zum Gonadengewebe einschließlich der Keimzellen führt; meist verkürzt gebraucht als Bezeichnung für Geschlechtszellen, die die genetische Information von einer Generation auf die nächste übertragen.

Keimbahn-Konfiguration
Germline-configuration; Anordnung von Genen oder DNA Sequenzen, wie sie sich in Geschlechtszellen findet. Abgrenzung z. B. zu physiologischen Rearrangements der Immunglobulin Genloci in Lymphozyten oder der Rekombination von Onkogenen im Rahmen der Karzinogenese.

Keimzellmosaik
Gonaden, welche neben gesunden auch mutierte Keimzellen enthalten. Da diese genetischen Defekte während der Gonadenentwicklung auftreten, sind sie in den Körperzellen des betreffenden Individuums nicht nachweisbar.

Klon
Population von genotypisch und phänotypisch identischen Individuen, Zellen oder DNA Fragmenten, die von einer einzigen Zygote, Stammzelle oder DNA Sequenz abstammen. Unter *Klonieren* versteht man in der Molekulargenetik die Isolation und Herstellung von vielen Kopien eines DNA Fragmentes. Dazu wird die entsprechende DNA Sequenz in einen Vektor eingebaut, über ihn in Bakterien eingeschleust und dort vermehrt.

Klonalitätsanalysen
Techniken, mit deren Hilfe man untersuchen kann, ob sich eine Zellpopulation von einer, wenigen oder zahlreichen Stammzellen ableitet, d.h. mono-, oligo- oder polyklonalen Ursprungs ist. Als Marker können u.a. die Expression von Isoenzymen (Glukose-6-Phosphat Dehydrogenase), chromosomale Aberrationen oder molekulargenetische Parameter (z. B. X-chromosomale RFLP) dienen.

Klonieren
s. Klon.

Ko-Dominant
Zwei Allele, die sich im heterozygoten Zustand nebeneinander phänotypisch manifestieren.

Komplementäre Basenpaarung
Ausbildung von Wasserstoffbrücken zwischen der Purinbase Adenin und der Pyrimidinbase Thymin oder Uracil bzw. zwischen Guanin und Cytosin; Grundlage der komplementären Bindung von DNA bzw. RNA Einzelsträngen.

Komplementäre Sequenzen
Eine DNA wird dann als komplementär zu einem anderen DNA oder RNA Strang bezeichnet, wenn beide miteinander hybridisieren können, d.h. für jedes Guanin bzw. Thymin des einen Stranges ein gegenüberliegendes Cytosin oder Adenin des anderen Stranges für eine Wasserstoffbrückenverbindung zur Verfügung steht.

Konstitutive Genexpression
Andauernde (unregulierte) Expression von Genen; physiologisches Prinzip bei sogenannten house-keeping Genen, pathologisch z. B. im Rahmen der Karzinogenese bedingt durch Verlust von Regulatorsequenzen eines Gens etwa infolge chromosomaler Translokation.

Kopplung
Linkage; Lokalisation von Allelen (Genen) auf demselben Chromosom und dadurch bedingte gemeinsame Vererbung als *Kopplungsgruppe*. Je weiter die beiden Genloci auf dem Chromosom voneinander entfernt liegen, desto eher können gekoppelte Gene durch eine Rekombination der homologen Chromosomen (crossing-over) während der Meiose getrennt werden. Die Häufigkeit meiotischer Rekombinationen ist somit ein Maßstab für die Entfernung verschiedener Genloci voneinander. Die *Rekombinationsfraktion* (-häufigkeit), d. h. die Zahl der Rekombinationen zwischen zwei Loci ist 0 bei vollständiger Kopplung und kann maximal 0,5 (50%) bei unabhängiger Verteilung der betreffenden Loci betragen. Die Einheit für die Rekombinationsfraktion ist das Centimorgan (cM).

Lariat
„Lasso"-förmige Struktur von Introns während eines Teilschritts des Spleißvorganges, bei dem das 5′ Ende eines Introns sich mit einem Verzweigungspunkt nahe seinem 3′ Ende verbunden hat.

Leseraster
Open-reading frame; die Abfolge von Basentripletts einer mRNA zwischen Start- und Stopcodon bezeichnet man als (offenes) Leseraster.

Leucine-Zipper
Strukturmotiv von einigen DNA-bindenden Proteinen, das eine charakteristische Folge von sich wiederholenden Leucinen enthält. Zwei Proteine können sich mit ihren Leucine-Zipper Motiven axial aneinander lagern und quasi über einen „Reißverschluß" der Leucinreste interagieren.

Library
Bibliothek, Bücherei; s. Genbank.

Ligase
DNA-Ligasen sind Enzyme, die die Phosphodiesterbindung zwischen dem 5′ Phosphat-Ende eines Nukleotids und dem 3′ OH-Ende des benachbarten Nukleotids herstellen.

Linkage
s. Kopplung.

Linker
Chemisch synthetisierter, kurzer DNA Doppelstrang, der die Erkennungsstelle für ein Restriktionsenzym trägt. Linker kann man an ein DNA Fragment ligieren und zu dessen Insertion in einen Vektor nutzen. Viele der heute benutzten Vektoren besitzen synthetische *Polylinker* mit Erkennungssequenzen für verschiedene Restriktionsenzyme.

Lod Score
*L*ogarithm *o*f the *o*dds (Wahrscheinlichkeit); statistischer Ausdruck für die Wahrscheinlichkeit der Kopplung zweier Genloci bei bekannter Rekombinationsfrequenz. Der lod score wird angegeben als der dezimale Logarithmus der Wahrscheinlichkeit, beide Loci innerhalb einer bestimmten Population gekoppelt zu finden relativ zum dezimalen Logarithmus der Wahrscheinlichkeit ihrer unabhängigen Vererbung. Bei einem lod score von 3 ist die Kopplung von zwei Genloci 10^3-mal wahrscheinlicher als ihre unabhängige Vererbung.

LTR
*L*ong *t*erminal *r*epeat; relativ lange (einige hundert bp), sequenzidentische Abschnitte an beiden Enden proviraler DNA von Retroviren. Die LTR spielen sowohl bei der Integration als auch bei der Expression der proviralen DNA eine wesentliche Rolle und enthalten Promotor- und Enhancer-Elemente sowie Polyadenylierungssignale.

Mb
Mega Basenpaare; 1 Mb = 1 000 kb.

Meiose
Kernteilung von Keimzellen, die zur Reduktion des diploiden auf den haploiden Chromosomensatz führt.

Metaphase
Stadium der Mitose bzw. Meiose, in dem die Chromosomen kondensiert in der Mitte zwischen den Polen der Teilungsspindel liegen und zytogenetisch gut sichtbar gemacht werden können.

Methylierung
Enzymatische Modifikation einer DNA oder RNA Base durch Einbau einer Methylgruppe. Bei der DNA Methylierung wird Cytosin, häufig als Bestandteil eines CG Dinukleotids am C5 Atom modifiziert. Einige DNA-bindende Proteine können an ein methyliertes Erkennungssignal nicht mehr binden, so daß eine Methylierung von DNA Sequenzen z. B. Auswirkungen auf die Aktivierbarkeit von Genen haben kann. Eine RNA Methylierung findet bei der mRNA Reifung im Rahmen des sogenannten cappings am C7 Atom von Guanin statt.

Missense Mutation
s. Mutation.

Mitose
Kernteilung von somatischen Zellen, unterteilt in Prophase, Metaphase, Anaphase und Telophase.

mRNA
Die *m*essenger (Boten) RNA entsteht durch Weiterverarbeitung eines primären Transkriptes (prä-mRNA) im Zellkern; die reife mRNA wird durch nukleo-zytoplasmatischen Transport zu den Ribosomen exportiert und dient dort als Matrize zur Proteinsynthese.

mRNA-Edition
Posttranskriptionale Veränderung der Nukleotidsequenz einer mRNA.

mtDNA
Mitochondriale DNA; sie wird ausschließlich über Eizellen, nicht aber Spermien vererbt und folgt somit einem eigenständigen Erbgang.

Mutation
Bleibende Veränderung des genetischen Materials. *Punktmutationen* basieren auf Austausch, Verlust oder Insertion von Basenpaaren, während *Chromosomenmutationen* mit Veränderungen der Chromosomenstruktur verbunden sind. Mutationen, die den proteinkodierenden Bereich von Genen betreffen, können zum Einbau einer falschen Aminosäure führen und dadurch den Sinninhalt einer Polypeptidkette verfälschen (*Missense Mutation*), das Leseraster der nachfolgenden Nukleotide verschieben, was zum Einbau falscher Aminosäuren führt (*Frameshift Mutation*) oder ein Aminosäure-kodierendes Triplett in ein Stop-Codon umwandeln (*Nonsense Mutation*). Außerdem können Mutationen auch Steuerelemente von Genen betreffen (z. B. Promotormutationen).

N-Element
Sequenz von *N*ukleotiden, die während der somatischen Rekombination von Immunglobulin oder T-Zell Rezeptor Genen de novo in die Nahtstelle der rekombinierenden DNA Region eingefügt werden.

Non-Disjunction
Fehlverteilung einzelner Chromosomen während der Meiose oder Mitose, so daß die Tochterzellen zu viele oder zu wenige Chromosomen enthalten.

Nonsense Mutation
s. Mutation.

Northern Blot
Ein dem Southern Blotting analoges Verfahren zum Transfer von RNA Molekülen auf Nitrozellulose- oder Nylonmembranen. Nach der elektrophoretischen Auftrennung der RNA in einem Agarosegel entfällt der beim Southern Blot notwendige Denaturierungsschritt, da die RNA Moleküle bereits einzelsträngig vorliegen.

Nukleo-Zytoplasmatischer Transport
Transport der reifen mRNA aus dem Zellkern ins Zytoplasma zur Translation an den Ribosomen.

Nukleosid
Verbindung einer Purin- oder Pyrimidinbase mit einem Zucker (Ribose oder Desoxyribose); z. B. Adenosin, Guanosin, Cytidin, Thymidin, Uridin.

Nukleosom
Strukturelle Untereinheit des Chromatin, bestehend aus ca. 200 bp DNA und 9 Histonmolekülen.

6 Glossar

Nukleotid
Grundbaustein der Nukleinsäuren aus Pyrimidin- oder Purinbase, Zucker (Pentose) und Phosphorsäure.

Oligonukleotid
Natürliche oder chemisch synthetisierte Kette von Nukleotiden (Mononukleotide), die über Phosphatbrücken miteinander verbunden sind. In der Molekularbiologie werden häufig Oligomere aus 20 bis 40 Nukleotiden benutzt, z. B. als Sonden oder Primer für eine PCR.

Onkogen
Gene, die normalerweise bei der Regulation von Zellproliferation und Gewebedifferenzierung eine wichtige Rolle spielen und in dieser physiologischen Form als *Proto-Onkogen* bezeichnet werden. Defekte in der Struktur oder Expression dieser Gene rufen Störungen im Zellmetabolismus hervor, die als Teilschritte einer Tumorentwicklung aufgefaßt werden können. In dieser defekten Form werden die Gene als *Onkogen* bezeichnet. Man unterscheidet zwischen Onkogenen in Retroviren (*v-onc*) und Eukaryonten (zelluläre Onkogene, *c-onc*). Onkogene werden auch als *dominante Tumorgene* bezeichnet, da sich bereits der Defekt *eines* Allels phänotypisch manifestiert (siehe dagegen Tumor-Suppressor Gen).

Palindrom
Eine zu sich selbst komplementäre Nukleotidsequenz; zwei palindromische Nukleotidstränge weisen, jeweils von 5' nach 3' gelesen, exakt die gleiche Sequenz auf.

PCR Technik
s. Polymerase-Ketten-Reaktion.

Phage
Bakteriophage; Virus, das Bakterien infiziert. Bestimmte Phagen können fremde DNA Fragmente bis zu einer Größe von ca. 20 kb aufnehmen und somit als Vektor benutzt werden.

Penetranz
Häufigkeit, mit der ein Gen in Wechselwirkung mit anderen Einflußgrößen seinen charakteristischen Phänotyp ausprägt.

Phänotyp
Das Erscheinungsbild einer Zelle oder eines Individuums, das durch den Genotyp sowie durch Umweltfaktoren zustande kommt.

Phosphodiesterbindung
Phosphatbrücke zwischen den C5 und C3 Atomen der Zucker benachbarter DNA oder RNA Nukleotide.

Plasmid
Zirkuläre, doppelsträngige DNA, die in Bakterien autonom (extrachromosomal) repliziert wird; Plasmide können fremde DNA Fragmente bis zu einer Größe von ca. 10 kb aufnehmen und als Vektor benutzt werden.

Polyadenylierung
Teilschritt der posttranskriptionalen mRNA Reifung, bei dem es zur Modifikation des 3' Endes von Primärtranskripten kommt. Zunächst wird dabei ein Stück des 3' Endes durch eine Endoribonuklease abgeschnitten und nachfolgend von einer Poly-A Polymerase an das verkürzte 3' Ende ein Poly-A Schwanz angehängt, der wahrscheinlich für die Stabilität und translationale Effektivität der mRNA von Bedeutung ist.

Poly-A Schwanz
Eine RNA Sequenz aus 50–100 Adeninnukleotiden, für die es keine komplementäre Poly-T Region in Genen gibt. Der Poly-A Schwanz wird während der Modifikation eines Primärtranskriptes enzymatisch am 3' Ende einer mRNA synthetisiert (Polyadenylierung); er dient wahrscheinlich der Erhöhung der Stabilität und translationalen Effektivität der mRNA. Für molekulargenetische Analysen kann man reife mRNA, sogenannte Poly(A)$^+$ RNA, aus einer RNA Fraktion (*totale RNA*) isolieren, indem man die Poly-A Schwänze der mRNA an synthetische Poly-T Moleküle von Trägersubstanzen binden läßt, die nach der Aufreinigung wieder abgelöst werden.

Polymerase-Ketten(verlängerungs)-Reaktion
Polymerase chain reaction (PCR); Technik mit zahlreichen Modifikationen zur raschen *Amplifikation* (Vermehrung) spezifischer, 50 bp bis einige kb großer DNA Sequenzen. Vorab muß die Sequenz des 5' bzw. 3' Endes der jeweils zu amplifizierenden DNA Region bekannt sein, da synthetische Oligonukleotide als Primer der PCR benötigt werden. Die Methode besteht aus einem in mehreren Zyklen ablaufenden Dreischrittprozeß. Im ersten Schritt wird die DNA hitzedenaturiert und damit in die beiden Einzelstränge zerlegt; im zweiten Schritt läßt man unter Temperatursenkung die Oligonukleotid-Primer an die komplementären 5' und 3' Enden der Einzelstrang DNA binden, die an diesen Stellen wieder doppelsträngig werden; im letzten Schritt der Reaktion ergänzt ausgehend von diesen 5' und 3' Primern eine DNA Polymerase die einzelsträngige DNA in 5'→3' Richtung zu einem Doppelstrang, so daß am Ende des ersten Zyklus die DNA der betreffenden Region verdoppelt wurde. Durch 30 bis 60fache Wiederholung der etwa 90 Sekunden dauernden Zyklen läßt sich eine exponentielle Amplifikation der DNA zwischen den Primern auf das ca. 10^7fache erreichen. Die PCR wurde weitgehend automatisiert (PCR Processor).

Polymerasen
Enzyme, welche die Verbindung von Nukleotiden zu DNA oder RNA Ketten katalysieren.

Prä-mRNA
Unmittelbares Produkt einer Transkription (Primärtranskript), dessen Sequenz der DNA Matrize exakt komplementär ist und noch keine Modifikationen durch mRNA Reifung aufweist.

Primer
Natürliches oder chemisch hergestelltes Startmolekül (Oligonukleotid) für die Synthese eines Polynukleotidstranges von einer DNA oder RNA Matrize.

Probe
s. Sonde; eigentlich englischer Begriff für Sonde; wird inzwischen aber auch eingedeutscht benutzt.

Prokaryont
Organismen ohne Zellkern und einige für Eukaryonten typische Zellorganellen wie Mitochondrien und endoplasmatisches Retikulum. Die Prokaryonten umfassen alle Bakterien einschließlich der blaugrünen Algen. Viren sind hingegen keine Lebewesen und werden deshalb nicht zu den Prokaryonten gezählt.

Promotor
DNA Sequenz in unmittelbarer Nähe des Transkriptionsstarts von Genen, die Erkennungs- und Bindungssignale für die RNA Polymerase und regulatorische Proteine enthält.

Prophase
Die erste Phase der Mitose bzw. Meiose, während der die Chromosomen beginnen zu kondensieren und mikroskopisch sichtbar werden; die Kernmembran ist noch erhalten und der Spindelapparat nicht ausgebildet.

Proto-Onkogen
s. Onkogen.

Provirus
Die in das Wirtsgenom integrierte Form (cDNA) eines Retrovirus.

Pseudoautosomal
Die Geschlechtschromosomen enthalten Bereiche, die sich auf dem X und Y Chromosom entsprechen, mithin homologe Sequenzfolgen darstellen, die während der Meiose auch interagieren können (crossing over). Die genetische Information dieser Bereiche unterliegt auch nicht dem Prozeß der X-Chromosom Inaktivierung und segregiert nach den gleichen Gesetzmäßigkeiten wie autosomale DNA.

Pseudogen
Nicht-transkribierte DNA mit großer Sequenzhomologie zu einem funktionellen Gen.

Puls-Feld-Gelelektrophorese (PFGE)
Elektrophoretische Auftrennung von DNA Fragmenten der Größe nach in Agarosegelen. Während die konventionelle Gelelektrophorese je nach Agarosekonzentration eine Differenzierung zwischen etwa 0,05–20 kb großen Fragmenten erlaubt, können mit Hilfe der PFGE einige 1 000 kb große Fragmente separiert werden. Besondere elektrophoretische Bedingungen, bei denen der Strom nach einem festen Schema pulsartig in verschiedene Richtungen fließt, dabei aber die Nettorichtung beibehält, führen zu dem erheblich besseren Auflösungsvermögen großer DNA Fragmente.

Rekombinante Pharmaka
Gentechnologisch gewonnene Pharmaka; das zugehörige Gen bzw. die entsprechende cDNA wird in Expressionsvektoren kloniert, anschließend in

Wirtszellen eingebracht und dort exprimiert und translatiert; schließlich wird das rekombinante Protein aus der Zelle isoliert und gereinigt.

Rekombination
Neue Zusammensetzung von Allelen (Genen), z. B. durch crossing-over während der Meiose oder somatisches Rearrangement von Sequenzen z. B. der Immunglobulin Genloci in Lymphozyten. Bei der sogenannten rekombinanten DNA Technologie handelt es sich um eine experimentelle Neuzusammensetzung von DNA Molekülen.

Rekombinationsfraktion
Rekombinationsfrequenz, -häufigkeit; s. Kopplung.

Repetitive Sequenzen
DNA Sequenzen, die vielfach im haploiden Genom vorhanden sind und teilweise zu Familien sequenzverwandter Elemente zusammengefaßt werden können (z. B. Alu-Familie). Einige repetitive Sequenzen besitzen Spezies-Spezifität.

Replikation
Prozeß der DNA Verdopplung. Hierzu wird die Doppelhelix zunächst durch Topoisomerasen entwunden und Y-förmig zur sogenannten *Replikationsgabel* geöffnet, so daß die beiden komplementären Einzelstränge voneinander getrennt werden. Die DNA Polymerase benutzt beide Elternstränge als Matrize zur Synthese von je einem neuen DNA Strang; man spricht von *semikonservativer* Replikation, weil beide DNA Tochterhelices je einen Elternstrang und einen hierzu komplementären, neu synthetisierten Strang aufweisen. Da DNA Polymerasen nur in einer $5' \rightarrow 3'$ Richtung synthetisieren, kann ein Elternstrang (*leading strand*) lückenlos und relativ zügig in Richtung auf die Replikationsgabel hin kopiert werden, während der in Gegenrichtung verlaufende Elternstrang (*lagging strand*) stückweise über eine komplexe Zusammenarbeit mehrerer Enzyme synthetisiert werden muß, woraus eine gewisse Asymmetrie des Replikationsprozesses resultiert. In Eukaryonten beginnt die Replikation gleichzeitig an vielen Startpunkten (*origin*), wobei die Replikationsgabeln bidirektional fortschreiten, bis sie auf die Gabeln der benachbarten Replikationseinheit (*Replikon*) treffen.

Restriktionsendonukleasen
Enzyme, die spezifische, kurze DNA-Nukleotidsequenzen erkennen und einschneiden. Natürlicherweise kommen diese Enzyme in Bakterien vor, wo sie fremde DNA abbauen und dadurch beispielsweise die Effektivität eines Virus restringieren (einschränken), mit der es Bakterien infizieren kann. Die Abkürzungen für Restriktionsenzyme leiten sich von den Bakterien ab, aus denen sie isoliert wurden; z. B. EcoRI wurde aus *E*scherichia *co*li, Stamm *RyI*, gewonnen.

Restriktionsfragment
DNA Fragment, das durch Verdau mit einem Restriktionsenzym gewonnen wurde.

Restriktionsfragment-Längen-Polymorphismus
RFLP; ein Vergleich der DNA von zwei homologen Chromosomen unterschiedlicher Individuen zeigt ca. alle 200 bp einen Unterschied in der DNA Sequenz. Derartige Variationen beruhen zumeist auf Punktmutationen, seltener auf größeren DNA-Rearrangements (z. B. Deletionen). Unterschiede in der Basenfolge können zur Bildung neuer Einschnittstellen für Restriktionsenzyme bzw. deren Verlust führen. In solchen Fällen kommt es nach Spaltung mit dem jeweiligen Enzym zur Bildung verschieden langer DNA Fragmente. Um der Definition eines genetischen Polymorphismus zu entsprechen, muß eine derartige Sequenzvariation mit einer Allelfrequenz von $>1\%$ in der Bevölkerung vorkommen und nach den Mendelschen Gesetzen vererbt werden.

Restriktionskarte
Relative Lage von Schnittstellen verschiedener Restriktionsendonukleasen in einem DNA Fragment. Die Abstände der einzelnen Schnittstellen voneinander werden in Basenpaaren (bp) angegeben. Je mehr Enzyme zur Kartierung benutzt werden, desto besser lassen sich DNA Fragmente untereinander vergleichen.

Retrovirus
Einzelsträngiges RNA Virus, das über ein doppelsträngiges DNA Zwischenprodukt (cDNA) im Wirtsgenom repliziert und exprimiert wird.

Reverse Genetik
Charakterisierung des molekularen Pathomechanismus einer Erbkrankheit nicht vom defekten (unbekannten) Endprodukt (Protein) her, sondern von dem entsprechenden Gen bzw. seinem Transkript.

Reverse Transkriptase
In Retroviren natürlich vorkommendes Enzym, welches die Synthese komplementärer DNA (cDNA) von einer mRNA Vorlage katalysiert, also den konventionellen Transkriptionsprozeß umkehrt.

Reverse Transkription
Synthese einer cDNA von einer mRNA Matrize, vermittelt durch das Enzym Reverse Transkriptase.

Rezessiv
Phänotypische Manifestation eines Allels nur im homozygoten Zustand.

RFLP
s. *Restriktionsfragment-Längen-Polymorphismus*.

Ribonukleoprotein Partikel (RNP)
Sammelbegriff für eine Reihe von Komplexen aus RNA Molekülen und Proteinen, die im Zellkern und im Zytoplasma vorkommen.

Ribosom
Komplexe Zellorganellen, an denen die Translation stattfindet; sie bestehen aus zwei Untereinheiten und enthalten rRNA sowie zahlreiche Proteine.

Ribozyme
RNA Moleküle, die etwa wie Proteine (Enzyme) eine katalytische Funktion ausüben.

RNA
Ribonukleinsäure (*ribo*nucleic *a*cid); ein Polynukleotid ähnlicher Struktur wie DNA, wobei Ribose statt Desoxyribose den Zuckeranteil stellt und die Pyrimidinbase Uracil (U) anstelle von Thymin tritt.

rRNA
Ribosomale RNA, Struktur -und Funktionselemente der Ribosomen, die ca. 75% der gesamten zellulären RNA ausmachen. Die RNA Polymerase I transkribiert von rRNA Genen das gleiche 45 S große Vorläufermolekül, welches anschließend in die reifen rRNA Moleküle (28 S; 18 S; 5,8 S) gespalten wird.

Scanning
Teilschritt der Translationsvorbereitung, bei dem der ribosomale 43 S Komplex die mRNA in 5'–3' Richtung „abtastet", bis er auf das erste AUG Codon trifft, von dem aus die Translation beginnt.

Segregation
Während der Meiose erfolgende Trennung der Allele, ihre Verteilung auf verschiedene Gameten und anschließende Vererbung gemäß den Mendelschen Gesetzen.

Sequenzhomologie
Verwandtschaft zwischen Polynukleotid- bzw. Polypeptidketten, häufig angegeben in Prozent identischer Nukleotide bzw. Aminosäuren.

Sequenzieren (DNA)
Analyse der Nukleotidfolge eines DNA Fragments mit Hilfe von enzymatischen oder chemischen Methoden. Für größere Sequenziervorhaben (z. B. Human Genome Project) stehen Sequenzierautomaten zur Verfügung.

Silencer
Enhancer-ähnliches Sequenzmotiv, das jedoch die transkriptionale Aktivität eines Promotors (Gens) „verstummen" läßt.

Single Copy Sequenzen
Gene bzw. DNA Sequenzen, die im haploiden Genom nur einmal vertreten sind.

Slot Blot
s. Dot Blot.

Snurp (snRNP)
*S*mall *n*uclear *r*ibo*n*ucleo *p*rotein *p*article; eine Gruppe von Ribonukleoprotein Partikeln des Zellkerns, die Bestandteile des Spleißosoms sind. Sie bestehen aus mehreren nukleären Proteinen und relativ kurzen (60–215 Nukleotide) RNA Molekülen, die *U*ridin reich sind; aus diesem Grund werden die verschiedenen snRNP nach ihren RNA Bestandteilen *U*1, *U*2 etc. benannt.

Sonde (Gensonde)
Probe (engl.); DNA Fragment, mit dessen Hilfe in Hybridisierungsexperimenten spezifische DNA oder RNA Sequenzen nachgewiesen werden können.

Southern Blot
Von E. M. Southern entwickelte Methode, um DNA Fragmente, die zuvor in einem Agarosegel elektrophoretisch aufgetrennt wurden, auf Nylon- oder Nitrozellulosefilter zu transferieren. Dabei wird die im Gel befindliche doppelsträngige DNA zunächst mittels alkalischer Lösungen in Einzelstränge zerlegt (denaturiert) und anschließend durch kapillare Wirkung von Löschpapier (blotting paper) in das auf dem Gel liegende Filter gesogen. Das Filter wird dann getrocknet und steht nach Fixierung der DNA durch Wärme oder UV Behandlung für Hybridisierungen mit markierten Einzelstrangsequenzen (Sonden) zur Verfügung.

Splicing
s. Spleißen.

Spleißen
Die Verknüpfung von kodierenden Sequenzen (Exons) eines Primärtranskripts (prä-mRNA) im Zellkern unter Entfernung der Introns, so daß eine translatierbare mRNA entsteht.

Spleißsosom
Komplex aus RNA und Proteinen, an dem im Zellkern der mehrstufige Prozeß des Spleißens abläuft.

Start-Codon
Initiations-Codon; das Triplett AUG, welches die erste Aminosäure einer Polypeptidkette, Methionin, kodiert. Dieses aminoterminale Methionin wird häufig posttranslational entfernt. In Bakterien ist das durch das Triplett AUG (und manchmal GUG) kodierte Methionin der Initiations-tRNA durch eine Formylgruppe modifiziert.

Stop-Codon
Terminations-Codon; s. Codon.

Stringentes Waschen
Angabe zur Intensität, mit der nach Hybridisierung mit einer Sonde versucht wird, unspezifische oder teilkomplementäre Bindungen vom Filter (z.B. Southern Blot) abzulösen. Je höher die Temperatur und je niedriger die Salzkonzentration einer Waschlösung, desto stringenter (schärfer) sind die Waschbedingungen.

Taq Polymerase
Hitzestabile DNA Polymerase aus dem Bakterium *T*hermus *aq*uaticus, die zur PCR benutzt wird.

TATA-Box
Sequenzmuster (TATAA), das sich in der Promotorregion der meisten Gene findet.

TdT
Terminale Desoxynukleotidyl-Transferase; ein Enzym, das die Anknüpfung von Nukleotiden an die 3' Enden von DNA Ketten katalysiert. Die Expression dieses Enzyms dient auch als Marker bei der immunologischen Phänotypisierung von Lymphozyten.

Telomer
Das distale Ende eines Chromosomenarms.

Telophase
Endstadium der Mitose bzw. Meiose, in dem die Chromatidgruppen zu den Polen befördert werden und dekondensieren, und in dem sich eine Kernmembran ausbildet.

Thymin (T)
Pyrimidinbase; Grundbaustein eines DNA Nukleotids; das entsprechende Nukleosid wird Thymidin genannt.

Trans-acting-factor
Ein in trans wirkender Faktor, meist ein Protein, beeinflußt die biologische Aktivität von DNA Sequenzen mit geeignetem Erkennungssignal (cis-acting-elements), die auf unterschiedlichen DNA Fragmenten (Chromosomen) lokalisiert sind.

Transduktion
Durch Viren vermittelter Transfer von DNA zwischen Zellen.

Transfektion
Einschleusen von fremder DNA in eukaryonte Zellen durch Injektion mit Mikropipetten, Elektroporation, Endozytose von Kalziumphosphatpräzipitaten oder Virusinfektion. Dabei kann es zur vorübergehenden (transienten) oder permanenten Integration der DNA ins Wirtsgenom kommen. Abgrenzung zum Begriff der Transformation prokaryonter Zellen.

Transformation
Genetik: Einschleusung eukaryonter DNA in Bakterien. Abgrenzung zum Begriff der Transfektion.
Zellbiologie: Veränderungen des Geno- und Phänotyps von Zellen im Rahmen der Karzinogenese.

Transgen
Gen oder DNA Konstrukt, das in eine fremde, befruchtete Eizelle eingeschleust wurde, im Genom aller Keim- und Körperzellen des sich hieraus entwickelnden Tieres enthalten ist und auch an nachfolgende Generationen vererbt werden kann.

Transkription
Im Zellkern erfolgende Umsetzung einer genetischen Information von DNA in RNA. Die RNA Polymerase I transkribiert rRNA; die RNA Polymerase II mRNA und die RNA Polymerase III tRNA. Das Primärtranskript (prä-mRNA) ist ein komplementäres Abbild der DNA Matrize. Die Transkription erfolgt vom 5' zum 3' Ende der entstehenden RNA.

Transkriptionsfaktor
Protein, welches die Transkription durch direkte oder indirekte Interaktion mit Regulatorsequenzen (z. B. Promotoren und Enhancer) beeinflußt.

Translation
Übersetzung der genetischen Information einer mRNA in eine Polypeptidkette an den Ribosomen. Die Translation beginnt am 5' Ende der jeweiligen mRNA.

Translokation
Chromosomale Strukturveränderung durch Positionswechsel chromosomaler Segmente. Reziproke Translokationen sind durch einen Austausch ohne Materialverlust charakterisiert.

Triplett (Basen)
Die drei Basen (Nukleotide) eines Codons bzw. Anti-Codons.

tRNA
Transfer RNA; von der RNA Polymerase III synthetisiertes RNA Molekül mit einer aus drei Schleifen und einem freien 3' Ende bestehenden Sekundärstruktur („Kleeblatt"). Die dem freien 3' Ende („Stiel") gegenüberliegende Schleife enthält das Anti-Codon, das sich spezifisch an ein Basentriplett (Codon) der mRNA bindet. Das freie 3' Ende dient als Bindungsstelle für die jeweils spezifische Aminosäure. Die tRNA spielt eine zentrale Rolle als Adapter bei der Translation von mRNA in eine Polypeptidkette.

Tumorigenizitäts-Assay
In vivo Assay zum Nachweis von Onkogenen. Er basiert auf der Transfektion von Tumor DNA in rezipiente Zellkulturen (z. B. NIH/3T3 Mausfibroblasten) sowie anschließender Selektion und Injektion transfizierter Zellen in immundefekte Mäuse (nude mice). Eine Tumorentwicklung in diesen Tieren stellt dann den Ausgangspunkt für die Klonierung der für die Tumorinduktion verantwortlichen Onkogensequenzen dar.

Tumor-Suppressor Gen
Gene, deren Proteine bei der physiologischen Regulation des Zellmetabolismus eine Rolle spielen. Der Ausfall dieser Regulatorproteine bedingt Störungen, die als Teilschritte einer Tumorentwicklung aufgefaßt werden können. Tumor-Suppressor Gene werden auch als *rezessive Tumorgene* bezeichnet, da sich erst Defekte auf *beiden* Allelen phänotypisch manifestieren. Sie unterscheiden sich hierin von den „dominanten" Onkogenen und werden plakativ auch *Anti-Onkogene* genannt.

Uracil (U)
Pyrimidinbase; Grundbaustein eines RNA Nukleotids; das entsprechende Nukleosid wird Uridin genannt.

Vektor
DNA Molekül, das zur selbständigen Replikation in Bakterien befähigt ist und sich für den Einbau fremder, je nach Vektortyp unterschiedlich großer DNA Fragmente eignet. Man unterscheidet Phagen, Plasmide und Cosmide.

V-Segment
DNA Sequenz, die den *v*ariablen Teil von Immunglobulin- und T-Zell-Rezeptor-Ketten kodiert.

Western Blot
Ein dem Southern (DNA) und Northern (RNA) Blotting analoges Verfahren zum Transfer von *Proteinen* nach elektrophoretischer Auftrennung in einem denaturierenden SDS Polyacrylamidgel (PAGE) auf eine Nitrozellulose- oder Nylonmembran. Der Nachweis der relevanten Polypeptidstruktur erfolgt durch markierte Antikörper.

Wobble
„Schwanken"; Mehrdeutigkeit der dritten Base des Anti-Codons der tRNA. Bei der Basenpaarung von Codon (mRNA) und Anti-Codon (tRNA) im Rahmen der Translation erfolgt die Paarung der beiden ersten Basen nach den gleichen Gesetzen wie bei der DNA Replikation oder Transkription. Die Paarung der letzten Base ist jedoch nicht eindeutig festgelegt; so kann z.B. Guanin (als dritte Base im Anti-Codon) zwischen einer Paarung mit Uracil oder Cytosin (dritte Base im Codon) schwanken, Uracil (Anti-Codon) zwischen einer Verbindung mit Adenin oder Guanin.

Z-DNA
Form der DNA-Doppelhelix, bei der das Phosphat-Zuckerband linksdrehend verläuft. Ein Übergang der DNA von der hauptsächlichen B-Form in die Z-Form findet sich gehäuft an Stellen mit Purin-Pyrimidin-Folgen.

Zentromer
Chromosomenregion, an die während der Meiose die Fasern des Spindelapparates ansetzen. In der Cytogenetik dient das Zentromer, an dem beide Chromatiden eines Chromosoms sich berühren, als wichtige Markierungshilfe, da es den kurzen und langen Chromosomenarm voneinander abgrenzt.

Zink-Finger
Strukturmotiv von einigen DNA-bindenden Proteinen, das sich fingerförmig der DNA entgegenstreckt. Es setzt sich aus jeweils zwei charakteristisch angeordneten Cystein und Histidin Bausteinen zusammen, die gemeinsam ein Zink-Ion koordinieren.

Zoo-Blot
Southern Blot, der genomische DNA verschiedener Tierspezies enthält. Nach Hybridisierung können solche Sequenzen des untersuchten Genomabschnittes sichtbar gemacht werden, die während der Evolution konserviert wurden.

Zygote
Eine einzelne Zelle, die durch Fusion einer Eizelle mit einem Spermium entstanden ist.

7 Weiterführende Literatur

1. Alberts B, Bray D, Lewis J, Raff M, Roberts K, Watson JD (1989) Molecular Biology of the Cell. Garland Publishing Inc., London New York
2. Darnell J, Lodish H, Baltimore D (1986) Molecular Cell Biology. Scientific American Books Inc., New York New York
3. Knippers R (1985) Molekulare Genetik, 4. Auflage. Thieme, Stuttgart New York
4. Lewin B (1987) Genes III. John Wiles and Sons, New York New York
5. Mc Kusick VA (1978) Mendelian Inheritance in Man. Johns Hopkins University Press, Baltimore London
6. Sambrook J, Fritsch EF, Maniatis T (1989) Molecular Cloning. A Laboratory Manual. Cold Spring Harbor Laboratory, Cold Spring Harbor New York
7. Vogel F, Motulsky AG (1986) Human Genetics. Springer, Berlin Heidelberg New York Tokyo
8. Sengbusch P von (1979) Molekular- und Zellbiologie. Springer, Berlin Heidelberg New York Tokyo
9. Watson JD, Hopkins NH, Roberts JW, Steitz JA, Weiner AM (1987) Molecular Biology of the Gene. Benjamin/Cummings Publishing Co., Menlo Park California
10. Watson JD, Tooze J, Kurtz DT (1985) Rekombinierte DNA: Eine Einführung. Spektrum der Wissenschaft Verlag, Heidelberg
11. Winnacker E-L (1985) Gene und Klone: eine Einführung in die Gentechnologie. Weinheim: Verlag Chemie

Sachverzeichnis

AATAAA-Motiv 40, 226*
ABL Gen **175 ff,** 179
Acetylierung 19
Acid Blob 35
Adenin 13 f, 226*
Agarose Gelelektrophorese 97, 109
Agarplatte 83
AIDS s. HIV
ALL **179 ff,** 190 ff, 196
Allel 67, 104, 148, 197 ff, 226*
– Exklusion 64
Allel spezifische Oligonukleotid Hybridisierung (ASO) **112,** 139, 143, 153, 172, 174, 226*
Alternative Polyadenylierung 47
Alternatives Spleißen 44 f., 65, 159, 176 f, 206 f, 226*
Alu Sequenzen **8,** 164, 227*
Alu I 86
Aminoacyl tRNA 57
– – Transferase 25 f
AML **172 f,** 198 f
Amniozentese 142
Amplifikation 181, 242*
– in vitro 110
Anaphase 76, 227*
Aneuploidie 10, 227*
Anonyme DNA 93
Anti-Onkogen **184 ff,** 227*, 249*
Antibiotika 59 f
Antibiotikaresistenz 82
Anti-Codon 25 f, 52, 57, 227*
Apolipoprotein B 50
Ataxia Teleangiectatica 75
Äthanolfällung 91
Autoradiographie 83, 88, 227*
Autosom 9, 227*
Azacytidin 39, 139
AZT 209

Bakterielle Transformation s. Transformation, bakterielle
Bakteriophage **82 f,** 89, 241*

* = Glossarerwähnung
Fettdruck = Haupterwähnung

Basenpaarung 28, 88
Basentriplett 51, 249*
bcl-2 Onkogen 166, 196
BCR Gen 166, **175 ff,** 179
Becker'sche Muskeldystrophie s. Muskeldystrophie
Biotechnologie 119, 213 ff
Breakpoint cluster region s. Mbcr und mbcr
Burkitt Lymphom 169, 195 ff

CAAT Box 30, 227*
Cap Struktur 41, 53 f
Capping 41, 133 ff, 227*
Capsid 201
CD 4 Rezeptor 205 ff, 211
CD4/gp120 Interaktion 206, 208
cDNA 179, 201, 227*
–, Klonierung 89 ff, 152, 158
c fos 34, 168
Centimorgan 148, 228*
Chorionbiopsie 142
Chromatid 76, 228*
Chromatin 18 ff, 228*
Chromosom **9 ff,** 228*
–, Aneuploidie 10, 227*
–, Anomalien 9 ff
–, Autosom 9
–, Bänderung 9
–, Crossing Over s. Crossing Over
–, Deletion 12
–, diploid 9, 67, 230*
–, Duplikation 12
–, Gonosom s. Gonosom
–, haploid 67, 234*
–, homologe 67, 234*
–, Inversion 12
–, Metaphase 9
–, Monosomie 10
–, p-Arm 9, 11
–, Polysomie 10
–, q-Arm 9, 11
–, Rekombination s. Rekombination
–, Strukturproteine 18 f
–, Telomer 9, 11

–, Translokation 12
–, X s. X-Chromosom
–, Y s. Y-Chromosom
–, Zentromer s. Zentromer
Chromosome Jumping 95 f, 152, 228*
– Painting 229*
– Walking 93 ff, 158, 228*
Cis-acting element 21, 229*
c jun 34, 168
CML 175 ff
c myc Onkogen 169, 195 ff
Code s. Genetischer Code
Codon 25 f, 51 ff, 229*
Core 201
cos-Stelle 84, 229*
Cosmid 82 f, 150, 229*
Crossing-over 67, 104, 129, 229*
Cystic Fibrosis s. Mukoviszidose
Cytosin 13 f, 230*

D-Element 62, 231*
Deleting Element 63
Deletion 12, 128, 132 f, 184 ff, 230*
Designer Protein 216, 222, 230*
Desoxyribonukleinsäure s. DNA
Dimer 35, 230*
Diphtherie 57
Diploid s. Chromosom, diploid
DMD Gen s. Muskeldystrophie
DNA 13 ff, 91, 230*
–, 3' Ende 14, 231*
–, 5' Ende 14, 231*
–, Analyse 80 ff
–, anonyme 93
–, B-Form 16 f, 227*
–, bindende Proteine 32 ff
–, Doppelhelix 16 f
–, Fingerabdruck 108, 232*
–, Gesamtbestand einer Zelle 8
–, Hybridisierung 87 ff, 235*
–, Klonierung s. Klonierung
–, Ligase 81, 238*
–, Methylierung 38 f, 72
–, Phosphodiesterbindung 14
–, Polymerase 20, 77 ff, 111
–, Polymorphismus s. Polymorphismus
–, Rearrangement 189 ff
–, Rekombination, s. Rekombination
–, Reparatur 75
–, repetitive s. repetitive Sequenzen
–, Replikation 16, 39, 77 ff, 244*
–, Sekundärstruktur 16
–, Sequenzierung s. Sequenzierung
–, Transfektion s. Transfektion
–, Z-Form 16 f, 250*
Dominanz 69, 230*

Dot Blot 114, 139, 143, 153, 172, 174, 230*
Double Minutes 181 f, 231*
Down Syndrom 11
Duchenne'sche Muskeldystrophie s. Muskeldystrophie
Duplikation 12, 231*
Dystrophin 159 f
Dystrophingen s. Muskeldystrophie

E. coli 83 f
Edition, mRNA 50 f
Eisenhomöostase 49, 55 f
Elektrophorese 231* s. auch Puls Feld Gel Elektrophorese und Agarose Gelelektrophorese
Elektroporation 121
Enhancer 24, 30 ff, 36, 204, 231*
env 204 f, 207, 211
Envelope 201
Epigenetische Vererbung 72, 231*
Episom 83, 231*
Erbgang, monogen 71, 123
–, polygen 71, 220
Ethidiumbromid 97 f
Eukaryont 6 f, 231*
Exon 24, 42, 231*
Expressionsgenbank 85, 233*
Expressionsvektor 159, 214, 232*
Expressivität 71, 232*

Ferritin 49, 55 f
Fingerabdruck s. DNA Fingerabdruck
Fokus-Assay 164, 232*
Frameshift Mutation 58, 133, 136, 159
Fusionsprotein 85

gag 204, 207
GC Region 29
Gen 22 ff, 232*
–, house Keeping s. House Keeping Gen
–, Pseudogen 26
Genamplifikation 181 ff
Genbank 83, 89, 150, 155, 232*
Gendosis 10
Gene Targeting 121
Genetik, reverse s. Reverse Genetik
Genetische Beratung s. Pränatale Diagnostik
Genetischer Code 51 f, 90, 229*
Genexpression 27 ff, 60, 119
–, Inaktivierung 132 ff
–, konstitutiv 28, 238*
–, Punktmutation 132 ff
–, nukleo zytoplasmatischer Transport s. nukleo zytoplasmatischer Transport

Sachverzeichnis

Genklonierung s. Klonierung
Gen-Konversion 233*
Genlocus 67, 233*
Genom **8**, 219f, 233*
–, viral 202ff
Genomic Imprinting 72, 236*
Genomische DNA Klonierung 91ff
Genotyp 233*
Genrekombination **61ff**
Gensonde s. Sonde
Gentherapie **222ff**, 233*
Geschlechtschromosom s. Gonosom
α Globingenkomplex 128f
β Globingen 100, 115
β Globingenkomplex 132
γ Globingen 137f
Glukokortikoid-Rezeptor 35ff
Glukose-6-Phosphat-Dehydrogenase 197
Gonosom 9, 233*
gp120 205ff, 211
G-Phase 76
G-Protein 168
GTPase activating protein (GAP) 171
GU/AG-Regel 42, 234*

Haploid s. Chromosom, haploid
Haplotyp 106, 234*
Häm 124
Hämoglobin 123f
Hämoglobinschaltmechanismus 124, 138
Hb A 125
Hb Bart's Hydrops Fetalis 126, 131
Hb F 125
Hb H 126, 131
Helix-Turn-Helix Motiv 33f, 234*
Hemizygotie 234*
Hepatitis-Virus 112, 212, 217
Heptamer-Spacer-Nonamer Motiv 64f
Hereditäre Persistenz fetalen Hämoglobins s. HPFH
Heteroplasmie 73, 234*
Heterozygotie 67, 104, 234*
Histon 18ff, 234*
HIV 48, 112, **205ff**
Homogeneously staining region 181f, 235*
Homolog s. Chromosom, homologe
Homoplasmie 73, 235*
Homozygotie 67, 104, 235*
House-Keeping Gen 32, 48, 197, 235*
Hpall tiny fragment island s. HTF island
HPFH 132, 137ff
HTF island 151, 235*
Human Genome Project 219f, 235*

Human Immunodeficiency Virus s. HIV
HVR **106ff**, 149, 235*
Hybridisierung s. DNA Hybridisierung
Hybridzelle 235*
Hydrops Fetalis s. Hb Bart's Hydrops Fetalis
21-Hydroxylasemangel 43
Hypervariable Region s. HVR

Immundefekt 66, 209
Immunglobulin **61ff**
– Rearrangement **189ff**
Immunogenotypisierung 66, 190ff
Immunophänotypisierung 190
Immunsystem 61ff
Impfstoff, rekombinanter 210f, **217f**
Imprinting s. Genomic Imprinting
Inaktivierung – Genexpression s. Genexpression – Inaktivierung
Infektionserkrankungen 211ff
Infektionszyklus, viral 200ff
Initiationscodon 56f
Insert 82, 87, 236*
Insertion 236*
Insertionsmutagenese 166
Interphase 76, 236*
Intron 24, **42**, 236*
Inversion 12, 236*
Iron-responsive-element (IRE) 49, 55f
Isotyp Exklusion 64

J-Element 62, 192f, 236*

Kalziumphosphat-Fällung 121, 163f
Karyotyp 9, 236*
Kb 237*
Keimbahn (Konfiguration) 62, 189ff, 237*
Keimzellmosaik 69, 160, 237*
Keratoakanthom 173f
Klassenwechsel (Immungluline) 64f
Klon 237*
Klonalitätsanalyse 192f, **197ff**, 237*
Klonalitätsmarker 174ff
Klonierung 80ff, 89, 150ff, 155ff
–, direktionale 87
Knochenmarktransplantation 109
Kodominanz 70, 237*
Kolonkarzinom 173, 188
Komplementarität 16, 77, 237*
Komplementäre Basenpaarung 28
Konstitutiv s. Genexpression, konstitutive
Kopplungsanalyse **102ff**, **147ff**, 238*

Lagging Strand 78
Lambda DNA 98 s. auch: Bakteriophage

Langer Giedion Syndrom 12
Lariat 43, 238*
Leader Sequenz 63
Leading Strand 78
Leseraster 56 f, 58, 159, 238*
Leucine-Zipper 33 f, 168, 238*
Leukämie, akute lymphatische s. ALL
–, akute myeloische s. AML
–, chronisch myeloische s. CML
–, minimale residuelle s. Minimale residuelle Leukämie
–, Remissionsbeurteilung s. Minimale residuelle Leukämie
Library s. Genbank
Ligase s. DNA Ligase
Linker 89, 238*
Lod score 148, 239*
Lokus s. Genlocus
Long Terminal Repeat s. LTR
LTR 202 ff, 239*
Lymphom, follikuläres 196

Mammakarzinom 183 ff
Markerlocus 102 f
Mb 239*
Mbcr **176**
mbcr **179**
mdx Maus 161
Meiose **67 ff**, 104, 239*
Metaphase 9, 76, 239*
Methylierung 19, **38 f**, 41, 72, 151, 197 ff, 239*
Mikrobiologische Diagnostik **211 ff**
Minimale residuelle Leukämie 180 f, 194 f, 199
Missense Mutation 57, 136
Mitochondriale Vererbung 72
Mitochondriales Genom 73, 240*
Mitose 38, **76 ff**, 239*
Monogen s. Erbgang, monogen
mRNA **40 ff**, 89, 239* s. auch RNA
–, Abbau 48
–, Edition 50 f, 240*
–, Halbwertszeit 48
–, Stabilität 48
Mukoviszidose **146 ff**
Multi-drug-resistence s. Zytostatikaresistenz
Muskeldystrophie **154 ff**
Mutation 57 f, 100, 112 ff, **133 ff**, 138, 171, 240*
Myelodysplastisches Syndrom 173 f

N-Element 64, 240*
N-myc Onkogen **181 ff**
nef 207 f

Neomycin-Selektion 120, 165
Neu Onkogen 183
Neuroblastom **182 ff**
Non-Disjunction 240*
Nonsense Mutation 58, 133, 136, 240*
Northern Blot **118 f**, 158, 240*
Nude mice 165
Nukleo zytoplasmatischer Transport 6, **47 f**, 207 f, 240*
Nukleolus 25
Nukleosid 240*
Nukleosom 18 ff, 240*
Nukleotid 13 f, 241*

Oligoklonalität 193
Oligonukleotide 90, 111, 209, 240*
Oligonukleotidsonde 113, 172
Onkogen **161 ff**, 241*
–, Aktivierung 169 ff
Onkoproteine 168
Open reading frame s. Leseraster
Osteosarkom 187

Palindrom 30, 241*
Pankreaskarzinom 173
PCR **110 ff**, 139, 143, 153, 172, 174, 179 ff, 195, 212, 242*
Penetranz 71, 241*
Ph-Chromosom s. Philadelphia Chromosom
Phage s. Bakteriophage
Pharmaka, rekombinante **213 ff**, 243*
Phänotyp 241*
Phenylketonurie 42
Philadelphia Chromosom **175 ff**, 179
Phosphodiesterbindung 14, 241*
Phosphorylierung 19, 167
Plasmid **82 f**, 241*
pol 204, 207
Poliovirus 41
Poly-(A)$^+$ RNA 89, 242*
Poly-A Schwanz 45, 242*
Poly-A Signal 46
Polyadenylierung **45 ff**, 133 ff, 204, 242*
Polygen s. Erbgang, polygen
Polygene Erkrankung 220 f
Polyklonalität 197
Polymerase Kettenreaktion s. PCR
Polymorphismus **101 ff**, 146
Polypyrimidinstrang 43
Polysom 53
Prader-Willi Syndrom 12, 72
Prä-mRNA 28, 40, 242*
Pränatale Diagnostik 114 f, **140 ff**, 153, 160
Präventivmedizin 220 f

Primer 111, 116, 242*
Probe s. Sonde
Prokaryont 6f, 243*
Promotor 24, **29f**, 133, 204, 243*
Prophase 76, 243*
Proteine, nukleäre 17ff
–, regulatorische 21
Proteinkinase 167
Proto-Onkogen 163ff, 241*
Provirus 202f, 243*
Pseudoautosomal 243*
Pseudogen 26, 128, 243*
Puls-Feld-Gel-Elektrophorese 95, **109f**, 152, 179, 243*
Punktmutation s. Mutation
Purin **13f**
Pyrimidin **13f**

Ras Onkogen **171ff**
Rb Gen s. Retinoblastom
Rearrangement s. Immunglobulin Rearrangement
Reassoziationsstrategie 157
Rekombinante 83
Rekombinase 64
Rekombination **61ff**, 67, 85, 104, 128, 175ff, 189ff, 244*
Rekombinationsfraktion 148
Rekombinationsrate 104
Repetitive Sequenzen **8**, 23, 95, 107, 164, 227*, 244*
Replikation s. DNA Replikation
Replikationsgabel 77f
Restriktions-Fragment-Längen-Polymorphismus s. RFLP
Restriktionsdau, partieller 93
Restriktionsendonuklease **85ff**, 110
Restriktionsfragment 244*
Restriktionskarte 244*
Retinoblastom 185ff
Retrovirus 163, 166, **202ff**, 224, 245*
Reverse Genetik **146ff**, 185, 245*
Reverse Transkriptase 89, 201, 203, 245* s. auch pol
Revertanten Assay 188
Rezessivität 70, 147, 154, 245*
RFLP **102ff**, 149, 197ff, 245*
Ribonukleinsäure s. RNA
Ribonukleoprotein 21f, 53, 245*
Ribosom 24, **52ff**, 59, 245*
Ribozym 45, 222, 246*
RNA **13ff**, 118f, 246*
–, Analyse **118f**, 179
–, Methylierung 41
–, Modifikation **40ff**
–, -mRNA s. mRNA

–, Polymerase 20, 28
–, -rRNA s. rRNA
–, -tRNA s. tRNA
rRNA 24f, 53, 155f, 246*

S Phase 76
Scanning 53, 246*
Schlafkrankheit 50
Schwesterchromatid 76, 228*
SCID 66
Screening 83
Segregation 246*
Sequenzhomologie 166, 246*
Sequenzierung 112, **116**, 144, 219f, 246*
Sichelzellerkrankung 57, 100, 115
Silencer 24, 32, 246*
Single copy 23, 95
Slot Blot s. Dot Blot
Snurp 22, 43, 246*
Sonde 88, 98, 212, 247*
Southern Blot **97ff**, 109, 247*
Spleißen 24, **41ff**, 85, 133ff, 247*
–, alternatives s. Alternatives Spleißen
Spleißosom **43f**, 247*
Spleißsignale, verborgene 134
Splicing s. Spleißen
Steroidrezeptoren **35ff**
Stopcodon 51f, 229*
Stringentes Waschen 100, 113, 247*
Strukturgen 23f
Switch s. Klassenwechsel (Immunglobuline)

T Zellrezeptor **61ff**
–, Rearrangement **189ff**
Taq Polymerase 111, 247*
tat 207f
TATA-Box 29, 133, 247*
TdT s. Terminale Desoxynukleotid-Transferase
Telomer 9, 11, 248*
Telophase 76, 248*
Terminale Desoxynukleotid-Transferase 64, 248*
Terminationssignal 226*
Thalassaemia intermedia 127, 131f, 140
Thalassaemia maior 132
Thalassaemia minor 125, 132
Thalassämie **123ff**
α Thalassämie **127ff**
β Thalassämie 100, **131ff**
Thymin 13f, 248*
Tiermodell 122, 161
Topoisomerase 77f
Trans-acting Faktor 21, 30, 33, 248*
Transduktion 163, 248*

Transfektion **119 ff**, 163, 214 ff, 224, 248*
Transferrinrezeptor 49, 55 f
Transformation 82 ff, 214, 248*
–, maligne 163 f
Transgen 122, 248*
Transgene Tiere **122**, 170
Transkription **28 ff**, 133, 248*
–, c-fos 168
–, c-jun 168
Transkriptionselongation 40
Transkriptionsfaktor 168, 249*
Transkriptionsterminierung 40
Translation 24, **51 ff**, 59 f, 133, 249*
Translokation 12, 156, 165 ff, 175 ff, 195 ff, 249*
Triplett s. Basentriplett
tRNA 25 f, 52, 57, 249*
Trypanosom 50
Tumor Suppressor Gen s. Anti-Onkogen
Tumorgen, dominant s. Onkogen
Tumorgen, rezessiv s. Anti-Onkogen
Tumorigenizitäts-Assay 164, 249*
Tumorsuppression 184 ff
Turner-Syndrom 11
Tyrosinkinase 177

Untranslated region (UTR) 23, 49, 55
Uracil 13 f, 249*

V-Element 61, 192 f, 250*
Vaccinia Virus 121

Vakzin s. Impfstoff
Vaterschaftsnachweis 109
VDJ-Rekombinase 64, 66
Vektor 82 f, 249*
Vererbung **66 ff**
–, epigenetische 72
Vererbungsmuster 69 ff
Virion 201
Virologie **200 ff**
Virus **200 ff**
VNTR s. HVR

Wasserstoffbrückenbindung 15, 88, 100
Western Blot 250*
Wiedemann-Beckwith Syndrom 12
Wilms-Tumor 72, 184 f
Wobble 52, 250*

X-Chromosom 9, 233*
– Inaktivierung 197
Xeroderma pigmentosum 75

Y-Chromosom 9, 233*

Zellkern **6 ff**, 17
Zellzyklus **75 ff**
Zentromer 9, 11, 250*
Zink-Finger 33 f, 250*
Zoo Blot 151 f, 158, 250*
Zygote 74, 250*
Zytoplasma 6
Zytostatikaresistenz 181 f